自组装 Self-Assembly

* 生物体具有塑造自身的指令

* 大自然只是将原材料放在同一个地方，物理定律会将它们恰当地组合在一起

* 例如，在相邻的会合点上不会存在超过3个细胞，果蝇复眼中的感光细胞也是如此

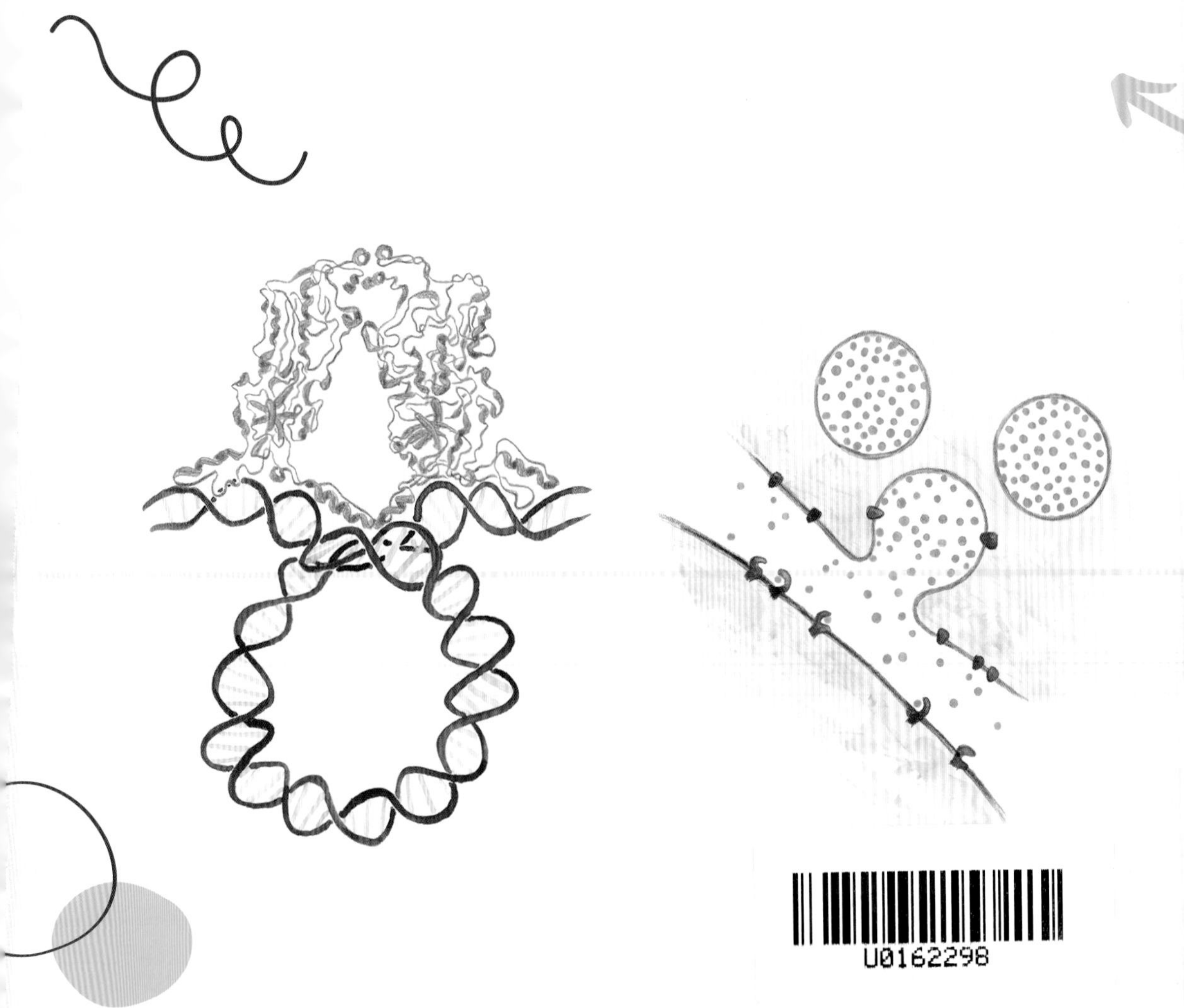

Randomness

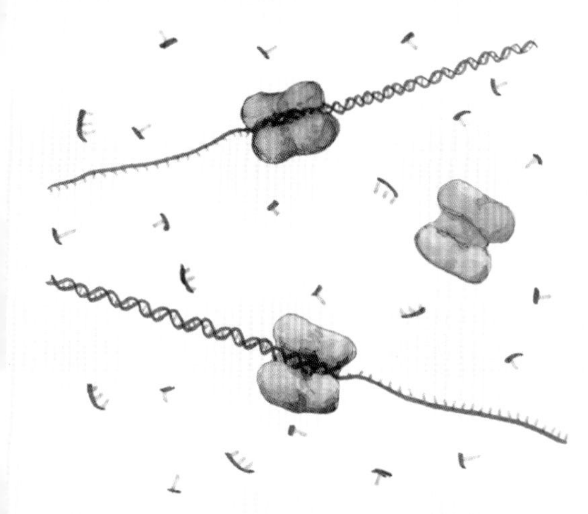

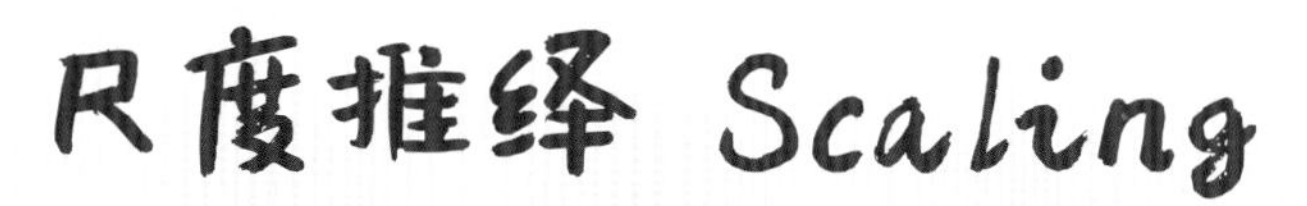

* 物理力取决于物体的大小和形状，从而决定了生命体生存、发育和进化的形式

* 尺度推绎不仅仅局限于力学问题，还同样可以反映在动物的大小和形状上

* 尺度推绎阐明了生命形式的各个方面，从肺的存在到（可能的）新陈代谢率等

湛庐CHEERS

与最聪明的人共同进化

HERE COMES EVERYBODY

CHEERS
湛庐

塑造生命的4大物理原理

So Simple a Beginning

[美]拉古维尔·帕塔萨拉蒂 著
RAGHUVEER PARTHASARATHY
范克龙 译

浙江科学技术出版社·杭州

你了解塑造生命的物理原理吗？

扫码加入书架
领取阅读激励

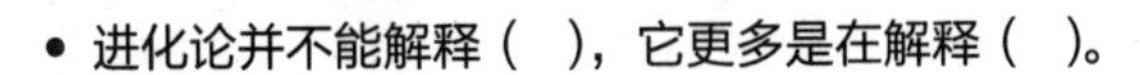

- 进化论并不能解释（ ），它更多是在解释（ ）。

  A.“为什么”；“怎么样”

  B.“怎么样”；“为什么”

- 细菌能像鲸鱼一样通过摆动尾巴的方式来游泳吗？（ ）

  A.能

  B.否

扫码获取全部测试题及答案，
一起感受塑造生命的
物理原理的魅力

- 生命并不像它看起来的那样复杂，生物复杂性的基础是简单的（ ）。

  A.伦理法则

  B.化学特性

  C.数学原理

  D.物理性质

扫描左侧二维码查看本书更多测试题

谨以此书纪念我的父母，

卡利亚尼和桑帕斯·帕塔萨拉蒂

生物物理学：一沙一世界

叶　盛
生物学家，科普作家，
北京航空航天大学医学科学与工程学院教授

出版于1944年的《什么是生命？》是一本并不太厚的小册子，总结了一位伟大物理学家转战生物学领域之后的一系列学术演讲。而这位跨学科的科学巨人就是埃尔温·薛定谔。这本以物理学家的语言写就的生物学著作，吸引了当时很多年轻物理学者的注意力，并引导其中一部分人投身于生物学的研究。这之中就包括了提出DNA双螺旋结构模型的詹姆斯·沃森和弗朗西斯·克里克。不过，随着生物学的新研究进展层出不穷，薛定谔在书中的一些观点已经被证明是错误的。然而，这并不能掩盖其辉煌的思想光芒——**站在物理学视角审视生命科学的深刻洞见。**

在某种意义上，你可以把本书视为《什么是生命？》的精神续作，但两书又有诸多不同。之所以会如此，很大的一个原因在于，本书的作者是一位生物物理学家，而不是薛定谔那样的纯粹的物理学家。

生物物理学对于大多数人来说是一个陌生的学科，给人的第一印象就是物理学的某个分支学科。然而实际上，**生物物理学更贴近生物学，研究的也都是生物学问题。**只不过它所采用的手段是物理学的各种实验方法，从激光共聚焦显微镜到电子显微镜，从细胞膜片钳到同步辐射光源，从流式细胞分选到功能核磁共振，不一而足。事实上，当今很多突破性的生物学研究进展，往往都要在很大程度上依赖于生物物理学的实验证据。

有趣的是，很多从事生物物理学研究的学者可能都没有想过一个问题：为什么物理学实验手段在生物学的研究中变得越来越重要？我以为，这与当代生物学的发展变化趋势有很大的关系。随着基因概念的提出、第一个蛋白质三维结构的解析，特别是DNA双螺旋结构模型和中心法则的提出，人类对于生命的研究走向了越来越微观的层面。而生命与这个宇宙中的所有其他物质一样——即便生命要比一块石头有趣得多、神奇得多——在微观层面上都要遵循物理规律，无一例外。

当然了，如果本书只是在讲述生命之间遵循牛顿力学三定律的现象，那么生命未免就与石头或小球拉不开差距了，也没那么有趣了（其实这方面也有个别极其有趣的案例，比如螳螂虾那对足以打出超空泡效应的螯足重锤）。与之相反，**本书的作者如同薛定谔一样，试图为读者们梳理出那些散发着生命之光的关键物理学规律——这些规律并非生命所独有，却在生命的世界中得到了最集中的体现。**

本书的英语原书名为*So Simple a Beginning*，大体可以直译为“如此简单的起点”。在我看来，这或许是对本书最恰当的注脚。在普罗大众眼中，生命是复杂的、神奇的，甚至是超自然的、玄学的。而在微观层面上研究生命的科学家看来，生命的确很复杂，远远比常人所想象的更复杂，但生物学家们仍然相信生命是物质的，遵循着自然科学的规律。这是因为，我们做过的、看见的、读到的一个又一个实验证明，这些**复杂的生命现象背后仍然是至纯至简的物理学原理——那才是生命现象的起点所在。**

不过，这些物理规律应用于生命时，与它们应用在一块石头上还是有很大的区别。其难点之一就是生命的多样性。比如书中关于规模效应的讲述，该效应应用于大多数生命形式都是正确的，但生物学家们总还是能在地球的某个角落中找到一些生物，并不遵循这种规模效应的公式。那么，这说明物理规律错了吗？还是说明物理规律不适用于生命呢？两者都不是。事实上，这只不过说明，生命的系统太复杂了，复杂到很难用一个简单的公式来概括。

事实上，如果说地球上的生命真的有什么共性的话，恐怕就是“复杂性”。这种复杂虽然都发生在极其微小的空间尺度上，但是其复杂度却远超浩瀚的星空。比如书中讲到了蛋白质三维结构的自组装问题，提到蛋白质的折叠规律至今无法计算。这是多么复杂的一个问题呢？大家都知道，蛋白质是由氨基酸排列的肽链组成的，而地球生命全都使用共同的 20 种基本氨基酸。于是，蛋白质肽链的全序列空间就是 20 的幂次方。比如一个长度为 50 的肽链（只能算是微型蛋白，大部分蛋白质的肽链长度都有几百，甚至上千），其可能的序列空间就是 20 的 50 次方，相当于 10 的 65 次方，接近了银河系内全部原子的数量。是的，你没看错，不是恒星的数量，而是原子的总数量。这，就是生命的复杂度。

正所谓：一沙一世界。一个直径为 10 纳米的蛋白质分子与一个直径为 10 万光年的银河系，都在物理规律的驱动下运行着。虽然生命还不能像恒星那样直接以物理公式来计算，但生命背后的规律无疑仍是物理的。认清这一点，或许才能帮助我们真正认清生命，认清自己。

目 录

So Simple a Beginning

第一部分

生命的主要成分：从 DNA 到细胞膜

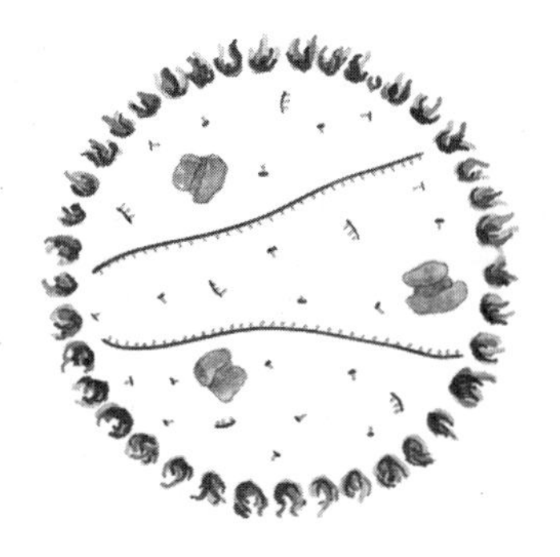

第二部分

更大尺度下的生命：从细胞到生物体

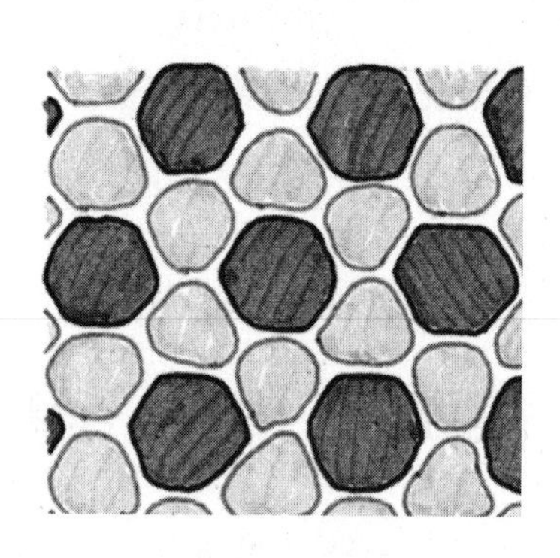

第三部分

设计生物体：从读取 DNA 到编辑 DNA

引 言

所有生命皆被
4 大物理原理塑造

生命是如何运作的？这个问题乍一看可能会令人有些不知所措，甚至会让人觉得荒谬。生命体存在的形式多种多样，既有疾驰的猎豹，又有静止的树木，还有体内存在数以万亿计细菌的独特的人体。对于这些生命体而言，这个问题怎么会存在普适的答案呢？即使是同一个生命体，其经历也千差万别：设想一下，一只小鸡从蛋中孵化出来，它第一次拍打翅膀，它看到一只狐狸时心跳加速，以及它将吃掉的食物和喝下的水转变成鸡蛋。有什么知识框架可以包含这一切呢？

我们试图寻找答案，从生命的多样性中寻找某种统一性。这一点在我们根据外表或行为的相似性对生物进行分类的古老冲动（本能）中有所体现。亚里士多德根据动物是产卵还是生育幼崽等特征对其进行分类。古印度文献记载了多种分类方法，其中包括按照起源方式进行划分的方法："卵生，胎生，湿生，芽生。"现代分类学起源于 18 世纪卡尔·林奈（Carl Linnaeus）在其作品中提出的分类学说，他将生命体的命名方式系统化，并基于生命体的共同特征创造了一种等级分类体系。这种分类体系我们沿用至今。然而，分类本身并不能解答我们的疑惑。**我们想知道使生物具有共同点的原因，而不仅仅局限于共同点是什么。**

在本书中，我们通过物理学的视角来寻找原因，揭示生物学中令人惊讶的精妙之处和井然秩序。当然，这不是深刻洞察生命的唯一视角。我们还可以通过生物化学的视角来了解原子怎样结合在一起形成有机物的分子，能量如何存储到化学键中和从中释放，以及化学反应中物质和能量的不断流动如何构成生命体的新陈代谢。但是仅靠化学，我们很难将视野从分子尺度转换到我们身边的动植物尺度，甚至是单细胞尺度上来，也很难理解形状和形态的形成原因。

还有一个视角是进化论视角。自 19 世纪中叶达尔文和阿尔弗雷德·拉塞尔·华莱士（Alfred Russel Wallace）对进化有了深刻的理解以来，我们将生物的特征视为更深层次历史进程的体现。无论是解剖学上的可见特征还是 DNA 序列中的隐藏模式，其相似之处都可以反映出生命体共同的起源，借此我们可以构建一个将所有生命体联系在一起的关系树。生物所处的环境为它们的生存提供了不可预测的机遇，同时也带来了压力，这一切导致了生命体之间存在着差异。因此，生物现在的形态反映了过去的历史。进化为理解生命提供了一个强大的框架。**然而，进化不是本书关注的重点。因为已经存在很多关于这个主题的大众读物，更重要的是，仅靠进化论并不能解释“为什么”，它更多的是在解释“怎么样”。**

为了说明我所说的“为什么”是什么意思，我们可以用鳔来举例。它是多种（但不是所有）鱼类体内的一对充满气体的囊。将现存的和灭绝的生物进行比较可以揭示这个器官的进化历史，它与达尔文所说的呼吸空气的动物的肺的出现有关。然而，理解鳔的功能需要一些物理知识：封闭气体的低密度抵消了硬骨鱼骨骼的高密度，这些鱼类因此能够保持与水环境相等的平均密度，从而可以轻松地停留在任何它们喜欢的深度。鳔只是鱼类改变自身密度的一种途径。如果鱼的体内含有大量低密度的油，或者其骨骼由软骨而不是硬骨组成，那么也可以达到改变自身密度的效果。没有鳔的鲨鱼采用的就是这两种方案。软骨鱼和硬骨鱼的最后一个共同祖先生活在 4 亿多年前。从那时起，这两个群体通过不同的进化路径发展出了不同的方案，来应对水中运动这一共同的物理挑战。我们认为，理解这些与密度控制相关的解剖特征产生的原因，可以揭示出鱼类共有的隐藏统一性，这种统一性超越了它们的进化差异，这是贯穿本书的观点。然而，我们应该记住，正是变异和自然选择机制，也就是那些在水中行动自如的生物通过世代积累不断提高它们的生存概率的机制，使得生物体呈现出现在的形态。

除了生物化学和进化论，还有其他视角可以用来研究生命的广度。然而，与其把它们一一列出，不如重点关注我们将要探索的方法。

正如我所提到的，本书的其余部分都是以生物物理学的视角来探讨的自然观。生物物理学意味着生物学和物理学的融合。它提出了一种概念，即构成生命的物质、形状和行为是受普遍物理定律支配和约束的，我们通过阐明物理规则和生物表现之间的联系，能够揭示一个丰富多彩的生命框架。物理学之所以具有实用性，正是因为其具有普遍性，这也是物理学的魅力所在。引力原理既适用于从树上掉下来的苹果，也适用于围绕太阳运行的行星。我们目前的工作目标就是要将生物物理学的范围进一步扩大，以涵盖量子世界的奇异行为。**生物物理学将物理学对统一性的核心追求延伸到了生物世界。**

这么说来，生物遵守物理定律看起来是理所当然的。毕竟生物体也是由构成其他一切物质的基本粒子组成的，因此理应遵循相同的规则。人们可能会认为，粒子在物理力的作用下形成原子和分子之后，物理学的明确作用就结束了，复杂的化学作用将进一步影响分子的重新排列，而细胞和生物体的特殊偏好则负责塑造更大尺度的特征。然而，这是不正确的。物理力既可以塑造冬季窗户上复杂的霜花分支纹理，也可以支配广阔沙漠上的有规律的沙丘外形，物理力的作用过程不需要从亚原子粒子层面进行解释。**物理机制在所有的尺度上塑造了生命。**物理学的伟大成就之一，是让我们理解了各种自然现象中产生的普遍规律，帮助人类扫清复杂的障碍以揭示深层的原理。这一点在过去的半个世纪尤其明显。例如，将磁铁加热到临界温度以上，它就会消磁。尽管磁铁是由许多不同的元素和合金制成的，每种元素和合金都有自己独特的原子结构，但每块磁铁的磁场在接近其临界温度时都会以完全相同的形式衰减。事实证明，无论原子的具体结构如何，由原子间相互作用形成的三维排列足以决定它们之间相互作用的结果。再举一个例子，假设在一个容器中装入各种不同的坚果，然后摇晃它。我们会发现，通常较大的坚果会集中到顶部，这就是众所周知的“巴西坚果效应”。当然，这种现象并不是坚果所特有的，它普遍发生在谷物、河床上的岩石，以及任何搅动着的、无序的物体的混合物中。要想解释这种现象，需要用到“颗粒流”这一概念，也要考虑到碰撞粒子集合为了移动所采取的创建和填充间隙的方式。

生物物理学是试图将广泛适用的物理规则应用于生物世界的一门学科。这一努力虽然尚未实现，但目前取得的进展已经比我们几十年前预想的要好很多。利用物理学，我们可以了解 DNA 从病毒细胞中裂解的机制、思维速度的基本限制，以及人类脊椎骨的规则间距。运用这些知识，我们得以在塑料板上培养器官，并使用光脉冲读取基因组，也得以揭示隐藏在生命世界中的简洁性和优雅性。说它简洁是因为很多现象只要通过少量原则而不是一堆细节就可以得到解释；说它优雅是因为有生命世界和无生命世界共同具有以上统一性。这是一种不同寻常的观点。希望接下来的内容能让你信服。

然而，人类每一次在复杂性中寻求统一性都可能因傲慢陷入陷阱。我们很容易忽视多样性提供的经验教训，或者将杂乱无章的数据强加到不合理的简单框架中。站在物理学的视角看待问题时尤其容易出现这样的错误，这可能是因为其理论上的优雅，也可能是因为其历史上的成功。有些人认为物理学家就像大象一样，总是堂而皇之地践踏相邻的研究领域而不懂得欣赏脚下的宝藏。身为一个物理学家，我不得不承认这一描述并非毫无道理。虽然这本书是对生物物理学的颂扬，但我也会描述它的一些纰缪。第 12 章就特别探讨了生物物理学方法可能并不适用于处理有争议的新陈代谢问题。

那些控制生物体的物理原理

控制生物体的物理原理究竟是什么呢？我们可以参考那些能够用精确的数学公式描述的定律，如与基本力学、热力学、概率论等相关的定律。这些定律虽然严谨，但相当枯燥，而且会掩盖生物物理学家从自然中获得的重要教训。因此，我在本书中将把注意力集中在生物物理探索中经常遇到的 4 大物理原理上。

第一个经常遇到的物理原理是自组装（self-assembly），即分子、细胞或组织等生物组件的构建指令被编码在组件本身的物理特性之中。生物体具有塑造自身的指令，这看起来是件显而易见的事。毕竟，我们不需要把一棵树雕刻成树的形状，也不需要给海星贴上 5 只手臂，这些生物体可以自己组织形态。然而，它们并不需要像计算机一样将内部指令写入一组组件，形成一个任务列表，并由另一组组件执行。生物组件的物理特性往往承担了指令的功能。尺寸、形状等特征和像电荷等不太直观的属性都可以引导生物组件排列成一个更大的整体，整个过程也会遵循相关的物理定律。

我将举例进行说明。如果你曾经吹过肥皂泡并看着它们聚合在一起，就会发现，在相邻的会合点上不会存在超过 3 个气泡。4 个相邻的气泡的组合形式看起来可能像图 0-1a 那样，内侧边界像弯曲的字母 H，但绝对不可能像图 0-1b 那样呈 X 形。物理力使肥皂泡拥有最小的表面积。这种气泡排列规则自 19 世纪被比利时物理学家约瑟夫·普拉托（Joseph Plateau）揭示以来就广受赞誉。这种规则不允许 4 个气泡以任何形式连接，因为那样将永远无法获得最小的表面积。气泡的排列不是随意的，但也不需要外部力量来引导它们进入固定的模式；它们的组织规则已经融入它们的物理特性中。

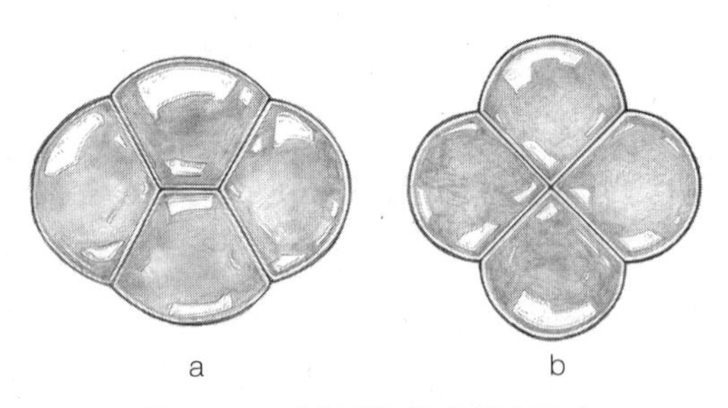

图 0-1　4 个相邻气泡的组合形式

一个多世纪以来，科学家已经注意到很多组织中相邻细胞的排列方式与肥皂泡类似，并对这是一种巧合还是反映了类似的潜在机制进行了研究。例如，在 2004 年，日本东京大学的林贵史（Takashi Hayashi）和美国西北大学的理查德・卡休（Richard Carthew）研究了位于果蝇复眼中的感光细胞簇。通常来说，感光细胞有 4 个，其排列方式与 4 个相邻肥皂泡的排列方式完全相同（见图 0-2）。通过观察产生了 1、2、3、5 和 6 个感光细胞的突变果蝇，他们发现，这些细胞的排列方式与 1、2、3、5 和 6 个相邻肥皂泡的排列方式相同。果蝇似乎依赖表面积最小化这种通用的物理机制来组织视网膜的关键细胞。果蝇并没有煞费苦心地排列细胞，而是将细胞制造出来后，让它们自己组装，使表面积最小化，并自行形成相应的接触面模式。这些细胞会像肥皂泡一样自组装。类似的情况数不胜数。**我们发现，结构特征并没有明确绘制在很多生物体的"蓝图"中。大自然只是将原材料放在同一个地方，并相信物理定律会将它们恰当地组合在一起。值得庆幸的是，物理定律是可靠的"装配工"。**

第二个经常遇到的物理原理是调节回路（regulatory circuit）。因计算机的普及，我们了解到机器可以通过逻辑规则将输入转换为输出，并基于传感器或控制器的信号做出决策。我们也自信地认为，**包括人类在内的生物体也会根据环境中的刺激做出行为选择，虽然计算的细节更加神秘。**我们将在后文中看到，决策回路不仅是宏观世界的一个特征，还表现在生物体分子的微观活动中，并嵌入生物体分子的结构和相互作用模式中。一系列湿润、柔软的生物组件组装成可以感知环境、执行计算并做出合乎逻辑的决策的机器。

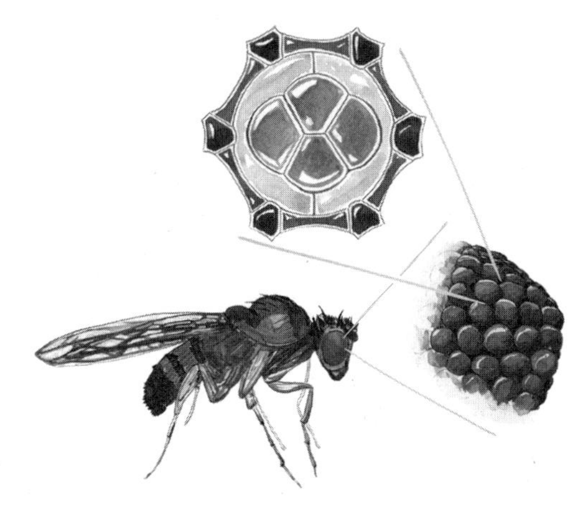

图 0-2　果蝇复眼中的感光细胞簇由 4 个感光细胞组成

例如，发育中的胚胎里的细胞在迁移过程中必须在到达合适的目的地时才停止游荡，这一决策部分取决于对邻近组织的机械刚度的评估。细胞黏附利用了从其表面突出的蛋白质，细胞通过这些蛋白质与周围环境“博弈”。一些黏附性蛋白质既可以作为传感器也可以作为锚点，这两个角色密不可分：处于坚硬的环境中时，蛋白质分子会被拉伸，就像从几米外拉一根粗大的树枝的人的胳膊是伸直的；处于柔软的环境中时，蛋白质是弯曲的，就像拉晾衣绳上的毛巾时胳膊常常是弯曲的，因为很容易将毛巾拉向你这边。细胞含有其他可以结合位点的成分，只有当黏附蛋白的位点暴露时，这些成分才能与之结合。而只有当分子被拉伸时才会发生这种情况。想象一下，只有当你拉树枝而不是毛巾时，你的手肘内侧才会伸展开，也才能因此被触及。这种结合触发了最终使细胞决定停止游荡的事件。因此，蛋白质的物理构造为一个在细胞层面感知、计算和决策的机器提供了基础。

第三个经常遇到的物理原理是可预测的随机性（predictable randomness）。生命机器背后的物理过程基本上是随机的，但矛盾的是，它们的大致结果是可

以被准确预测的。在非生命世界中，随机性是各种活动的核心，如洗牌和气体分子的碰撞。物理学长期致力于解释稳健的特征是如何从潜在的混乱中产生的这一问题。例如，我们知道为什么内部活动剧烈的恒星仍能发出稳定的、一致的彩色光，以及如何从汽油的剧烈燃烧中提取能量。微观世界受到持续、剧烈的基础随机运动的影响，DNA 和其他细胞成分必须处理甚至利用这种随机运动。我们可以推断随机过程的可能结果，这在许多情况下为表面上看起来很复杂的现象提供了简单的解释。例如，当病毒接触它能够感染的细胞时，它根本不需要考虑（即使它能够思考）如何找到可以与之结合的特定表面蛋白。它被一股随机力量四处拖拽，以确保其通过这种混乱的轨迹可以与目标相交。你的免疫系统也利用随机性产生了种类繁多的受体蛋白，这些受体蛋白可能会通过偶然的方式来识别从未遇到过的入侵者。我们将用第 6 章的全部篇幅来探究微观运动的随机性，这与对基因和性状的探究相呼应，其中随机性也融入了生命的运作方式。

第四个经常遇到的物理原理是尺度推绎（scaling），即物理力取决于物体的大小和形状，从而决定了生命体生存、发育和进化的形式。对于人造结构来说，尺寸、形状与物理特性息息相关，这是显而易见的。例如，建造大型建筑物是一项十分困难的工作。在钢架和其他现代发明出现之前，建造很高或者很庞大的建筑时，这些建筑很容易倒塌，因为建筑结构的重量超过了墙壁可以支撑的重量。简单地放大一座小型建筑，想要保持其比例不变是行不通的。用我们将在第 10 章详细阐述的现代语言来说就是，重力和其他力将以不同的方式随大小而变化，这是我们在设计建筑物时必须考虑的问题。尺度推绎概念同样可以反映在动物的大小和形状上，而不仅仅局限于力学问题。尺度推绎阐明了生命形式的各个方面，从肺的存在到（可能的）新陈代谢率等。

接下来的章节将会阐明，**这 4 个物理原理不是孤立存在的，它们相互作用甚至相互依赖。**生物回路的精度通常取决于随机运动的统计数据。随机运动推动生物组件的定位，以促进它们进行自组装。自组装形成的更大规模的结构遵循尺度推绎定律。所有这些过程和原则共同构成了生物物理学解释生命的框架。

了解生命使我们有能力影响生命

了解生命使我们有能力影响生命，这本身并不是一个新的见解。人类对免疫系统和微生物行为等主题的了解使我们能够战胜曾经肆虐的多种疾病。例如，仅在20世纪，就有超过3亿人死于天花，最终疫苗的发明使这种疾病彻底销声匿迹。对遗传学、生物化学和许多其他学科的了解使我们能够让动植物为超过80亿的人口生产充足的食物，而这个人口数量是100年前地球上人口总数的4倍多。近年来，我们已经学会了如何从根本上改变生物体，能够直接读取基因组携带的信息并对其进行改写，从而重塑生物体的形态和功能。正如我们即将看到的，这些当代的进步要求我们以生物物理学视角认真对待生命，承认DNA和其他分子的真实物理特性，从而设计出能够真正推动、拉动、切割和连接生命片段的工具。

生物物理学的观点也有助于我们理解这些新生物技术所产生的影响及它们为人类带来的艰难抉择。例如，我们可以设计一些方法使传播疟疾、登革热和其他疾病的蚊子灭绝，但这也让人同时想起了那些过去人类在引发了物种灭绝后得到的惨痛教训和根除疾病的令人振奋的历史。在决定是否使用新生物技术之前，我们需要了解它们的工作原理，以及它们与过去所使用的工具的不同之处。在更个人的层面上，如果我们具备了阅读自己的遗传密码的能力，那么就可以预测出自身或孩子罹患各种疾病的可能性；而如果具备了编辑基因组的新能力，我们甚至可以获得改变这些可能性的机会。尝试改变未出生婴儿的基因组来避免囊性纤维化、癌症或抑郁症意味着什么？是否采取这样的行动，既是一个深刻的个人决定，同时也具有深远的道德和社会影响。做出这样的决定应该遵从对基因、基因组、细胞和生物体本质的了解，同时也不能忽视塑造它们之间关系的过程。生命材料的物理性质，以及与之相伴的随机性和不确定性，将会影响我们利用新生物技术能做和不能做的事情。

简单的起点

我们对生物物理主题的探讨会涉及生命的各种形态。我们探讨包括人类在内的生物体的正常运作、疾病隐患，以及生物学与技术的交叉点。在本书的第一部分，我们的旅程将从细胞内部开始。我们将描绘构成生物体的组件。像 DNA 和蛋白质这样的生物组件也体现了一种普适性，因为它们构成了有史以来人类发现的每一种生物。学过高中生物的读者可能很熟悉本书第一部分讲述的分子特征，但我们关注的是指导生物体功能的物理特征。我们会认识稳定的 DNA 链、定义细胞边界的二维液体，以及由单分子构成的三维“雕塑”。在第二部分，我们将扩大视野，观察细胞群，包括胚胎、器官和生存在我们每个人体内的细菌群落。同时在这一部分，我们将探究尺度推绎原理如何控制动植物的外形，揭示为什么大象永远不能像羚羊一样矫健。在第三部分，我们会回到 DNA 的微观世界中，并在分子和有机体之间建立更深层次的联系后开始讨论基因组。我们将获悉读、写和编辑 DNA 的意义，了解大自然本身如何引导我们找到实现这些壮举所需要的工具，并考察这些技术在未来将为人类带来哪些机遇和挑战。

这些主题和示例看起来很有趣，而且它们的累积效应远远大于各部分的总和。生物物理学改变了我们看待世界的方式。达尔文在《物种起源》的结尾写道：

> 这种生命观是伟大的，生命的多种力量最初被注入一种或几种形式。当这颗行星按照既定的万有引力定律持续运转时，无数最美丽、最美妙的形式正是从如此简单的起点演化而来的，并且依然在演化之中。

我希望你相信，大自然远比达尔文看到的更伟大。固定的、有规律的物理定律和无穷无尽的美丽形式之间并不是对立的，两者之间有着千丝万缕的联系。我们可以确定，那个关键的“简单的起点”既不是生命的起源，也不是星球形成的起点，而是塑造了宇宙的物理定律的初现。这些定律对生命的影响并没有在数十亿年前结束，而是在持续塑造着我们周围和我们身体内部的所有奇妙形式。在复杂中辨别简单，并在生命的多样化现象与普遍的物理概念之间建立联系，会让我们对自己、对同胞、对我们赖以生存的自然世界有更深的认识。我相信你会欣然同意这个观点。

第一部分

生命的主要成分：从 DNA 到细胞膜

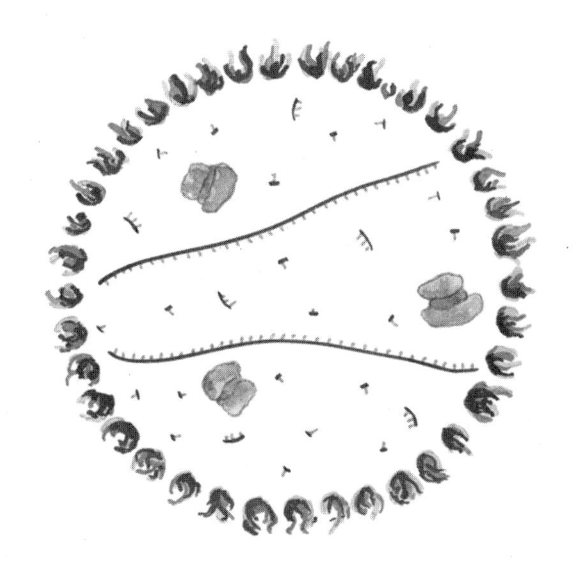

So Simple a Beginning

第 1 章

DNA：构建生命体的代码和绳索

伦敦的国家肖像馆中悬挂着一块米色凝胶板，上面布满了细菌菌落。这幅艺术品的主角——诺贝尔奖获得者约翰·萨尔斯顿（John Sulston）的 DNA 副本（见图 1-1）便藏身于此。尽管可能连萨尔斯顿的朋友都认不出这幅肖像，但艺术家马克·奎恩（Marc Quinn）认为，这幅作品“是肖像馆中最逼真的肖像”，因为“它里面含有创造萨尔斯顿本人的实际指令”。

图 1-1 含有萨尔斯顿 DNA 的细菌菌落凝胶板

如今，甚至连小孩子都知道人类是由DNA以某种方式塑造而成的，它决定了我们眼睛的颜色、鼻子的形状及我们对香菜的好恶等。人们普遍认同这样一个观点：DNA可以为支配我们的指令编码，但“编码”究竟意味着什么？

我们将从DNA开始对生命体的体系和机制在生物物理层面进行探索。DNA的存在是人们所熟知的，而且是有标志性的，但它在许多描述中是抽象的。我们需要花费几个章节来理解指令是如何嵌入DNA中的，因为我们必须介绍什么是蛋白质和基因，以及这些成分之间的相互作用网络。在过去的几十年里，科学家们对这些片段如何形成信息及如何阅读信息的认识在不断发展，但DNA的复杂性仍有待破解。近年来，人们发现了一种方法，用这种方法可以操纵DNA中的代码，其前景令人充满期待，这是我们将在本书第三部分研究的主题。在本章中，我们只关注DNA本身，进而引申出生物学与物理学，以及科学与技术之间的联系。

关于DNA的四种观点

DNA不仅是一组抽象指令，而且是一种具有形状和结构的物质，它的物理特性与其功能密切相关。那么这种物质是什么？它是固体的，还是液体的？是僵硬的，还是松软的？是压缩的，还是松弛的？DNA具有多面性，我们可以根据自身关心的内容来关注它的不同方面。以下是关于DNA的四种观点。

第一，DNA是一种无色的黏性物质。我们可以将DNA握在手中，并且可以用肉眼看到它。这并不难做到：使用搅拌机和一些厨房化学品即可以从一碗草莓或一杯豌豆中提取到DNA。方法大致是这样的：首先，将水果或蔬菜倒入搅拌机中搅成泥，使它们的细胞相互分离；其次，朝里面添加去污剂以分解细胞膜；再次，撒上少许嫩肉剂或菠萝汁，以提供消化蛋白质的酶，此时DNA是其中仅存的完好无损的细胞成分；最后，再加入外用酒精，它会溶解蛋白质碎片，但不会溶解 DNA。DNA 此时会聚集成长链，你可以用牙签将其提取出来，这样就会得到一团混浊、黏稠的白色团状物（见图 1-2），那就是 DNA。这不是一个令人敬畏的景象。我曾经在一次课堂演示中泪流满面地提取 DNA，但那是因为我做了一个可怕的决定——用洋葱作为原料。虽然洋葱没有颜色，而且容易获取，但用它做成的菜泥实在让人感到痛苦。

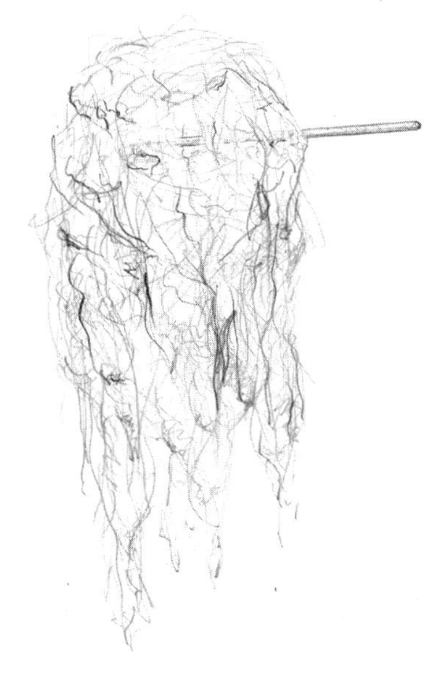

图 1-2 牙签上是从食物中提取到的 DNA

第二，DNA 是一种密码。在有形性的另一个极端，我们可以将 DNA 视为由 4 个符号组成的抽象代码。这些符号通常用字母 A、T、C、G 表示，也可以用 4 种方块来表示（见图 1-3）。特定的符号序列传达了细胞如何按照要求构建及执行的信息。信息量有多大呢？我们可以将其与存储在便携式音乐播放器中的数字信息量进行比较。如今，我们习惯用“位”（bit）和“字节”（byte）来作为数字信息的单位。一个位（二进制数字）指的是只能有两个值的任意事物：是或否，0 或 1，一块指向北或南的磁铁，等等。一个容量为 1 GB（gigabyte）的 U 盘包含大约 80 亿位信息，giga 的意思是“10 亿”，一个字节是 8 位。它的内容是一条由 80 亿个 1 和 0 组成的特定字符串（…01110100110010100011011101000011011100011010011…）。每个人的DNA序列有多少位呢？30 亿个符号——30 亿个 A、T、C、G 构成了人体的 DNA。例如，我们可以将每个符号转换为二进制代码，从而制作出一本字典：00=A；01=T；10=C；11=G。那么，像 ATTGC 这样的序列就相当于二进制的 0001011110。因此，我们人类 30 亿个符号的基因组携带了 60 亿位信息——不到 1 GB，可能这只是我们口袋里手机存储容量的一小部分。这就为我们抛出了一个难题：尽管我们携带的信息量明显比手机要少，但我们似乎比手机复杂得多。

在本书的大部分内容中，我们都在试图理解复杂性这个概念。现在有一个更直接的问题：这张代码和信息的抽象图片与前面所展示的团状物有什么关系呢？

图 1-3　用 4 种方块表示 DNA 编码

第三，DNA 是个分子。像所有分子一样，DNA 也是由原子组成的，碳原子、氢原子、氧原子、氮原子和磷原子通过化学键结合在一起形成了 DNA。上面提到的 4 个代码实际上是原子的 4 种组合，称为核苷酸，它们连接在一起形成一条长链。图 1-4 的 a 图描绘了腺嘌呤核苷酸（A）中的所有原子，其中碳原子为黑色，氮原子为白色，氧原子为浅灰色，磷原子为深灰色，黑线表示化学键。为了展现得更清楚，我在图中省略了许多氢原子。图 1-4 的 b 图则展示了由 ACTG 这 4 个核苷酸组成的序列中的原子，省略号（……）表示如果该片段属于一条较长的链，则位于这条链附近的核苷酸将会连接到它上面。在一条 DNA 链中，我们只需要辨别出其中一段核苷酸序列，就可以识别这个 DNA 分子——ACTG 的简写完全等同于我们所描绘的原子阵列，而且它不能指代其他任何原子集。

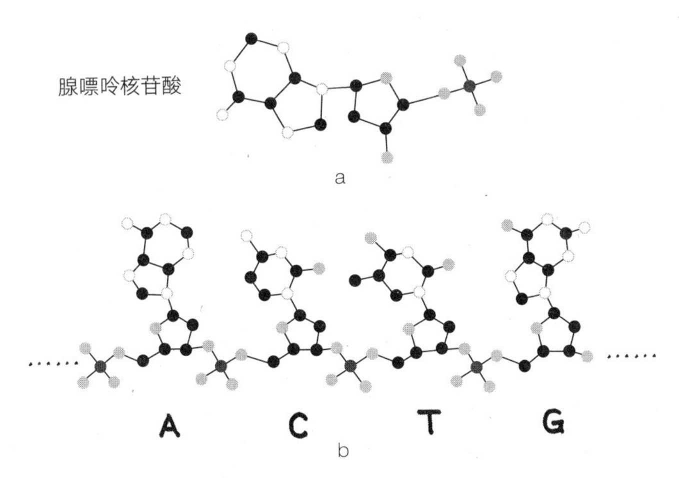

图 1-4　腺嘌呤和 4 种碱基 ACTG 的分子结构

第四，DNA 是双螺旋结构。原子之间的相互作用决定了分子的结构，而分子的结构决定了它的功能。A、T、C、G 这 4 种核苷酸中的任何一种，都可以与任何其他核苷酸连接形成单链 DNA。但不同链之间的核苷酸也会以特定的方式相互作用，只不过这种作用力更弱：A 和 T 相连接是这样，C 和 G 相连接也是如此。我们认为 A 和 T 是互补的，C 和 G 也是互补的。单链 DNA，如 AGCCTATGA 会与其互补链 TCGGATACT 结合。图 1-5 展示了由 ACTG 及与其互补的 TGAC 形成的双链 DNA 中的原子构成，其中浅灰色线表示链间键。原子之间的相互作用使得两条 DNA 链像扭曲的常春藤一样相互缠绕，形成双螺旋结构。图 1-5 与我们曾无数次看到的卡通双螺旋结构相呼应，其中光滑的带状物和有序的点是原子和键在三维空间中复杂的排列情况示意。

DNA 的标志性双螺旋形式既实用又优雅，但两条互补链传达了许多冗余的信息：如果我告诉你一条链的序列，你就能知道另一条链的序列，因为每条核苷酸和它的搭档都是互补的。这些冗余的信息揭示了在细胞分裂时，信息是如何从一个细胞传递到它的两个子细胞中的：解开 DNA 后可以得到两条原始链，用它们的互补链与之结合便可以得到两条 DNA 双螺旋。

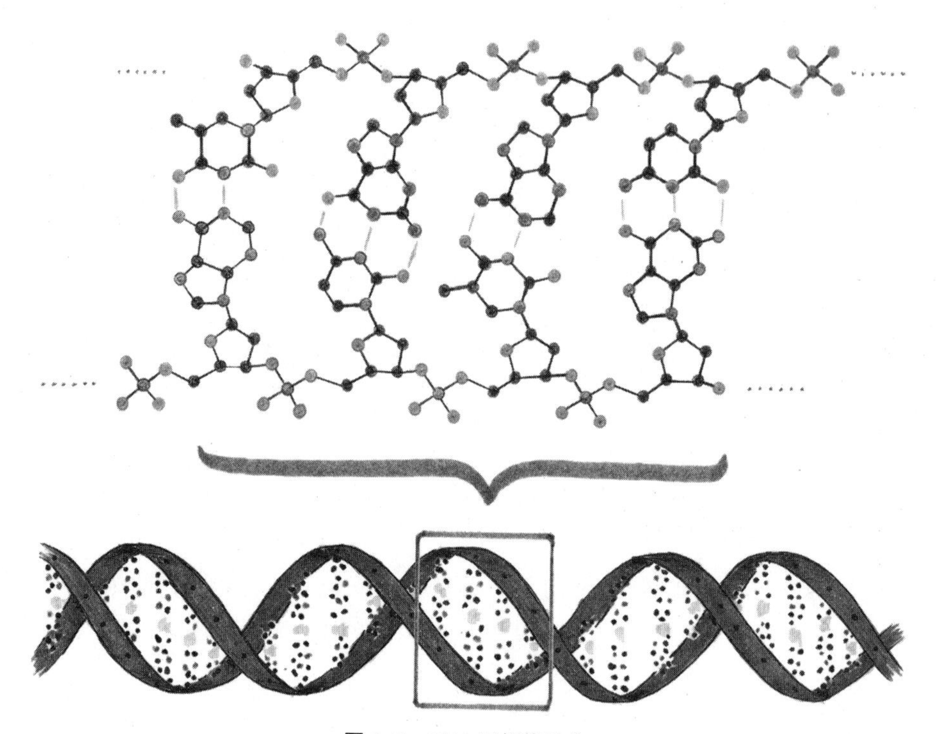

图 1-5 DNA 双螺旋结构

注：图中放大的部分展示了由 ACTG 及与其互补的 TGAC 形成的双链 DNA 分子结构示意图。

英国物理学家罗莎琳德·富兰克林（Rosalind Franklin）和当时还是研究生的雷蒙·葛斯林（Raymond Gosling）对 DNA 进行了精细的 X 射线测量，在此基础上，詹姆斯·沃森（James Watson）和弗朗西斯·克里克（Francis Crick）在 1953 年解析出了双链 DNA 的结构[①]。在此之前，没有人知道 DNA 分子可能是什么样子的。最著名的假说来自首先提出现代化学键概念的化学家莱纳斯·鲍林（Linus Pauling），他怀疑 DNA 形成了三股绞合纤维（三螺旋）。双螺旋结构清楚地表明了 DNA 的结构是如何通过复制互补链来实现遗传信息的转移的。然而，DNA 结构的其他效应并不那么明显，直到今天我们仍在试图

① 这个关于科学发现的故事引人入胜，充满了智慧和洞察力，也充满了道德上的背离和悲剧。

解开 DNA 的奥秘。

在活细胞和体外无菌试管的溶液中，如果不同的单链 DNA 的核苷酸互补，那么这些单链 DNA 会自发地形成双螺旋结构，不需要外部支架或微观绳索和滑轮的帮助，因为 DNA 包含其自身的组织机制，这突显了我们在探索生命的过程中反复提及的自组装主题。

以上关于 DNA 的 4 种观点，其中的每一种都是有意义的，它们分别强调了与 DNA 各种角色相关的属性。

从细胞泥中提取的纤维黏液可能是平平无奇的，但如果 DNA 的所有更迷人的用途要发挥作用，就必须承认它的这种物质特性和有形特征，这些用途包括从癌细胞中提取 DNA 以绘制癌细胞所携带基因的图谱，从犯罪现场收集 DNA 以追踪嫌疑人，等等。作为抽象代码，DNA 分子中的符号序列明确了它所携带的信息。我们之所以认为每个人的 DNA 都是独一无二的，是因为每个人的核苷酸序列或者说“方块”与其他人的不同。当然，只是略有不同，毕竟 99% 以上的“方块”都相互匹配。当我们表示知晓某个生物的基因组时，意味着我们知道其核苷酸的完整序列。显然，这为我们提供了很多信息，但也留下了很多的不确定性。例如，如果我们正在设计一个用以切割或拼接 DNA 链（这些内容我们将在第三部分提及）的工具，可能需要关注到原子级别的细节——构成 DNA 原子的准确结构，而不仅仅是其成分的符号代码。不过在大多数情况下，我们只要了解 A、C、G、T 这些碱基的排列顺序就足够了。双链螺旋描述了 DNA 是如何在空间中定位的，双链 DNA 的大小、形状、硬度和电荷决定了它在细胞中的包装形式及它所包含的信息被读取的方式。

接下来我们将了解一个改变了生物技术领域的反应过程：聚合酶链反应。这将是我们对双链 DNA 的物理特性之重要性的第一个说明。

DNA 会解链吗

想象一下，如果你想制作某些 DNA 的精确副本，那么首先要从分离双螺旋的两条链开始，然后再为分离出来的每一条链创建一条新的互补链。事实上，这就是我们的细胞在每次分裂时所做的事情，细胞通过一种特定的蛋白质机器来实现双链 DNA 的初始解链。在细胞外，我们开发了另一种方法，这种方法可以允许我们随意复制 DNA，并将少量 DNA 转化为无数相同的副本，以产生足够的材料来对新目标进行测试或将它们转运到新目标中。例如，可以从犯罪现场中获取微量的核苷酸链，然后将它们与嫌疑人的 DNA 进行比对以评估二者的相似性；可以从胎儿周围的羊水中获取样本，用来探测遗传异常及细菌或病毒 DNA 是否存在；可以从肿瘤上切下样本，用来绘制核苷酸代码中指示癌症的突变；也可以从诺贝尔奖获得者身上提取 DNA，以片段形式复制它们并将其重新植入细菌中，从而形成一件艺术品。就像自然复制一样，DNA 的人工复制依赖于将双螺旋分离，而这种分离又依赖于相变[①] 这种物理现象。

与其问如何分离 DNA 双螺旋的两条链，不如想一想如何分离冰块中紧密相连的水分子。答案是：加热。高于 0℃，冰会融化成液态水，每个水分子都在其中四处“漫步”，并且只是短暂地与其他分子结合在一起。一般来说，温度是吸引力和秩序的克星，这是物理学中反复出现的主题。对于水来说，其从固体到液体的转变过程是急剧的，这种现象会精确地发生在“熔化温度”，即标准大气压下的 0℃下。即使微微低于 0℃，水也是固体；但温度稍高一点，水就是液体。然而，并不是所有物质的形态变化都是急剧的。当加热蜂蜜时，蜂蜜的黏性会随着温度的升高逐渐降低（更容易流动），而不是在某一特定的温度下突然发生变化。

① 相变是指液体、固体和气体之间，或磁性和非磁性形式之间，或材料可能存在的任何不同结构之间的转变。相变理论是 20 世纪物理学的伟大成就之一。——译者注

回想一下，DNA 双螺旋中两条链之间的键比一条链内部的键要弱，因此，我们期望可以通过加热的方式来分离 DNA 链，同时不破坏它们。事实上，情况就是如此。但这种转变是急剧的还是平稳的？换句话说，DNA 是通过熔化来进行转变的吗？如果我们想要分离 DNA 双链来复制 DNA，这个问题的答案就显得至关重要了。如果 DNA 是通过熔化进行转变的，我们可以确定，通过提高温度，就可以实现双螺旋的完全分离，即使所提高的温度只比转变温度高几摄氏度（见图 1-6a）。如果 DNA 不是通过熔化进行转变的，那么我们可能将无法对一些 DNA 实现分离复制（见图 1-6b）。

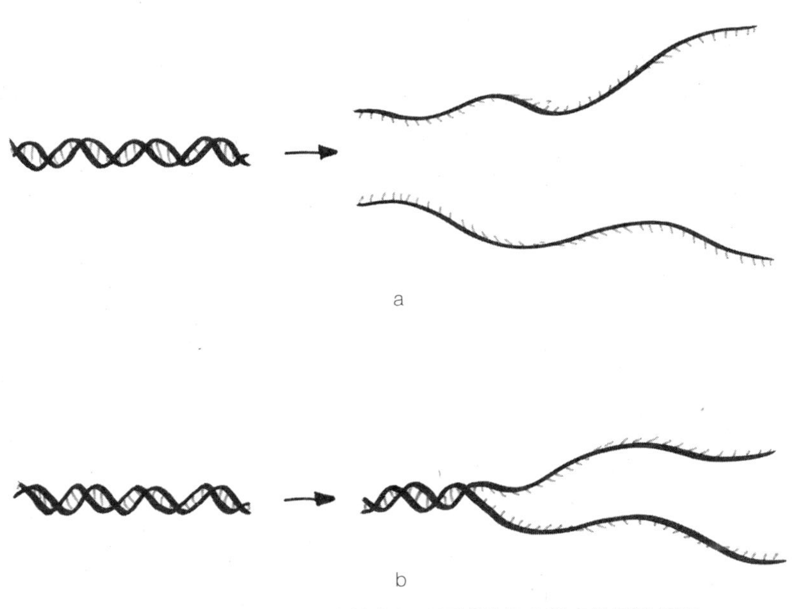

图 1-6　DNA 通过熔化来转变与不通过熔化来转变的两种情况

如果 DNA 不是通过熔化来转变的，那么，尽管我们可以一直加热直到 DNA 的每一个片段都完全分离，但实际上这可能需要达到相当高的温度，而这也会导致 DNA 本身和其上面存在的任何其他生物分子都被破坏。

事实证明，双链 DNA 转变为单链的过程是一个急剧的转变过程。DNA 确

实会解链[1]。如果我们拿一个装有DNA的烧杯并加热它，那么在达到特定的解链温度之前，DNA 分子都会保持双链形态；而当高于那个特定的解链温度时，DNA 分子会解离成单链。我们不仅可以在实验室中测量 DNA 的解链温度，还可以了解它的起源。DNA 的解链是从有序到无序的转变，尽管会存在一些微妙的差别，但这个过程也可以映射到其他转变中去。

所有的相变都反映了有序与无序之间的冲突。有序通常是在吸引力或某种使物质整齐排列的作用力下形成的，而无序通常由几何学驱动。在无序状态下，物质的成分在空间中会实现自我排列。温度的升高会放大无序的影响。在低温下，有序更具优势；而在高温下，无序则占主导地位。例如，水分子在低温时会以晶体形式排列而凝结成冰，如果温度升高，它们就会屈服于随机性更强的液体状态。我们认为熔化转变是急剧的，这意味着存在一个能够将这两种状态分开的特定温度，也就是说有序相和无序相之间存在着一个明确的界线。

有序的能量和无序的多样性都取决于物质可以探索的维度。相变的结果是戏剧性的：一般来说，基于理论预测，一维材料不应该在相之间表现出急剧的转变。例如，排成一排的水分子不会在某个特定的温度下熔化；即使在可以达到的最低温度下，水分子也会表现为无序状态，并且这种无序会随着温度的升高而稳定增长。

与之类似，双链 DNA 的长链是一维的，就像楼梯上依次排列的台阶。但是在实验室中很容易观察到 DNA 发生急剧熔化，这似乎与我们的预期背道而驰。然而，当 DNA 链解开以后，释放出来的灵活单链 DNA 受到所有分子共有的随机力的影响，会在三个维度上弯折和扭曲（见图 1-7）。我们将在本书中进一步探索这种特性。尽管运动是随机的，但其结果是稳健且可预测的——这

① DNA 的熔化（melting），实际上是 DNA 双螺旋解开变为两条单链 DNA 的过程，因此 DNA 熔化译为 DNA 解链；DNA 的熔化温度译为解链温度。——译者注

是另一个反复出现的主题，因为由此产生的构型自由为双链整体分离提出了精确的解链温度。这种情况通常存在于三维材料中。有了实验数据和理论依据，对于一条给定的 DNA 序列，我们就可以预测它解链时的温度。这种转变温度通常在 95℃左右，略低于水的沸点，具体数值取决于特定的核苷酸序列。

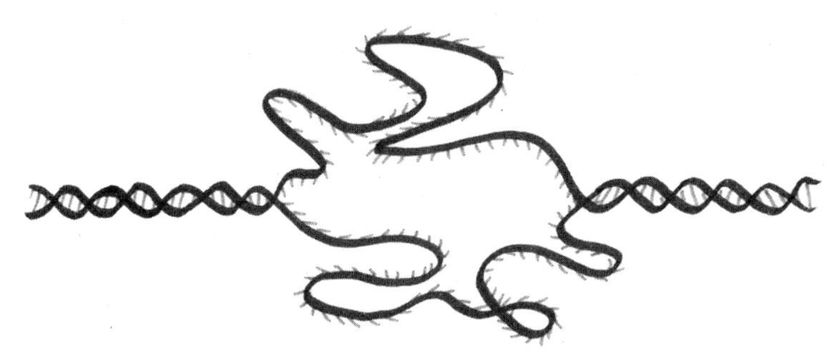

图 1-7 释放的单链 DNA 会在三个维度上弯折和扭曲

因此，我们可以在试管中通过加热来将 DNA 解链。复制 DNA 的下一个任务是创建每条链的互补链。此时，我们可以借用一种名为 DNA 聚合酶的细胞机器。但在 DNA 解链所需的温度下，这种蛋白质会变成一种橡胶球，从而导致其机能无法正常运行，就像煮熟的蛋清一样。事实上，蛋清的主要成分就是蛋白质。然而，有一个聪明的方法可以解决这个问题：我们可以使用存活于热泉中的细菌的 DNA 聚合酶。对这些生活在热泉中的生物来说，其蛋白质已经进化到在高温状态下也可以稳定地发挥功能。像所有 DNA 聚合酶一样，它们需要一小段双链 DNA 才能开始复制单链（见图 1-8）。早在 20 世纪 80 年代，人们就已经掌握了这些成分，例如，1976 年，细菌学家发现并提纯了热泉生物的 DNA 聚合酶。1983 年，科学家凯利·穆利斯（Kary Mullis）① 在深夜驾车穿越加利福尼亚州的海岸山脉时参悟到了结合核苷酸、聚合酶、温度和 DNA 的数据，同时他也意识到这种方法可以将 DNA 简单地、近乎无限地复制下去。

① 美国著名化学家，因开发了聚合酶链反应法（简易 DNA 扩增法）获得 1993 年的诺贝尔化学奖。——编者注

该过程现在被称为聚合酶链反应（polymerase chain reaction，PCR）。

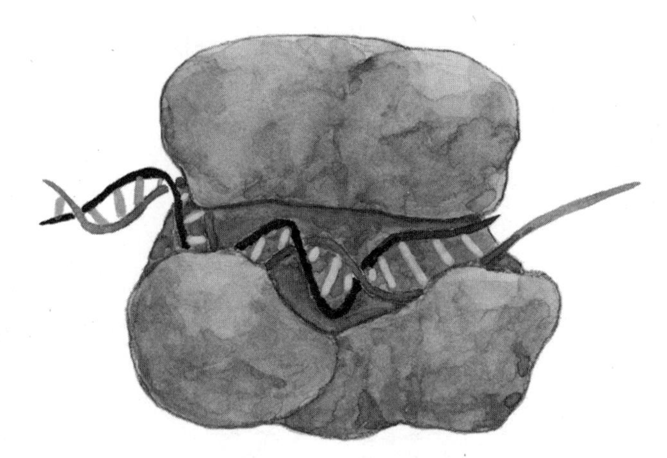

图 1-8　DNA 聚合酶复制 DNA

如图 1-9 所示，为了进行 PCR，首先要将各种成分溶解在盐水溶液中，包括我们想要复制的少量 DNA、DNA 聚合酶蛋白、丰富的单个核苷酸（A、C、G 和 T）及许多引物（primers）。引物是指只有几个核苷酸长的 DNA 片段，它们与需要复制的 DNA 末端互补。

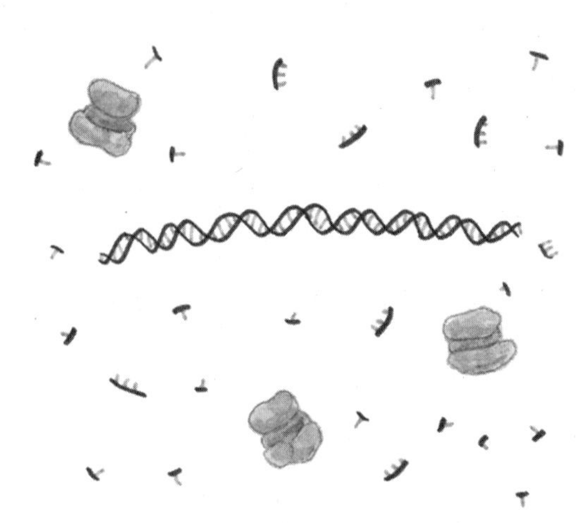

图 1-9　聚合酶链反应所需要的成分

接下来，让我们将温度提高到 95℃左右，在这个温度下 DNA 将熔化，并由原来的双螺旋转变为两条单链（见图 1-10）。

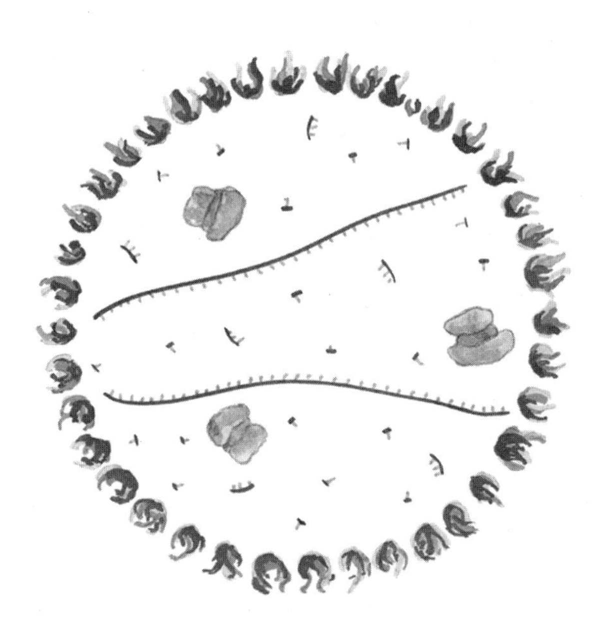

图 1-10　聚合酶链反应在 95℃时 DNA 双螺旋将转变为两条单链

然后将温度降低，以便引物与单链 DNA 的末端结合。溶液中有非常多的引物，因此单链 DNA 遇到引物的概率要远远大于遇到其原始互补链的概率，此时我们就让可预测的随机性发挥作用。之后聚合酶会结合并合成互补的 DNA 链（见图 1-11）。当这一反应完成时，我们就可以由原来的一条双链螺旋 DNA 得到两条双链螺旋 DNA。

最后，我们重复这一过程。再进行一轮升温和降温循环后，我们可以得到 4 条 DNA 片段；再下一轮得到 8 条；然后是 16 条、32 条、64 条……10 次循环后将产生 1 024 条 DNA；20 次循环后将产生超过 100 万条 DNA；30 次循环后将会产生超过 10 亿条 DNA。使用自动加热冷却装置并不难实现这一点。

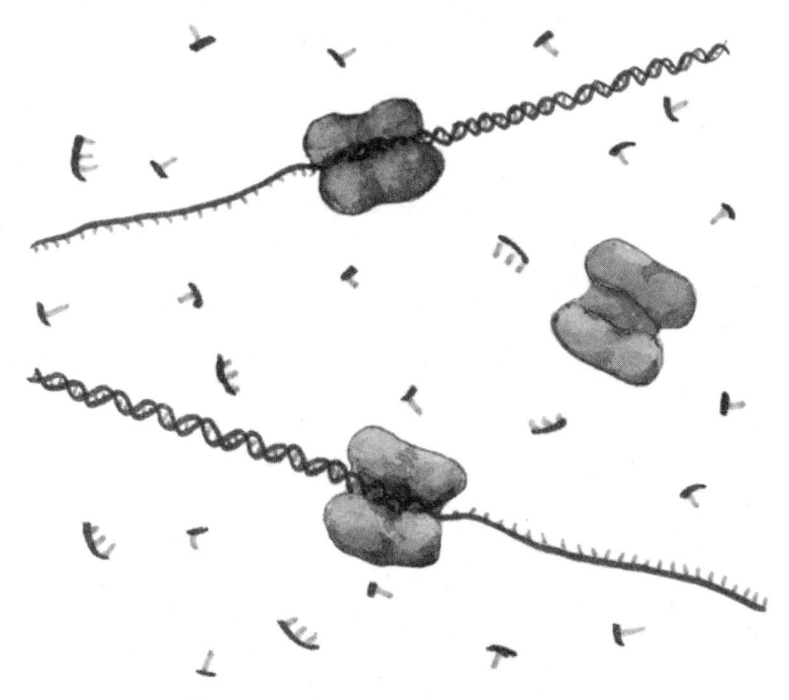

图 1-11 聚合酶链反应在温度降低时的情况

因此，我们只需要提取少量DNA并将其转化为大量相同的DNA，就可以得到一大批复制品，从而将其用在任何需要的地方，如诊断、法医鉴定或治疗等。在生物体内，需要通过复杂的繁殖步骤来创造出一个全新的细胞，甚至是一个新的生物体，以此来复制DNA；而通过聚合酶链反应，我们可以随意复制DNA，而且这简直易如反掌。正如穆利斯自己所记录的那样，分子生物学家们在得知他的发明后“几乎普遍的第一反应”是：“我为什么没有想到这一点？”穆利斯继续说道：“没有人真正知道为什么，我当然也不知道。我只是在一个晚上偶然想到了这个点子。”

通过复制DNA，我们可以创建足够的DNA副本来对其进行“测序”。换句话说，就是使用我们将在第2章中描述的技术来确定其特定的核苷酸模式。通过这种方法，我们绘制了人类和其他许多生物的基因组图。

你可能会好奇，既然 PCR 需要引物来结合我们感兴趣的 DNA，从而产生一个较短的双链序列，那么难道我们不需要在开始之前就了解自己想要扩增的序列吗？其实并不完全是这样。首先，在许多关于生物体 DNA 的研究与应用中，我们确实知道这些生物体基因组的某些片段，并且可以设计与该片段结合的引物。不过，在大多数情况下，我们都是将未知的 DNA 切割成片段，再使用天然的蛋白质将这些片段与我们熟知的 DNA（如容易生长的细菌基因组）缝合在一起。然后，已知部分的 DNA 的引物将会启动 DNA 聚合酶，并将其进程延伸到未知部分。已经灭绝了几千年的长毛象的基因组正是通过这种方法得以从其古代遗骸中测序成功的。

PCR 对于与 DNA 相关的一切应用来说几乎都是必不可少的，它是通过将生物学的特殊性（如嗜热的微生物）和物理学的一般性（熔化相变）相结合来实现的，尽管这两者单独来看似乎与实际目标毫无关联。PCR 还强调了许多现代技术及自然过程的核心信息：DNA 不仅仅是代码或某种抽象概念，还是有形的物理对象。尤其是掌握了自组装和可预测的随机性的概念之后，我们对 DNA 有了更为深刻的理解，甚至可以创造和使用这种关键分子。

关于 DNA，仍然有很多问题摆在我们眼前：你有多少 DNA？你的细胞如何存储、组织和破译 DNA？如何改变自己（或你未出生的孩子）的基因组代码？这些问题将 DNA 的物理特性和生物功能紧密地联系在了一起。不过，想要回答这些问题，我们需要先介绍细胞阶段的另一个关键参与者——蛋白质。在第 2 章中，我们将了解蛋白质是什么，并研究蛋白质和 DNA 之间的相互作用。

第2章

蛋白质：分子如何自组装

在你体内，几乎每一个动作、每一项任务和每一个事件的核心都是蛋白质。红细胞中的蛋白质可以从你呼吸的空气中吸收氧气；肌肉中的蛋白质可以通过拉动其他蛋白质来进行收缩；蛋白质可以通过伸缩其表面的突起来帮助免疫细胞穿过你的身体组织；眼睛中的蛋白质可以捕捉光线并触发电脉冲，另外还有其他蛋白质来负责打开和关闭将脉冲发送到大脑的闸门。每个细胞内部都有多种蛋白质，同时还有多种蛋白质存在于细胞外部，它们构成了肉体的弹性基质等。那么，什么是蛋白质呢?

和DNA类似，蛋白质是由一连串简单单元组成的分子。在DNA中，这些单元可以是4种核苷酸中的任何一种；而在蛋白质中，这些单元是20种氨基酸中的任意一员。对于DNA来说，无论其核苷酸序列如何，双链DNA都会采用双螺旋结构。蛋白质则与之相反，它的结构是由其特定的氨基酸序列决定的。不同的蛋白质拥有不同的氨基酸排列模式，因此也将形成不同的三维形状。蛋白质结构的蓝图及构建它的工具是由蛋白质自身编码的。**在自组装的概念下，蛋白质可能是其中最引人注目的存在，这种自组装是自然界对存在于物质内部的、物质本身的组织指令的编码，并经由普遍的物理力量激活和实现。**虽然自组装并不是生物独有的——例如，沙堆可以把自身排列成以特定角度倾斜的圆锥体，而肥皂泡则会把自身构建成球体，但自组装在生物学中无处不在。透过蛋白质，我们将看到力如何生成各种形状，并了解其形成的过程，以及它会造成的灾难性失败，我们甚至可以看到，一些计算机都很难处理的几何计算如何在分子内仅需几微秒的工夫便能够完成。

蛋白质的三维结构

一条氨基酸链在水中会通过弯曲、扭转和折叠来形成特定的结构。在蛋白质的结构中，两种最常见的模体是螺旋模体和片层模体（见图 2-1）。

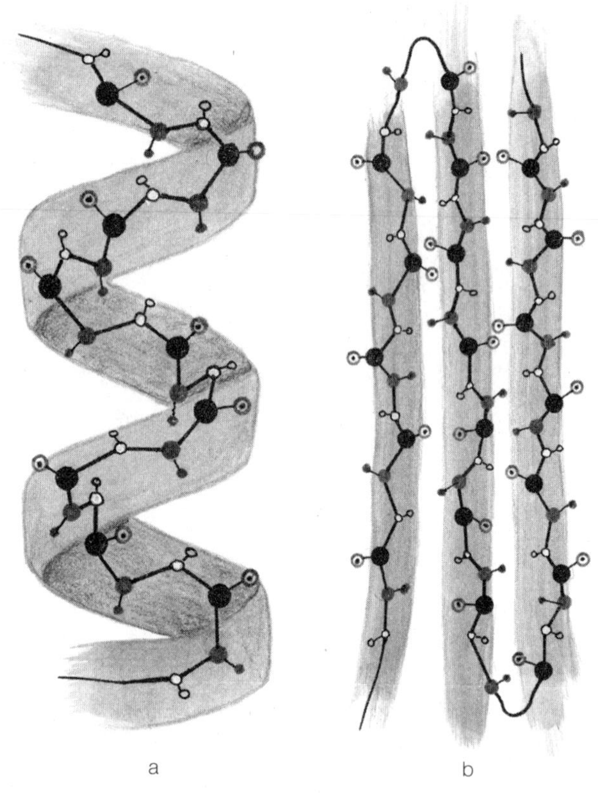

图 2-1　螺旋模体（a）与片层模体（b）

我并没有画出这些结构中的所有原子——只展示了一些代表性的点和它们之间的化学键。螺旋模体和片层模体在蛋白质结构中非常常见，因此我们通常只描绘出程式化的形状，即直径约 1 纳米（1/1 000 000 000 米）的光滑螺旋，以及约 1/3 纳米宽的片层或飘带，而不会描绘出其中的每个原子。

1958 年，由剑桥大学的约翰·肯德鲁（John Kendrew）领导的团队首次解析出蛋白质的三维结构；这个蛋白质是一种在肌肉中储存氧气的肌红蛋白。同 DNA 及许多其他分子一样，蛋白质结构的解析也是通过 X 射线照射，以及对所得强度模式开展数学分析而实现的。X 射线成像需要将蛋白质凝固成晶体，这种晶体类似于你在厨房中会用到的糖。即使在现在，诱导蛋白质结晶也是一门艺术。肯德鲁团队尝试从海豚、企鹅、海豹和其他生物体中提取肌红蛋白，但是都失败了，直到他们偶然发现并采用了抹香鲸的肉，且这种肉在剑桥大学低温研究站（Cambridge's Low Temperature Research Station）的冰箱里唾手可得。深潜、呼吸空气的海洋生物的肌肉中含有高浓度的肌红蛋白，这使它们能够储存更多的氧气并减少浮出水面的频率，因此这些动物得到了研究人员的重点关注。抹香鲸的肌红蛋白形成了“最奇妙的……巨大的晶体”。利用这些晶体，肯德鲁和他的团队得以确定肌红蛋白是由 153 个氨基酸残基组成的，它们通过折叠形成了一个由 8 个螺旋和一些非螺旋跨度组成的结构。这种特殊的结构固定在一个扁平化合物上，这些化合物中的铁原子可以与氧结合（见图 2-2）。

让我们再次以海洋动物为例，了解一下主要由片层模体组成的蛋白质：绿色荧光蛋白（green fluorescent protein，GFP），它是一种在发光水母中首次被发现的发光蛋白。GFP 是由 238 个氨基酸组成的链，氨基酸围绕着显色分子折叠成一个约 3 纳米宽的片层“桶”（见图 2-3）。如今这种蛋白质已经不再是专属于海洋的秘密，它已被设计并应用到细菌、真菌、植物，甚至各种各样的动物之中，如果蝇和斑马鱼。GFP 作为信标，能够帮助研究人员实现对特定类型细胞的可视化，并有助于他们了解这些细胞的成长、移动和分裂是如何发生的。GFP 也可以与其他蛋白质融合，组成报告基因，以揭示这些蛋白质在细胞中的位置和执行各种任务时的行为，以及如何与其他蛋白质结合形成更为复杂的结构。从 GFP 或珊瑚中发现的其他蛋白质又衍生出许多能发出彩虹般颜色的荧光蛋白，它们的名字也从普通的命名（红色荧光蛋白）向更加生动的命名（“橘子”“樱桃”“李子”等水果名称）演变。这些荧光蛋白使生物体的多色成像成为可能，而这已经与最初在海洋中发现它们时的应用情况完全不同。

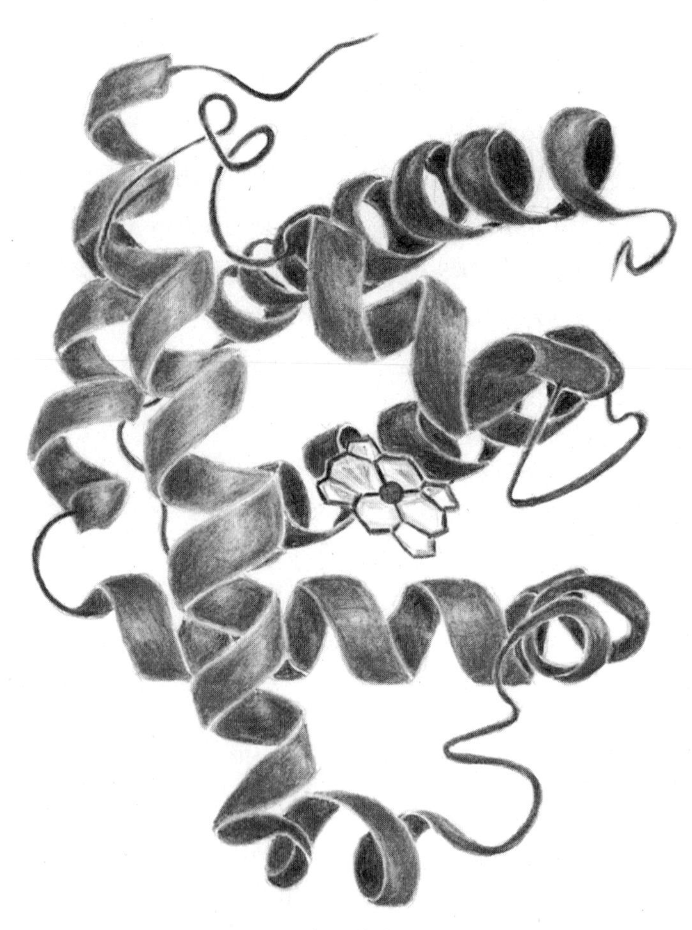

图 2-2　肌红蛋白的三维结构

图 2-3　绿色荧光蛋白的三维结构

蛋白质的画像

蛋白质的三维结构很重要，它与蛋白质的化学或物理性质密切相关。如在 GFP 中，片层桶体结构保护发光单元免受水和溶解氧的影响，因为水和溶解氧会淬灭其发出的光。下面我将再举几个例子，让蛋白质结构和功能的关系更加明显。

生物膜可以将细胞内的空间分隔开来，当然也会划分出细胞的内部和外部。嵌入膜中的特定蛋白质通常组合成桶或环的形状，从而实现对原子和分子的跨膜转运。离子通道就是一类转运设备，它允许特定的带电原子，即离子，如钾、钠和氯通过可以开闭的中心孔进出细胞。控制离子流是一项至关重要的任务。你的眼睛扫描书页的动作和大脑的思绪都是通过离子在膜上重新分布、产生电压而表现出来的。蛇和蝎子等动物产生的许多毒素也是通过干扰离子通道蛋白以发挥作用，从而关闭受害者的神经系统的。图 2-4 展示的是一个钾离子通道的截面图，其末端与膜相连（图中未显示）。图中的黑点代表钾离子，当它靠近我们时，代表着它正在进入细胞；而当它远离我们时，代表着它正在离开细胞。该通道实际上由 4 个相同的蛋白质分子组成，它们松散地结合在一起，构成了一个跨膜孔。

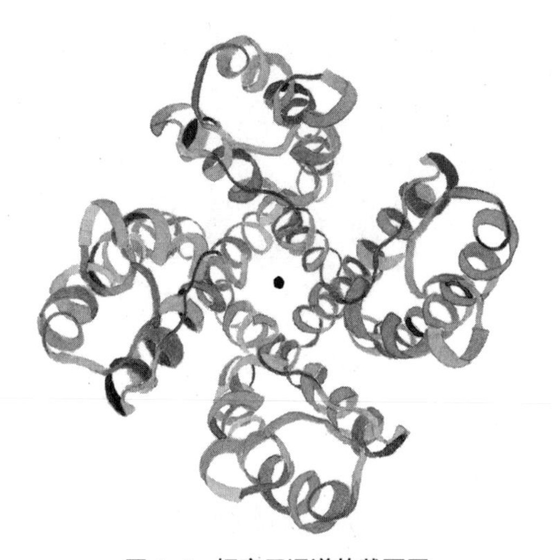

图 2-4　钾离子通道的截面图

通道虽然可以打开和关闭，但其他蛋白质可以对其进行更精细的操控。在这里，我要介绍一种由两个分子自组装成的蛋白质，叫作驱动蛋白（见图 2-5）。这个名字会让人联想到“动力学”，顾名思义，它与运动有关。每个驱动蛋白都呈长茎状，并且具有球根状末端，两者由一个灵活的氨基酸接头连接。两个蛋白的茎部结合在一起，从而使其可以附着在需要运送的货物上，如在神经元内部深处合成和储存，而在边缘释放的化学物质包。这样一来，整个复合物就可以沿着细胞内的轨道行走。在这里，“行走”并不是一种比喻：复合物的两只“脚”交替着从轨道上结合和解离，漫步到达目的地。按照命名习惯，这种脚被称为“头”，而这种脚对脚的运动则被称为手对手运动。这种命名方法的确令人费解。轨道本身也由蛋白质组成，并排列成刚性细丝。轨道的三维形状使其能够发挥自己的作用。

图 2-5　驱动蛋白由两个亚基自组装形成

蛋白质的结构会影响它们彼此之间，以及它们与其他分子（如 DNA）的相互作用。许多蛋白质与 DNA 结合后可以读取其遗传信息，相关内容我们将在第 3 章和第 4 章中做更详细的介绍。这些 DNA 结合蛋白必须采用符合 DNA 双螺旋曲线的形状。如图 2-6 所示，我们以糖皮质激素受体为例来进行说明。糖皮质激素受体是一种激素感应分子，它以二聚体的形式发挥功能。在这里，我只画出了二聚体中与 DNA 相邻的区域。其结构中的氨基酸螺旋是蛋白质结构中的常见模体，可以嵌套在 DNA 凹槽中。受体在遇到并锁定一种叫作皮质醇的激素时，其结构会发生变化，在这之后，它才能与 DNA 结合，从而引发一系列事件，其中包括抑制生物体的炎症免疫反应。你可能在某种软膏中遇到过皮质醇，它通常被称为氢化可的松，人们可以利用它激活受体蛋白，从而缓解身体对毒藤、昆虫叮咬和其他刺激物的反应所引起的发红、瘙痒和肿胀症状。

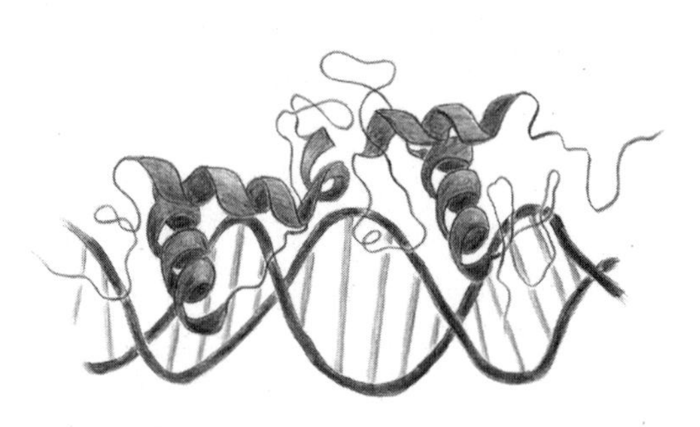

图 2-6 糖皮质激素受体与 DNA 相互作用

蛋白质折叠

正如我们所见，蛋白质结构与蛋白质功能密切相关。然而，蛋白质并不是一合成就具有了完整的结构。每一种蛋白质都是由细胞机器制造的。细胞机器将一个氨基酸依次连接到下一个氨基酸上，就像回形针一样，连成一条链。然而，并没有任何支架可以为链状分子提供结构，以将其排列成堆叠的片层、缠结的螺旋或近乎无限种可能形式中的任何一种。相反，**蛋白质将自己塑造成合适的形状，蛋白质的氨基酸序列决定其呈现三维结构，即蛋白质具有自组装能力。**

20 种氨基酸中的每一种都具有各自的物理特性。有些氨基酸带正电荷，有些氨基酸带负电荷，有些氨基酸是电中性的。有些氨基酸很大，有些氨基酸很小。有些氨基酸是油性的（疏水的），喜欢与水分离；有些氨基酸是“亲水的”，并能与水充分混合。想象一种蛋白质有几个连续的带正电荷的氨基酸（见图 2-7 上方左侧的 4 个圆圈），接下来是一串电中性的亲水氨基酸（见图 2-7

上方中间的 5 个圆圈），然后是几个带负电荷的氨基酸（见图 2-7 上方右侧的 4 个圆圈）。因为异性电荷相互吸引，所以不管氨基酸自身所处的位置如何，蛋白质折叠都会将相对的两个末端聚集在一起。

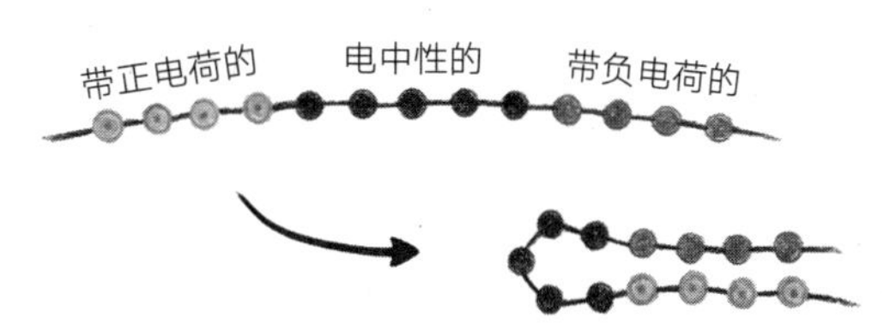

图 2-7　包含带不同电荷的氨基酸的蛋白质自组装

或者想象一种蛋白质同时含有疏水性氨基酸（见图 2-8 中的方块）和亲水性氨基酸（见图 2-8 中的圆圈）。由于水分子构成了细胞内环境的主要成分，因此蛋白质被水分子包围着，并且亲水性的氨基酸会折叠起来将疏水性的氨基酸隐藏在中心位置。

为了便于理解，我绘制了二维示意图。在真实情况下，你可以把这种蛋白质想象成一个由亲水氨基酸外壳包围着类球形疏水氨基酸核心的结构。

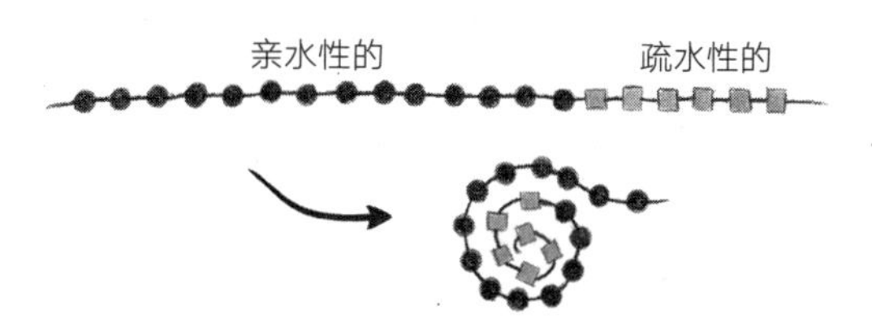

图 2-8　同时含疏水性和亲水性氨基酸的蛋白质自组装

在任何一种真正的蛋白质中，氨基酸之间及氨基酸与周围的水之间都会发生许多这样的相互作用，从而产生将蛋白质拉向特定构象的力。每一种蛋白质在细胞中都是以氨基酸链的形式合成的，并且会自行折叠成最佳的三维形状。用科学术语来描述的话，这一过程就是蛋白质折叠。

与生物学中几乎所有的事物一样，这种直截了当的方式并不完全正确。一些蛋白质，尤其是容易聚集的大蛋白质，需要其他蛋白辅助来实现折叠。这些辅助折叠的蛋白被称为伴侣蛋白。伴侣蛋白的组装体包含一个腔室，它能够保护新生蛋白质在拥挤、复杂的细胞环境中免受影响，从而促进氨基酸链正确折叠。尽管有伴侣蛋白，但蛋白质对自身的结构仍然是有规划的，这个概念非常强大，并且在整个生命世界中普遍存在。

我们上面描述的每一种蛋白质，以及数以万计的其他蛋白质都是在几分之一秒内折叠成了三维形状，完美地绕过了无法完全满足其组成部分偏好的相互作用的无数陷阱和形状死角。这是一项了不起的壮举，就像一张纸自发地把自己折叠成了一个完美的折纸雕塑。更重要的是，对于绝大多数蛋白质来说，雕塑的形貌只由氨基酸序列决定。换句话说，就是给定的序列总是折叠成相同的形状。每个绿色荧光蛋白都折叠成一个桶的形状，每个肌红蛋白都折叠成相同的螺旋状组合。

一些示意图可以让我们更好地理解这种自组装的非凡之处。像上文一样，想象一个氨基酸序列包含带正电荷、带负电荷、电中性、亲水性和疏水性氨基酸（顺便一提，带电荷的氨基酸总是亲水的）。氨基酸链可以折叠成如图 2-9a 所示的形式。这种结构非常好，疏水部分埋在内部，相反的电荷彼此相邻。但是，完全一样的氨基酸序列也可以折叠成如图 2-9b 所示的形式。这种结构同样很好。

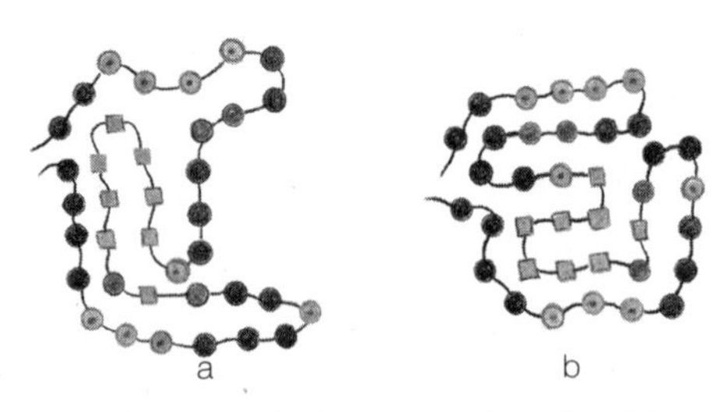

图 2-9　兼具带电荷氨基酸和亲、疏水氨基酸的蛋白质自组装

图 2-9 中两种蛋白质构象的功能肯定不一样。我们可以想象，如果这种蛋白质需要与一些小分子（如激素）结合（见图 2-10），那么第一种形式的“口袋”会使第一种构象发挥作用，而第二种形式的“口袋”则是无用的。

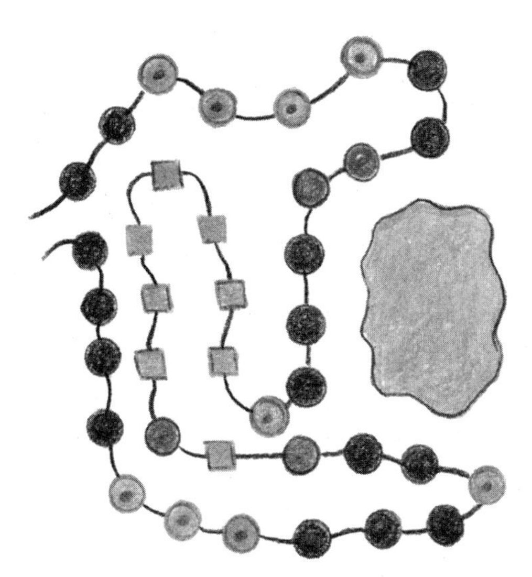

图 2-10 与小分子结合的蛋白质构象

要想弄清楚氨基酸链如何采用单一的、最佳的形状是非常困难的。一个随机的氨基酸序列就好像是胡乱从帽子里挑出一些氨基酸并将它们串在了一起。对氨基酸序列的力和能量的分析表明，在这个随机的序列中会出现大量“相当不错”的构象，而且数量庞大到在氨基酸链上根本找不到一个独特的折叠终点。大自然避免了这种形式上的多样性。在现实世界中实际存在的蛋白质不是随机出现的，而是经过 40 亿年的进化被选择出来的。如果氨基酸序列不折叠成特定的形状，那么生物体将会受到功能失调甚至有害蛋白质的困扰，从而不太可能生存和繁殖。那些持续存在的生物体是编码了具有清晰、独特的三维结构的氨基酸序列的个体。

正如我们所见，氨基酸序列与人类和其他生物体中实际存在的蛋白质结构是一一对应的，一切结果都遵循着这种一般性原则。如果我们知道了一个驱动蛋白分子的结构，那么就能知道每个驱动蛋白分子的结构；如果我们知道了一个皮质醇受体的结构，也就能知道每一个皮质醇受体的结构。然而，正如所有的经验法则一样，也会存在例外情况，而且这一例外对于蛋白质来说非常重要。

有一种规则破坏者，它们是“本质上无序的蛋白质”，它们根本没有特定的形式，如一些构成细胞核周围膜孔的蛋白质。科学家认为，占据孔隙的、形如“意大利面”的无序蛋白质为不同大小的物质进出细胞核提供了灵活性。

更有趣的是，在我看来，蛋白质有一些稳定的配置。这种稳定指的不是一种独特的形式，也不是无定形的模糊形态，而是能在两种构象之间切换的模式，就像灯能在开和关之间精准切换一样。在过去的几十年里，我们发现这样的蛋白质不仅存在，而且还会引发一些令人费解的疾病。这些蛋白质也向我们发出警告：不要沉迷于同类相食。

库鲁病和同类相食

在 20 世纪 50 年代的巴布亚新几内亚，一种奇怪的流行性疾病降临在福尔人（Fore）的村庄，患病者会不由自主地颤抖，并无法控制地发笑。在总人口约 1.1 万人的部落中，这种疾病每年会造成 200 多人死亡。这相当于每年在纽约有 15 万人死于可怕的疾病。这种疾病被命名为“库鲁病”（Kuru disease），库鲁在福尔语中是“摇晃”的意思。从疾病本身及其传染的模式来看，人类学家和医学研究人员推断它是通过福尔人之间同类相食的仪式传播的：在一个福尔人死去后，他的家人会吃掉他的尸体。福尔人认为这可以帮助死者的灵魂得到释放，同时表达对死者的爱和尊重。在当时统治巴布亚新几内亚的澳大利亚政府禁止了这种同类相食的陋习后，库鲁病的流行率稳步下降。然而，找出疾病的真正原因仍耗费了研究人员几十年的时间。库鲁病的罪魁祸首不是细菌、病毒或寄生虫，而是一种不同寻常的蛋白质。这种蛋白质没有一种特定的结构，会表现出下面两种形式中的一种：在“正常”形式中，蛋白质可以发挥其正常的功能；在“错误折叠”的形式中，蛋白质不但不会发挥功能，而且更糟糕的是，错误折叠的蛋白质会诱导其他正常蛋白质转变为异常形状，并聚合在一起形成纤维聚集体。通过这种方式，异常蛋白质具有了传染性：当错误折叠形式的蛋白质被摄入人体后，其中一些蛋白质会进入大脑，导致具有正常氨基酸序列的分子发生结构变化。这种变化会通过受害者的神经系统被放大，如果受害者死亡并被另一个村民吃掉，这种变化还会进一步传播。这一系列事件让人想起库尔特·冯内古特（Kurt Vonnegut）[①] 的小说《猫的摇篮》（*Cat's Cradle*），其中虚构的“冰九”形式的水在室温下是固体，在与正常形式的水接触后，会诱导正常的液态水结晶转化为更多的冰九。由此产生的连锁反应比库鲁病还要致命。然而，和虚构的冰九不同，库鲁病是真实存在的。

可以折叠成多种形式并充当传染源的蛋白质被称为朊病毒。我们现在已经知道，它们会引起人类和其他动物的多种疾病，如牛海绵状脑病，其更广为人知的名称是“疯牛病”。像库鲁病一样，牛海绵状脑病是神经退行性疾病，会表现出震颤、兴奋和运动协调性差等症状，但这种疾病只会发生在牛身上，而不会发生在人类身上。20 世纪 80 年代末，在英国暴发的一次疯牛病疫情感染了大约 20 万头奶牛。为阻止这种流行病的蔓延，超过 400 万头牲畜被宰杀。然而疾病仍被传染给了人类，100 多人死于朊病毒的人源类似物导致的疾病，这种疾病被称为变异型克－雅病（variant Creutzfeldt-Jakob disease）。几乎可以肯定，这些患者是因食用患病动物而被传染的。那这些动物又是怎么被感染的呢？同类相食！人们认为肉骨粉可以促进动物的生长和繁殖，同时也能够提供一种废物再利用的方法。因此，农场主通常会将肉骨粉喂给农场动物。自 1989 年疯牛病在英国暴发以后，现在世界上大部分地区，至少对像牛和羊这

① 美国黑色幽默文学的代表人物之一。——译者注

样的反刍动物，同类相食的饲养方式已经被禁止了。但肉骨粉仍被允许作为其他农场动物的饲料，如鸡和猪。

朊病毒的存在本身就引发了人们很长时间的争论。20 世纪 80 年代，来自美国加利福尼亚大学旧金山分校的诺贝尔奖得主史坦利·布鲁希纳（Stanley Prusiner）带领研究人员经过 10 年时间，分离出了羊瘙痒症的传染因子，即牛海绵状脑病的羊类似物，并鉴定其为一种蛋白质。他们的研究结果在当时遭到了强烈的质疑。基于细菌、病毒和寄生虫致病的主流观点，人们认为一条简单的氨基酸链不具有这种能力，而且也很难想象蛋白质可以繁殖、自我扩增并引发疾病。尽管如此，经过精细的分析和其他可能性的排除，人们还是确定了朊病毒假说的真实性。

除了库鲁病和疯牛病外，朊病毒或朊病毒样蛋白质也出现在了其他主要疾病中。最值得注意的是，阿尔茨海默病通常伴有类似于朊病毒病的错误折叠蛋白质聚集。不过，这些聚集体似乎不具有传染性，将它们从患病动物转移到健康动物中不会引起相应神经症状的转移。这些蛋白质聚集体的来源和将会产生的后果是什么仍不明确。我们普遍认为，关于蛋白质的折叠和错误折叠还有很多有待研究的地方。

预测蛋白质结构

让我们把目光放回到绝大多数确实具有独特三维形式的蛋白质上。尽管其形式是固定的，但预测蛋白质的氨基酸序列将以什么样的形式折叠仍然十分困难。然而这样的预测将非常有用。例如，要评估一种潜在的治疗药物如何与一系列不同的蛋白质结合，如果掌握了这些分子中的每一个三维结构，实验就会更容易。尽管自从我们首次发现抹香鲸肌红蛋白的结构以来，蛋白质结构的解析已经取得了长足的进步，但解析工作仍然困难、耗时且变化无常。使用 X

射线来探测蛋白质结构是主要的研究方法。这种方法首先需要诱导蛋白质形成晶体，并进行大量试错修正工作，然后使用高功率 X 射线源进行表征。当然，蛋白质结构解析也存在其他方法，如采用电子显微镜技术。但没有一种方法是快速或简单的。如果我们能够不用实际制备和解析蛋白质结构，而是基于给定的氨基酸序列进行计算，就能简单获得它将采用的三维结构，那么这将是很有吸引力的。基于嵌入 DNA 中的遗传密码具有独特的性质，想要确定氨基酸序列就变得很容易了，我们将在第 3 章对此进行详细说明。

理论上讲，既然我们已经了解了静电相互作用，以及疏水和亲水相互作用的物理学原理，也就应该能够简单地将氨基酸序列插入一个计算机程序中，并通过必要的计算对其进行筛选，直到程序找到分子链的最佳折叠状态。然而事实上，可能的构象数量如此之多，即使是运行速度最快的计算机也难以探索出全部构象。现在我们已经设计了许多巧妙的方法来应对这一计算挑战。有人专注于改进计算力和能量的算法；有人致力于开发简化方法，如将原子集组合在一起；还有一些人则着眼于对非常规计算机架构进行探索，例如，人们可以设计一台计算机，其集成电路是为计算氨基酸受到的各种力而量身定制的，而不是典型计算机的通用集成电路。这就是大卫·肖（David Shaw）① 所采用的方法。大卫将自己做投资经理时赚取的财富集中在委托定制的超级计算机上，致力于解决蛋白质折叠的生物物理学挑战。或者我们可以将普通计算机排列成一个大而随机的阵列，这正是在志愿者计算机后台运行的 folding@home 程序 ② 的作者所使用的方法。任何人都可以在程序上注册，这个程序利用志愿者们的空闲时间，在数万台机器上分配计算工作。或者我们可以尝试借助人类的思想。华盛顿大学的研究人员采用的方法是创造一个免费的蛋白质折叠游戏，名为 foldit，玩家在屏幕上像拼图一样移动氨基酸，并将游戏结果传达给研究人员。或者我们还可以使用人工智能，训练一个计算神经网络，从已知的蛋白质结构中推断

① 美国科学家和投资家，德邵基金创始人。——编者注

② 一个研究蛋白质折叠、误折、聚合及由此引起的相关疾病的分布计算工程。——编者注

出折叠模式，并应用它们来预测新的结构。这正是谷歌旗下公司 DeepMind 的做法，DeepMind 惊人的表现使其在 2020 年“蛋白质结构预测关键评估”竞赛中名列前茅。以上这些，以及其他更多的策略都被证明是有效的，但我们依然没能掌握一种快速而通用的方法来计算氨基酸链将采用的结构。

令人羞愧的是，蛋白质本身已经解决了蛋白质折叠问题。对地球上的每个生物来说，其体内每个细胞中的蛋白质都能在几分之一秒内塑造自身的结构。**自组装令人敬畏，它使得结构从自然物质本身固有的零件和力中自发出现。**我们将在第 6 章中讨论分子随机性时揭示自组装为什么如此迅速和强大。但我们要首先探索的是蛋白质和 DNA 之间的联系、定义基因的概念，并为揭示自组装结构如何在细胞中形成决策回路建立框架。

第 3 章

基因：DNA 与蛋白质的结合

我们称 DNA 为代码，但它是用来编码什么的代码呢？生物体可以产生众多蛋白质，目前我们已经对其中的几种蛋白质有了初步的了解和认识，但是是什么决定了生物体产生哪些蛋白质呢？这两个问题的答案是相同的，那就是基因，同时它也将生物信息的抽象概念与生物分子的物理性结合在了一起。基因的作用及局限性与 DNA、蛋白质的物理特性及它们所处的环境有着千丝万缕的联系。对遗传疾病的讨论通常不会涉及将 DNA 弯曲或将分子填充到小空间中的范畴，但是，正如我们将看到的，这种内在的联系对于理解生命的运作方式很重要。自组装再次成为本章的核心，我们将要探讨 DNA 和蛋白质结合在一起以包装基因组的过程。当人体细胞应对大小、形状和无序的挑战来组织它们的 DNA 时，我们对可预测的随机性、尺度推绎和调节回路等其他主题的研究也将反映在对遗传物质的处理中。

什么是基因

我们已经看到，蛋白质是通过化学键“缝合”在一起的氨基酸序列。细胞 DNA 的核苷酸序列决定了每个氨基酸的序列。三个核苷酸组编码一个特定的氨基酸。例如，DNA 序列 TGG 编码了一种色氨酸，即产生了一种疏水性氨基酸。CGT 和 CGC 都指定带正电荷的氨基酸精氨酸。因此，TGGCGT 序列表明色氨酸与精氨酸相连。然而，没有一种机器可以直接读取 DNA 代码并制造相应的蛋白质。一种被称为 RNA 的核糖核酸分子充当了中间体。

RNA，顾名思义，与 DNA 类似，也是由 4 个核苷酸单元随机组成的链，其中 A、C 和 G 与 DNA 中的相同，第 4 个 U 称作尿嘧啶，类似于 DNA 中的 T，即胸腺嘧啶。一种称为 RNA 聚合酶的蛋白质机器与 DNA 的“启动子”序列结合，接下来像拉链上的滑块一样沿着双螺旋前进，从而将两条链分开，然后读取其中一条模板链的核苷酸序列，并构建一条单链 RNA（见图 3-1）。将信息从一种形式（DNA）复制到另一种形式（RNA）的过程称为转录，类似于将口语转录成文本或将手写笔记转录成计算机文本。

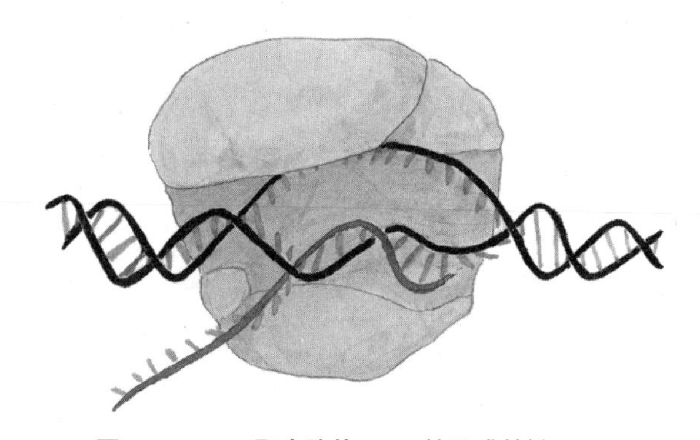

图 3-1　RNA 聚合酶将 DNA 转录成单链 RNA

转录得到的 RNA 与 DNA 模板链互补，因此除了将 T 替换为 U 外，其在序列上与 DNA 双螺旋的另一条链即编码链相同。举个例子，在模板链上镜像为 TAGCAA 的 DNA 编码序列 ATCGTT 将被转录为 RNA 序列 AUCGUU。另一种被称为核糖体的机器可以将 RNA 链翻译成蛋白质。核糖体沿着 RNA 移动，与每个三核苷酸片段相互作用，并将适当的氨基酸连接到它正在构建的蛋白质上（见图 3-2）。例如，RNA 序列 UGG 编码色氨酸，而 CGU 和 CGC 则都编码精氨酸。序列 UAG、UGA、UAA 代表编码“停止”信息，它会命令核糖体停止合成蛋白质并与 RNA 分离。序列 AUG 的意思是“从这里开始”。

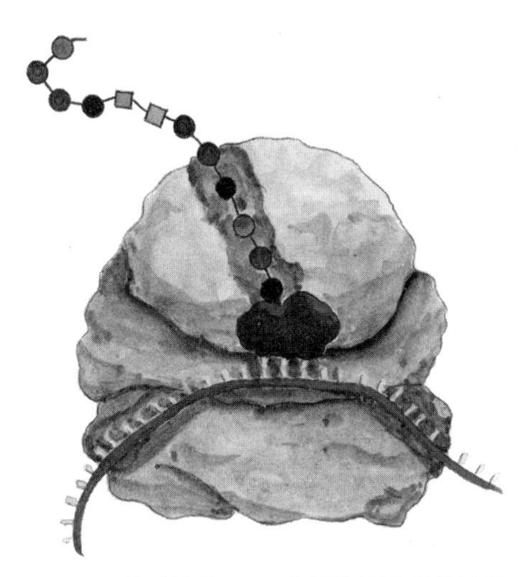

图 3-2　核糖体将 RNA 翻译为蛋白质的过程

因此，一条特定的 DNA 片段决定了一种蛋白质，该蛋白质将通过转录成为 RNA 和翻译成为蛋白质的过程产生。因为 DNA 是通过精子和卵子由父母遗传给孩子的，所以每个这样的 DNA 片段都能够传递遗传特征，即这些特定蛋白质的活动或特征。例如，人之所以能看到颜色是因为有 3 种不同的蛋白质能对不同波长的光做出反应，而每种蛋白质则产生于视网膜的 3 种视锥细胞中的一种，每种蛋白质又大约由 350 个氨基酸组成，所以即使只编码其中一个氨基酸的单个三核苷酸组，所产生的差异也会导致人们对颜色的感知能力发生细微但可测量的变化。更引人注目的是，缺乏整个光检测蛋白的 DNA 序列会导致几种色盲中的一种。

有人可能会认为这些编码蛋白质的 DNA 片段就是我们所说的基因。二者确实很接近，但又不完全相同。

细胞不仅要指定其产生的蛋白质的特性，而且还必须控制产生的时间及数量。有些 DNA 片段本身不编码蛋白质序列，而是影响其他 DNA 片段是否能为转录和翻译的机器所读取。例如，一类名为转录因子（transcription factor）的蛋白质可以在 RNA 聚合酶的起始点或附近与启动子区域结合，从而减弱或增强 RNA 聚合酶的组装与起始 DNA 转录为 RNA 的可能性。第 2 章介绍的糖皮质激素受体就是一个例子。或者一段 DNA 转录成 RNA 后无须再被翻译成蛋白质，这种 RNA 本身就可以与 DNA 或其他 RNA 分子相互作用从而影响蛋白质合成。RNA 帮助调节细胞活动的方式有很多，我们对这些方式的理解在很大程度上是最近才开始的；RNA 的地位已经从 DNA 和蛋白质之间的信使转变为这些分子对话的重要参与者。例如，人体内感知饥饿的细胞会产生一种名为生长抑制特异性 5（growth arrest-specific 5）的 RNA，它可以附着在糖皮质激素受体的 DNA 结合区域，从而阻碍其对目标 DNA 的识别。RNA 和 DNA 的结构相似性使得 RNA 可以充当诱饵。

调节遗传信息转化为特定分子的过程与信息本身一样重要，这种调控作用也被写入了基因的定义：**基因是生物体 DNA 序列的跨度，它编码特定的单一遗传特征，通常对应于单个蛋白质或 RNA 序列，包括非编码调控序列。**这是一个不完善的定义，并且仍在不断变化，但生命不需要满足我们对简单术语的渴望。现在，基因这个词仍然经常被用来表示“蛋白质编码的 DNA 片段”，因为这样表述的意思更简单、更传统。在这里，我会尽量讲得容易理解一些。谢天谢地，我们现在准备探索的问题很简单。

你有多少基因

我们现在可以读取各种生物的基因组，换句话说，就是 A、C、G、T 的完整序列。因为我们可以推断出指示转录机器开始的启动子序列和指示停止的终止序列，所以可以计算基因的数量。我们在细菌中发现了几千个基因，每个细菌可以产生大约几千种不同的蛋白质。导致结核病和霍乱的细菌，其基因组中各有约 4 000 个基因，其中约 98% 属于基因编码蛋白质。通常用于将牛奶变成酸奶的德氏乳杆菌，其亚种的基因组具有大约 2 000 个编码蛋白质的基因。

人类基因组包含大约 20 000 个蛋白质编码基因。非编码基因所产生的是不能继续被翻译成氨基酸链的 RNA，因此其数量更难被精确测定，估计与编码基因的数量相近。20 000 比几千，看上去我们比细菌的优势要大得多。可是别高兴得太早，因为实际上我们的优势并不是特别大。大多数人眼中的巨大差异实际上只有不到 10 倍。更重要的是，即使在真核生物中，人类也不是很特别的那一个。真核生物是指其细胞将 DNA 包裹在膜结合的细胞核中的生物体。普通家鼠有大约 20 000 个蛋白质编码基因，热带爪蟾（*Xenopus tropicalis*）和家马也是如此。有些生物所拥有的基因数则较少。黑腹果蝇（*Drosophila melanogaster*）和真菌裂褶菌（*Schizophyllum commune*）各包含约 13 000 个蛋白质编码基因，而游隼则包含约 16 000 个蛋白质编码基因。面包霉菌粗糙脉孢菌（*Neurospora crassa*）和土壤变形虫盘基网柄菌（*Dictyostelium discoideum*）分别具有约 10 000 个和 13 000 个蛋白质编码基因。有些生物体的基因比我们多得多。小型水蚤蚤状溞（*Daphnia pulex*）的基因组长约 1 毫米，且几乎是透明的，它包含 31 000 个蛋白质编码基因，创下了迄今为止进行过基因组测序的动物的最高纪录。水稻有大约 30 000 个蛋白质编码基因。玉米有大约 40 000 个蛋白质编码基因，差不多是人类的两倍，而且玉米还拥有数万个非编码基因。但是，基因数量的多少并不能代表生物体的复杂性程度或能力高低。

你的基因组有多大

我们已经讨论过，人的基因组是一个包含 20 000 个蛋白质编码基因的数据库，但它也是一个物理对象，是一系列 A-T 和 C-G 核苷酸碱基对。这些碱基对是 DNA 双螺旋的台阶，占用着物理空间。让我们先考虑核苷酸，然后再考虑实际空间。我们的基因组由大约 30 亿个碱基对组成。大多数细菌的基因组要小得多，通常只有几百万个碱基对。引起结核病和霍乱的细菌基因组各拥有 400 万个碱基对，德氏乳杆菌的基因组约有 230 万个碱基对。但同样，人类在基因组大小上并不是特别显著或极端。小鼠基因组的大小与我们相似；果蝇的基因组大约只有我们的 1/25；水稻基因组也很小，大约只有 4.3 亿个碱基对。有人可能会对水稻的碱基对数量产生怀疑，因为前面刚刚提到过它们的基因数量非常庞大。不过请不要担心，我们很快将会解答这个问题。蝾螈的 DNA 特别大，其基因组有 14 亿～1 200 亿个碱基对；肺鱼基因组有 1 300 亿个碱基对；开花植物日本重楼（*Paris japonica*）的基因组有 1 500 亿个碱基对，是人类基因组的 50 倍，其可能是最大基因组的纪录保持者。无恒变形虫（*Polychaos dubium*）可能凭借其 6 700 亿个碱基对而远超日本重楼，但这一数据存在一些争议，因为变形虫的基因长度是用过时的方法测定的。我很惊讶没有人重新审视过这种生物的 DNA。如果你正在阅读这篇文章并且拥有一台 DNA 测序仪和一些空闲时间，那就去做吧！与基因一样，基因组大小与生物体的复杂性之间没有直接的联系。

量化基因和基因组的数量为我们带来了一个惊喜和一个谜团。正如我们已经注意到的，我们有 30 亿个 DNA 核苷酸碱基对和大约 20 000 个蛋白质编码基因，每个基因都编码一种不同的蛋白质。蛋白质的大小范围很广，但人类蛋白质分子中氨基酸的平均数量约为 400 个，且每个氨基酸都由 3 个 DNA 核苷酸指定。因此，20 000 种不同的蛋白质需要大约 20 000 × 400 × 3=2 400 万个 DNA 碱基对。然而，人类基因组的长度不是 2 400 万个碱基对，而是 30 亿个！基因组的长度比它所包含的蛋白质编码 DNA 的数量高出 100 多倍！从历史上看，我们在知道人类基因组的字母序列和它包含的基因数量之前就知道了它的长度；基于基因组的大小，人类蛋白质编码基因的数量要远远低于预期值，这令人震惊。对于水稻来说，其基因组大小与预期的差异较小，但仍然在 10 倍左右。一般来说，大部分基因组并不直接编码蛋白质。我们仍在努力解开一个谜团，那就是基因组的其余部分在做什么。有些部分的基因组被转录成 RNA，但不翻译成氨基酸链，包括独立功能的 RNA 片段，以及在被核糖体翻译之前从 RNA 聚合酶转录的链中剪接出来的 RNA，然而许多非编码 DNA 甚至从未被转录成 RNA。尽管如此，它仍然可以通过构建启动子区域等位点来影响基因的读取。

在对此进行扩展研究之前，我们首先应该开发出一张更好的 DNA 物理图像。我们从“我们的基因组有多大”开始探讨这个问题，并给出了一个在生物学上准确但在物理学上不令人满意的答案：30 亿个碱基对。这是多大？我们的基因包含两条复制链，且每一条几乎都存在于我们所有的细胞中，如果将它们排列成一条线，长度将超过 1 米。而包含 DNA 的细胞核的直径只有几微米。

也就是说，我们的细胞将 1 米长的 DNA 塞入长度只有其 10^{-6} 的空间中。这是否令人难以置信？的确如此。但我们将四五十米长的纱线卷成直径仅为几厘米的线团，任何人都不会觉得奇怪。核心问题是力学问题之一：DNA 有多硬？它是像纱线还是像钢？如果将纱线换成粗细相同的钢缆，我们可能也会觉得难以置信。

DNA 会弯曲吗

表征材料的刚度本身就是一个话题，想要探索这个问题可能无论如何也无法绕开材料科学，而这难免会分散我们对生物物理学的注意力。值得庆幸的是，有一个简单的概念性聚合物刚性模型，被称为长链状分子，它可以让我们对基因组的大小有一个基本的了解。想象有 3 根具有不同刚度的弦，如果将它们拉成一条直线，每根弦都具有相同的长度。现在我们让 3 根弦自由卷曲（见图 3-3）。直觉上，我们会认为最舒展的那根弦似乎主要由平缓的曲线组成，应该是其中最硬的（见图 3-3a），而盘绕得最多、蜷缩得最紧的弦，可能是其中最柔软的（见图 3-3c）。

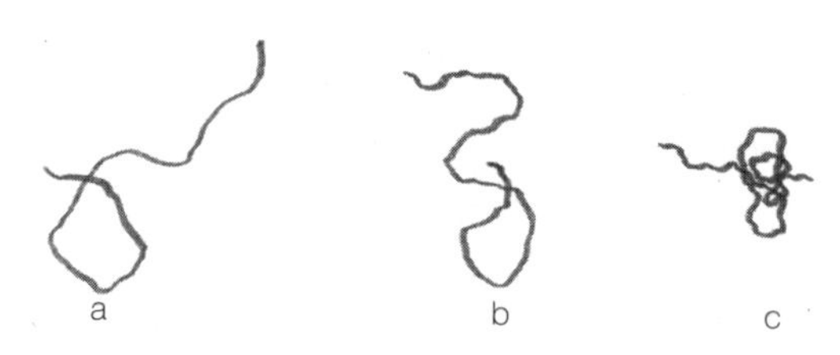

图 3-3　3 根具有相同长度、不同刚度的弦自由卷曲

让我们思考一下，如果沿着 DNA 链行走，在转向其他方向之前，我们前进的路线就是一段相对笔直的典型距离。分子越硬，这个距离就越长。想象当一只蚂蚁沿着一根未煮过的意大利面爬行时，它的行进方向在移动时几乎不会发生改变，那么意大利面的典型距离就非常长。现在想象一根煮熟的意大利面被随意地扔到桌面上，蚂蚁沿着这根煮熟的面条的路径爬行时要绕很多弯路，还要不断地调转方向，这时它的典型距离就比较短，可能只有不到 2 厘米。

现在让我们用一系列线段替换分子的实际弯曲路径，使每个线段都与这个直线路径的典型距离一样长，并随机地将其与相邻线段的连接点连起来（见图 3-4）。

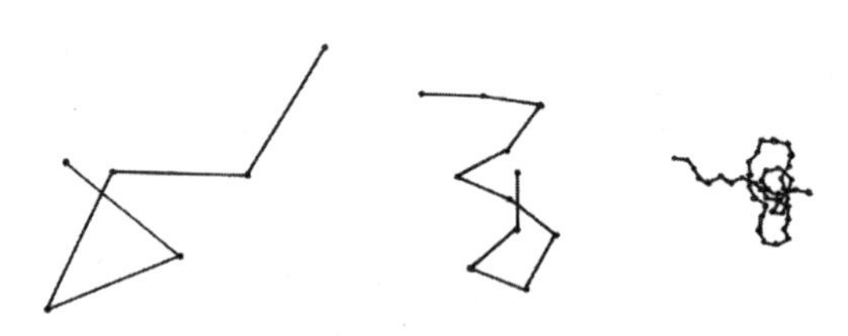

图 3-4　用一系列线段替换分子的实际弯曲路径

物理学家和数学家把这种操作称为随机游走（random walk）。想象一个步行者沿着完全随机的方向行进，他迈出的第一步可能向北，接下来是向西南，下一步是向东北偏北，等等。试图预测随机步行者在经过一系列步骤后最终会

到达哪里听起来是徒劳的，甚至就连他自己都不知道下一步他会迈向哪里，因为每一步的方向完全取决于偶然。对于任何单独的步行者来说，预测实际上是徒劳的。但是如果我们进行许多次随机步行，或者对随机步行者进行多次观察，则可以得到一个明确的平均结果：一个随机步行者行走了 25 步后，会发现自己与起点的平均距离为 5 步；行走了 49 步后，平均距离是 7 步；行走了 100 步后，平均距离是 10 步；每当一个人走出 N 步时，他离起点的平均距离就是 N 的平方根步。这个结论十分可靠，无论这种步行方式是人们通常使用的二维形式，还是类似随机游走的三维形式。

这种随机游走可以出现在任何地方。经济学家将股市的快速涨跌描述为随机游走。游动细菌的路径和种群中随机突变的传播通常被建模为随机游走。类似的例子越来越多。这些轨迹是可预测随机性主题的典范，因为它体现了稳健的平均属性与变幻莫测的偶然性共存。此外，随机游走的行进距离对步数的独特依赖性，让我们第一次看到了尺度推绎的一般主题。正如我们将在第二部分中学习的那样，许多物理特征不会简单地随大小变化而成比例地增长或缩小；同样，就像我们刚刚提到的平方根一样，经常会出现意想不到的依赖关系。

如果我们将 DNA 的构象抽象地视为随机游走（见图 3–5），那么关于 DNA 分子有多坚硬的问题就变成了“步子”有多长及走了多少步的问题。从 DNA 分子的图像中可以推断出，双螺旋近乎笔直的长度约为 100 纳米，即 10^{-7} 米。换句话说，用直线代替 DNA 的实际路径，并询问直线的长度时，得到的值为 100 纳米。另外跟大家普及一下，聚合物直线长度的技术名称是库恩长度，以瑞士化学家沃纳·库恩（Werner Kuhn）的名字命名，其计算有一个精确的数学表达式。就尺度而言，双螺旋的宽度为 2 纳米，螺旋的阶梯旋转一周的长度约为 3 纳米，与螺旋的精细结构相比，库恩长度较大。

因此，我们可以认为 1 米长的 DNA 由 1 000 万个直线步长组成。如果想知道 1 米长的 DNA 单独漂浮在细胞的水环境中时它会有多长，就相当于要知道在每步长为 100 纳米的情况下，1 000 万步的随机游走能走多远。答案是：大约 0.3 毫米或 300 微米。这是 1 000 万的平方根，或者用大约 3 000 步长乘以每个步长 100 纳米。这远远超过了细胞核的几微米大小，甚至比典型人体细胞大小的 10 ～ 100 微米还要大。

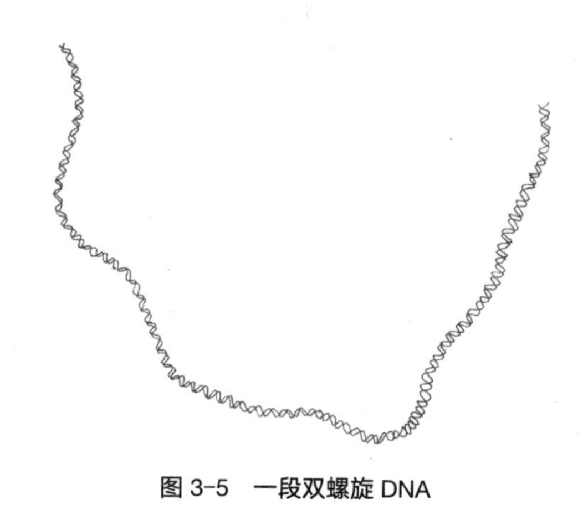

图 3-5　一段双螺旋 DNA

如果知道 DNA 不是一条完整的链，而是分成了 23 条染色体，那么你可能会反对这个观点。几乎所有的细胞都有成对分组的 46 个片段，它们来自基因组的两个拷贝之一。卵子和精子细胞是例外的，它们只有人体基因组的一个拷贝。另外，人类和其他哺乳动物的红细胞中是没有 DNA 的。碎片化简化了 DNA 包装的空间挑战，但幅度不大：人类 1 号染色体是最大的染色体，长度为 2.49 亿个核苷酸碱基对的长度，对应的总长度约为 8.5 厘米，随机游走的斑点尺寸（blob size）约为 90 微米，但仍然比细胞核大得多。为了更好地体现它们之间的比例，我在图 3-6 中展示了一个典型的人类细胞及其细胞核、一段 1 米长的 DNA 随机斑点结构和一段 8.5 厘米长的 DNA 随机斑点结构（如 1 号染色体）。

事实上，我们应该对 DNA 的包装感到惊讶和印象深刻。不是因为基因组的长度，而是因为 DNA 本身的硬度太大，使它不能被限制在细胞内。它所占据的空间远远小于 DNA 分子单独漂浮在水环境中所占据的空间。

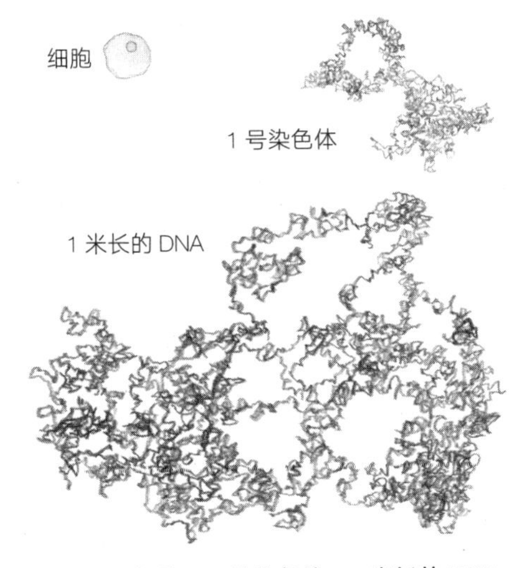

图 3-6 细胞、1 号染色体、1 米长的 DNA

DNA 包装

人类细胞核内的 DNA 并不像一根意大利面那样随意，也不像散步那样散漫，更不像被匆匆塞到打包的行李箱中的衣服那样。DNA 的包装是优雅而紧凑的。大部分 DNA 都缠绕在一个直径约为 10 纳米的“小线轴”上，这种小线轴由一种被称为组蛋白（histones）的蛋白质构成（见图 3-7）。

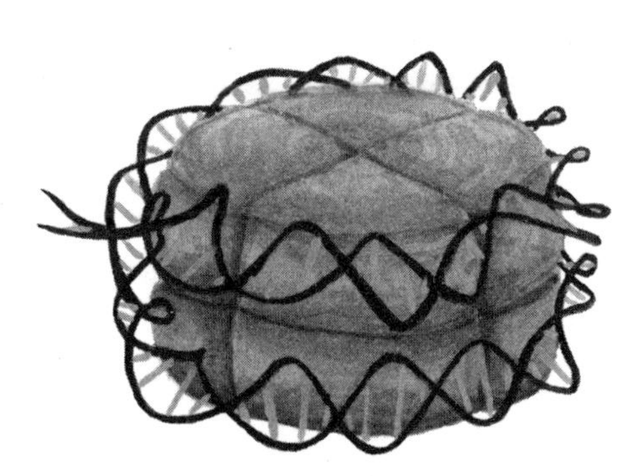

图 3-7 DNA 和组蛋白组装成一个核小体

10 纳米远远小于 DNA 的库恩长度，因此需要很大的力才能将 DNA 包裹住，这种力主要是由带负电荷的 DNA 和带正电荷的组蛋白外表面之间的静电荷提供的。带正电荷的氨基酸的间距与双螺旋槽的周期性相匹配，从而使静电力的强度最大化。在这里我们再一次发现了自组装在起作用：**DNA 和组蛋白的物理属性，尤其是它们的电荷和形状使其能够将自己加工成具有一个功能的明确结构。**每个线轴上缠绕着将近两圈 DNA，或大约 150 个核苷酸碱基对。线轴之间的长度各不相同，在 20 ～ 90 个碱基对之间，整个组件呈现出“串珠”样结构（见图 3-8）。

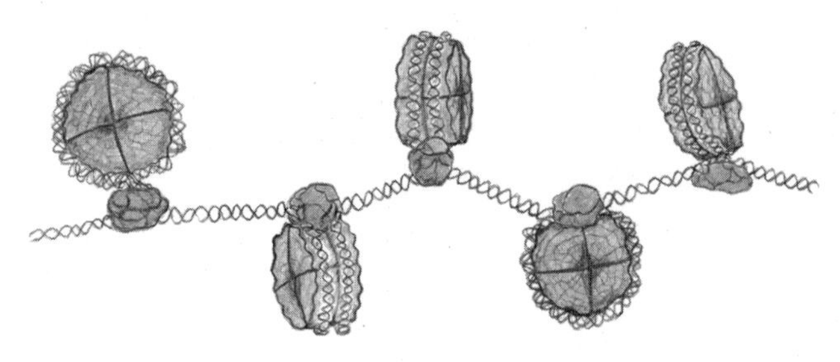

图 3-8　DNA 和组蛋白自组装形成串珠样结构

这些缠绕的 DNA 串进一步弯曲、环绕并包装在一起。但它们采用的形式一直以来都是一个谜团。科学家根据实验结果提出了各种结构，这些实验通常涉及从细胞中提取 DNA 或用固定剂保存细胞等操作。最常见的结构是串珠组织成 30 纳米厚的纤维，然后这些纤维排列成 120 纳米或更粗的绳索。然而，最近由克洛达赫·奥谢（Clodagh O’Shea）领导的索尔克生物研究所（Salk Institute）[①]和加利福尼亚大学圣迭戈分校的研究人员开发了一种对完整细胞核中的 DNA 进行染色的方法。他们用容易在电子显微镜中看到的金属原子修饰 DNA。但是通过这种方法，他们并没有找到预期的离散纤维，而是发现了具有广泛宽度的链，范围为 5 ～ 24 纳米。此外，这些链的卷曲程度取决于细胞是否分裂。也许 DNA 的包装不像我们一直认为的那样是一成不变的，而是更具有动态性。

① 美国生命科学领域成果最多、质量最高的研究机构之一。——编者注

探究细胞将 DNA 填入自身内部的方式不仅仅源于一种求知欲。基因的表达决定了一段 DNA 是否真的能被转录成 RNA，从而产生蛋白质，这在很大程度上取决于 DNA 的包装和组织。当 DNA 被缠绕在组蛋白线轴上或以其他方式受到严格限制时，对于读取和执行遗传密码的机器来说，它们相对难以接近。两个完全相同的基因既可以是“开”，也可以是“关”，这取决于基因是容易被找到还是隐藏了起来。换言之，DNA 包装会影响 DNA 的功能，而 DNA 的物理排列是调节细胞活动的有力工具。各种各样的疾病，如神经发育障碍、罕见的自身免疫性疾病，甚至腭裂，都与编码执行相关神经发育、免疫或骨骼任务的相关蛋白质的基因缺陷无关，而是与 DNA 包装缺陷相关。这些缺陷通常涉及操纵组蛋白线轴的蛋白质，例如通过改变它们的电荷来增加或降低它们对彼此或对 DNA 的亲和力。

在过去的 20 年左右的时间里，科学家们发现，决定 DNA 哪部分区域包裹在组蛋白周围的因素就隐藏在 DNA 序列之中，部分取决于双螺旋的机械特性。我们在前文中已经看到，DNA 在大约 100 纳米的长度上是相当笔直的。这个精确的刚度巧妙地取决于 DNA 序列（A、C、G 和 T）。特定的核苷酸组比其他组硬度更低，或许是由于它们更喜欢轻微弯曲的形状。在最终缠绕在核小体（nucleosomes）周围的 DNA 中，这些更弯曲或更灵活的部分就像小铰链一样，往往相距 10 个核苷酸。双螺旋的节距也是 10 个核苷酸，这意味着如果你站在扭曲的 DNA 阶梯上往上爬 10 个台阶，那么你此时的方向将与开始时相同。因此，我们得知铰链都以相同的方式定向，并使得每个 DNA 跨度向组蛋白线轴弯曲。对 DNA 和核小体之间结合的分析表明，如果没有这些重复的核苷酸序列，DNA 就不太可能缠绕在组蛋白周围。因此，DNA 序列本身编码了有关它应该如何被包装的力学信息。DNA 是一种力学密码，同时又巧妙地与生化密码和遗传密码交织在一起，真是非凡的分子！

DNA 线轴和纤维的结构为调节回路提供了一个例子，细胞可以利用调节回路来控制它们的活动，决定打开或关闭基因。正如我们将在第 4 章中看到的，细胞有更多可以实现更快、更复杂的决策回路的策略。

塞满 DNA 的病毒

不仅只有你的细胞面临着将 DNA 压缩到狭窄空间中的艰巨任务，每一个活的生命体都在包装自己的 DNA，没有一个生命体会允许 DNA 作为一个自由的、随机行走的链而单独存在。这种现象甚至延伸到了不太可能存在生命的世界——病毒，一种劫持细胞的复制机器，可实现感染活细胞的遗传物质小胶囊，包含已知最密集的 DNA 包装。并非所有病毒都含有双链 DNA，有些病毒只含有一条 DNA 链，有些则含有单链或双链 RNA。含有双链 DNA 基因组的病毒包括引起疱疹和天花的病毒，刚性分子必须被塞进一个直径只有几十纳米的蛋白质壳中，这个外壳同样小于 DNA 双螺旋的库恩长度（见图 3-9）。双链 RNA 甚至比双链 DNA 更硬。对于 DNA 和 RNA 来说，单链结构更灵活。

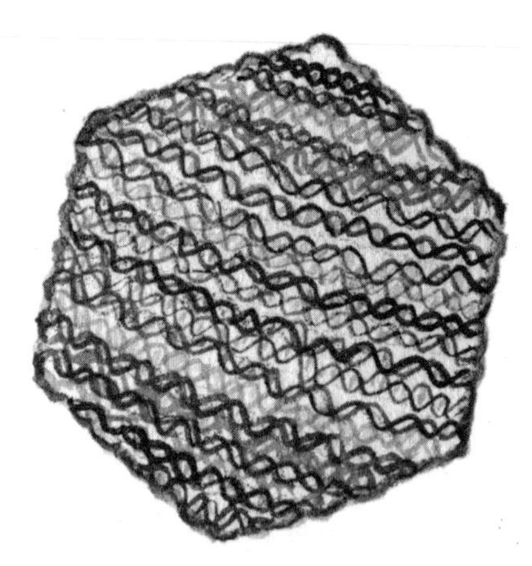

图 3-9　DNA 塞到病毒蛋白质壳中

在双链 DNA 病毒中，弯曲、压扁的聚合物向外挤压着病毒的外壳或衣壳（capsid），并试图向外伸展。例如，当病毒感染细胞时，这种内部压力有助于推动 DNA 进入目标细胞。如何测量压缩 DNA 的压力呢？想象一下：如果打开一个封闭的衣壳，DNA 就会从里面冲出来。现在我们从四面八方挤压衣壳，对它施加压力，然后再打开衣壳，如果外部压力小于内部压力，那么 DNA 仍然能够出来；但如果外部压力更大，则 DNA 就会留在里面。通过改变外部压力并监测 DNA 是否得到了释放，就可以确定病毒内部的压力。

这很容易想象得到，但想要实际做到则需要一些高明的实验技巧。大约在 15 年前，加利福尼亚大学洛杉矶分校的威廉·格尔巴特（William Gelbart）及其同事便实施了其中的一个实验。因为当病毒在其靶细胞表面遇到特定蛋白质时，衣壳的开启会被自然触发，所以将这些蛋白质人工添加到装满病毒衣壳的烧杯中，可以使衣壳按需打开，病毒颗粒就会分散在水溶液中。再将大分子添加到溶液中产生渗透压，就像用漂浮在病毒周围的所有分子去轰击病毒。我们假设中的挤压衣壳大致就是如此。科学家们通过改变渗透压和使用特定蛋白质来打开衣壳，发现病毒内部的压力有几十个大气压（而汽车轮胎中的气压约为 2 个大气压）。为了更直观地了解这些病毒的力学性能，生物物理学家罗伯·菲利普斯（Rob Phillips）建议将其想象为把 400 多米长的金门大桥悬索塞进联邦快递卡车的车厢里。这种巨大的内部压力对病毒很有价值，它有助于病毒将其 DNA 发射到目标细胞中进行复制，从而开始产生新病毒。

如果不了解 DNA 的物理特性，我们就无法了解 DNA。形状、结构和力学与生物功能密不可分。这种说法不仅适用于 DNA，而且适用于自然界的所有生物分子。这个主题会反复出现，并贯穿整个生物物理学。在第 4 章中，我们将回到这样一个问题上，即数量少得惊人的基因如何引导人体的形成。要想回答这个问题，我们就要探索基因如何借助外部控制或其他基因来开启和关闭，从而创造一个相互作用的网状结构，这同样与生命分子的有形物理活动密不可分。

第 4 章

基因的编排艺术：从简单的基因到复杂的生命体

第 3 章介绍了遗传信息的核心难题：仅仅 20 000 个基因如何编码复杂的人体？这区区 20 000 种蛋白质就相当于 20 000 个工具或 20 000 个组件，它们如何能让人体完成一系列令人眼花缭乱的任务，实现从成长、呼吸、阅读再到繁殖的种种行为呢？当然，如果是从以人为本的角度来提出这些问题，我们也可以说，20 000 个基因如何使马变成马，或者 30 000 个基因如何使水蚤变成水蚤。

对于这些问题，我们还远远没有得到完整的答案，对此开展相关探索可能会使科学家们忙碌数十年，甚至数百年。然而，我们已经发现了一些有趣的一般性原则和编码生命复杂性的主题，并开始利用这些原则以前所未有的方式设计生物体。在第 3 章中，我们认为基因或多或少是静态的，它们被包装在细胞空间中，具有决定蛋白质组装的潜力。现在我们可以引入时间上的变化，刺激或抑制遗传信息向生物体的动态活动转化。这种基因的编排形式绝大部分是由基因本身组织的。到目前为止，我们都是从具体的结构意义上认识自组装。在这里，我们遇到的将是更为抽象的自组装表现形式，分子活动将自身编织成调节回路，从而使每个生物都成为生物计算机。为了揭示其所代表的意义，我们将从打开和关闭基因的概念开始对此进行解读。

基因调控

一个细胞或整个有机体可以控制何时及是否实际使用任何给定的基因，换句话说就是，它可以控制其 A、C、G 和 T 字符串能否被将 DNA 序列转化为 RNA 序列并进一步转化为蛋白质的机器读取。这种控制可能会受到细胞或生物体所处的外部环境的影响，使细胞或生物体响应激活或停用特定的基因。其实在详细了解基因调控之前，我们就可以推断出，这样的情况一定存在，因为我们的身体由各种不同类型的细胞组成，而每种细胞又都包含着相同的 DNA 副本。神经元、皮肤细胞和排列在肠道内的黏液分泌细胞，其内部基因组都是相同的。然而，这些细胞看起来并不同，它们的功能不同，合成的蛋白质组也不同。产生黏液的蛋白质基因必须在神经元中处于休眠状态，与邻近细胞紧密黏附的蛋白质基因必须在皮肤细胞中处于活跃状态，分泌细胞必须忽略负责发送长距离电信号的基因。总之，“打开”和“关闭”基因是有可能通过控制实现的。接下来我们将探索如何使这种控制成为可能。

回想一下 DNA 序列转录成 RNA 的过程。RNA 聚合酶像轨道上的火车一样沿着 DNA 滑动，从而转录从起始信号到终止信号的基因序列，并在滑行时挤出一条 RNA。然而，RNA 聚合酶并不总是会与 DNA 结合，大部分时间它漂浮在细胞的水介质中。它偶尔会碰到一段它能识别并锁定的特定 DNA 序列。正如我们在第 3 章中看到的，这段序列被称为启动子序列，它们与基因或基因集合相邻。DNA 具有方向性，RNA 聚合酶将沿特定方向“读取”DNA 双螺旋的一条链。基因位于其启动子的下游，因此落在启动子序列上的 RNA 聚合酶会转录相邻的基因。控制 RNA 聚合酶在 DNA 链上的绑定是基因转录调控（transcriptional regulation）的本质，是控制基因活性最有效的方法之一。

我们首先要弄清楚细菌转录调控的机制。假设你是一个细菌，你喜欢吃糖，但你需要制造出能消化糖的蛋白质才能享受美味的糖果。当你遇到糖时，你会制造更多这样的蛋白质；但如果周围没有糖，你就不会浪费能量来制造这些蛋白质。这是怎么做到的呢？我们用在大肠杆菌中发现的乳糖及其调节机制来对此进行说明，这与整个生命世界所采用的机制非常相似。

一种叫作 *lacZ*[①] 的基因编码了乳糖消耗机制的一部分。与其他基因一样，*lacZ* 的上游是启动子区域。在图 4-1 中，较大的灰色斑块代表 RNA 聚合酶，它准备前进并读取 *lacZ* 基因。

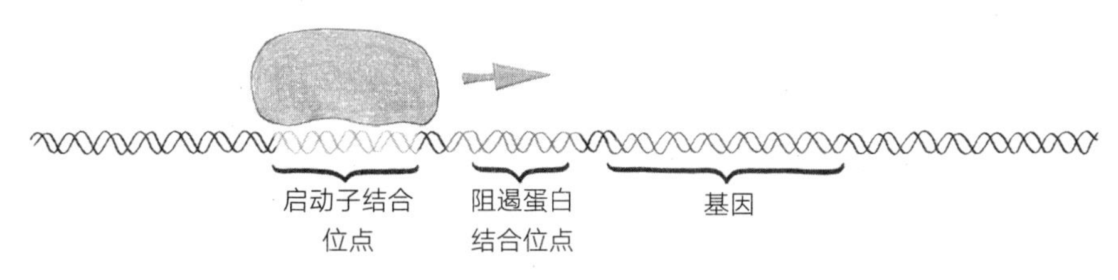

图 4-1　基因表达的调控过程

注：该图未按比例绘制。例如，*lacZ* 基因的长度约为 3 000 个碱基对的长度，而 RNA 聚合酶的宽度则为 30 ～ 40 个碱基对的长度。此处以 *lacZ* 基因为例，灰色斑块代表 RNA 聚合酶，灰色斑块正下方的 DNA 区域为启动子结合位点，该位点右侧的 DNA 区域为阻遏蛋白结合位点，再右侧区域为编码 *lacZ* 的基因。

大肠杆菌还制造了一种名为 lac 阻遏物（repressor）的蛋白质，它会与 *lacZ* 基因上游的另一段 DNA 结合。当 lac 阻遏物（黑色）与 DNA 结合时，RNA 聚合酶便不能附着在 DNA 上，因此 *lacZ* 基因不表达（见图 4-2）。

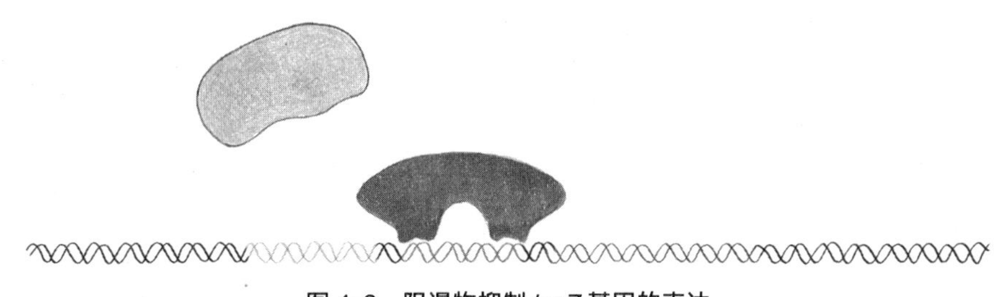

图 4-2　阻遏物抑制 *lacZ* 基因的表达

① *lacZ* 是编码 β－半乳糖苷酶的基因，β－半乳糖苷酶可以分解乳糖。——译者注

正如我们在前几章中看到的，DNA 和蛋白质是物理对象，具有指导其自身工作的特定结构。lac 阻遏物和 DNA 之间的结合具有极其特殊的排列方式。lac 阻遏物识别的特定核苷酸组的跨度长于阻遏物本身的宽度。因此，蛋白质必须将 DNA 环绕成一个紧密的圆圈，直径约为 10 纳米（见图 4-3）。

图 4-3　lac 阻遏物与 DNA 的结合

然而回想一下，DNA 具有非常硬的结构。如果不做处理，DNA 会在大约 100 纳米的距离上保持笔直状态。就像马戏团的大力士弯曲铁棒一样，lac 阻遏物可以弯曲 DNA。环状 DNA 会干扰 RNA 聚合酶的正常结合，从而阻止其对乳糖消化蛋白基因的读取。

lac 阻遏物还有另一个惊人的特性：它还可以与一种乳糖类似物，即异乳糖（allolactose，图 4-4 中的黑色圆圈）结合；而当它与异乳糖结合时，阻遏物的形状会发生微妙的变化，从而使其无法与 DNA 结合。细菌可以利用乳糖本身产生异乳糖。如果细菌在其所处环境中遇到乳糖并将其中的一些乳糖内化，从而使 lac 阻遏物不再阻遏，那么就会产生消化乳糖的蛋白质，细菌也就可以吞食它找到的食物了。

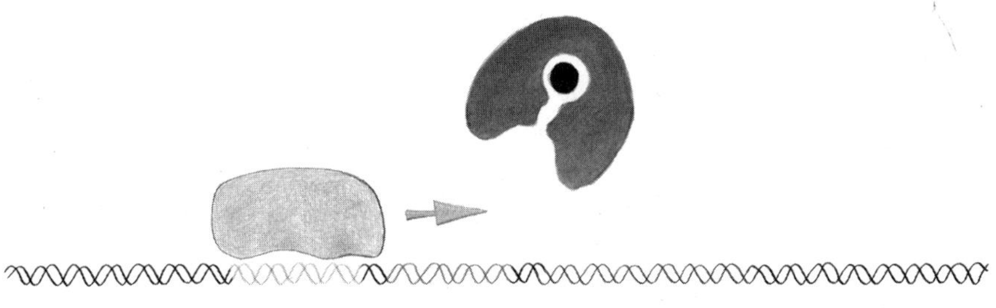

图 4-4　异乳糖与 lac 阻遏物结合后可以解除后者对 *lacZ* 基因的抑制

不仅仅是在细菌中，像 lac 阻遏物这样的阻遏蛋白在所有生物体中都很常见。抑制 RNA 聚合酶结合，或与其竞争以降低其结合到 DNA 上的可能性，是大自然调节基因活性最常见的策略之一。与 lac 阻遏物和异乳糖一样，这种抑制可以与外部刺激物相结合，或者正如我们在下文即将看到的，与内部刺激物相结合。

基因调控工具包中与抑制作用相反的是激活。特别是对于与 RNA 聚合酶结合能力较弱的启动子而言，那些对 RNA 聚合酶具有亲和力的激活子蛋白可以附着在附近 DNA 被蛋白质识别的特定位点上，从而增加 RNA 聚合酶黏附并启动转录的可能性（见图 4-5）。

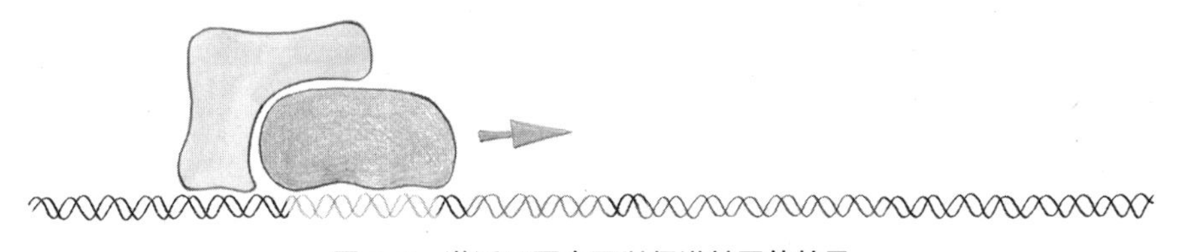

图 4-5　激活子蛋白可以促进基因的转录

激活子蛋白在乳糖和细菌的故事中也扮演着重要的角色。虽然诸如大肠杆菌之类的细菌喜欢乳糖，但它们更喜欢另一种糖，那就是葡萄糖。如果环境中存在葡萄糖，即使同时存在乳糖，它们也不会浪费精力消化乳糖。这种现象是20世纪40年代由法国生物学家雅克·莫诺（Jacques Monod）发现的，他在基础生物学研究与第二次世界大战期间法国抵抗运动的工作之间取得了平衡。在DNA水平上，只有在存在乳糖且不存在葡萄糖时，细菌才会表达乳糖消化基因。一种激活子蛋白使之成为可能。RNA聚合酶与lac启动子区域的结合作用较弱，即使没有阻遏物，基因的转录也不太可能发生。这种细菌产生的激活子蛋白只有在结合了一种称为环状AMP的分子时，才能够与DNA结合。当葡萄糖水平较低时，细菌才会产生环状AMP，因此它有时也被称为“饥饿信号”。只要存在葡萄糖，就几乎不会存在环状AMP，激活子便不会与之结合，此时即便存在乳糖，乳糖消化基因也不会表达；如果没有葡萄糖，就会有大量环状AMP产生，并与激活子结合，此刻若聚合酶没有被lac阻遏物阻断，乳糖消化基因就会表达。这是一个聪明的系统，对于一个只有1/1 000毫米大小的无脑生物来说更是如此。

阻遏物和激活子都被称为转录因子，也就是控制遗传信息转录的物质。转录因子本身就是蛋白质，因此由基因编码。虽然不能确定具体的数目，但一般认为人类基因组包含超过1 500个转录因子基因。回想一下，我们只有大约20 000个蛋白质编码基因。换句话说，我们的基因指令集中有相当大一部分是由调节这些指令读取的“刹车”和“杠杆”组成的。

转录因子及其可能做出的决定遍布整个生物世界，这对于通过简单基因去编码复杂行为的结果来说至关重要。调控区域就是基因组上转录因子的结合位点，它甚至不需要与其所调控的基因相邻就能发挥作用。由于基因组是弯曲和回折的，所以那些与DNA片段结合的转录因子可以调节那些拉成直线时与其距离很远，但实际上很近的基因的表达（见图4-6）。

遗传距离和物理距离之间的这种相互作用为基因调控提供了更多可能性，并且是当今许多生物物理学家研究的主题。

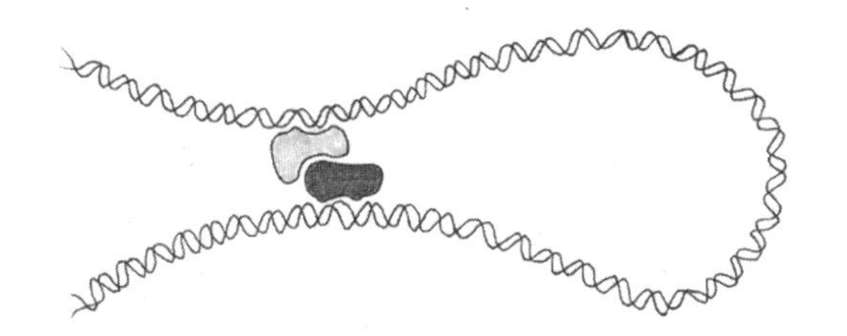

图 4-6　基因组的弯曲和回折使转录因子能够影响基因的表达

到目前为止，我们探索的所有机制都涉及转录调控，DNA 代码转化为 RNA 代码的过程是基因表达的第一步。接下来，细胞还可以调节翻译，即由 RNA 片段合成蛋白质的过程。这也可以通过许多不同的方式来完成，包括控制 RNA 降解的速率；在细胞的特定区域中封闭 RNA；甚至产生与转录出的 RNA 互补的 RNA 分子，以便使两者结合在一起形成不能翻译成蛋白质的双链 RNA。想要探索基因调控工具包的多样性，还需要花上大量篇幅来对其进行介绍，但现在让我们先退后一步，了解一下这些工具的普遍性，以及大自然为了将这些工具结合到遗传机器中而开发的一些基本模块。

便携式基因控制

我们已经了解了 lac 系统是如何使用转录因子来打开或关闭基因的，这取决于外界环境的刺激，即某些糖是否存在。大肠杆菌和其他细菌使用 lac 系统将其生化活性与特定食物的可用性相匹配。研究人员可以轻松地将乳糖添加到装满缺乏葡萄糖的细菌的烧瓶中，从而触发微生物激活 *lacZ* 基因。不过，研究人员想出了一个更加“狡猾”的办法，他们添加了一种名为异丙基硫代 -β-D- 半乳糖苷（IPTG）的化学物质。IPTG 与乳糖非常相似，只是不能被消化。lac 阻遏物会与 IPTG 结合，因此不会抑制转录。即使没有可消化的乳糖，细胞也会产生乳糖消化酶。这种操作匪夷所思，其动机是构建一个基因表达的开关。研究人员事先可能已经在 lac 下游插入了其他基因，甚至删除了

lacZ 基因本身。这些新基因可能是用于监测细菌的荧光蛋白基因，也可能是用于合成各种有用的化学物质或药物。研究人员现在已经可以实现在外部触发因素 IPTG 的控制下表达这些新基因。

海迪·斯克拉布尔（Heidi Scrable）和她在弗吉尼亚大学的同事于 2001 年发表了一篇论文，文中描述了一个引人注目的遗传控制的例子，该论文的标题是《lac 操纵子–阻遏物系统在小鼠中的作用》（*The Lac Operator-Repressor System Is Functional in the Mouse*）。研究人员使用了白化小鼠，其产生色素所必需的酪氨酸酶发生了突变。通过将功能性酪氨酸酶基因连同其启动子序列（见图 4-7a）插入基因组，研究人员得到了具有正常色素沉积的小鼠，正如人们所期望的那样：实验小鼠具有棕色毛发和眼睛。这项工作最引人注目的部分来自对色素沉积基因的工程控制。虽然动物拥有大量的基因调控系统，但 lac 系统并不属于其中之一，它只存在于细菌中。然而，研究人员设计了一只小鼠，它具有 lac 阻遏物（见图 4-7c）的 DNA 结合序列，位于功能性酪氨酸酶基因上游。因为哺乳动物中不存在 lac 阻遏物的基因，所以不会有 lac 阻遏物产生，酪氨酸酶的表达也不会受到阻遏，因此这些小鼠也具有色素沉积（见图 4-7b）。研究人员还创造了另一组小鼠，在这组小鼠中，酪氨酸酶再次由 lac 启动子控制，但 lac 阻遏物也与其启动子一起插入基因组的其他位置上。这些小鼠产生了抑制酪氨酸酶表达的 lac 阻遏物，因此小鼠缺乏色素沉积（见图 4-7c）。如果研究人员将 IPTG 添加到小鼠的饮用水中，这些小鼠会产生相应的色素沉积（见图 4-7d）。IPTG 阻止了 lac 阻遏物的抑制作用，就像在细菌中一样，从而使色素沉积基因得以表达。

在水中添加糖的类似物分子可以改变动物毛发和眼睛的颜色，这种能力几乎处于超现实的范围，同时这一结果还突出了生命机器的普遍性。小鼠和细菌的最后一个共同祖先生活在 30 亿年前。从那以后，它们的后代沿着不同的路径进化，我们从而也看到了两种截然不同的生物——一种单细胞微生物和一种手掌大小的毛茸茸的哺乳动物。尽管如此，研究人员依然可以将基因调控工具从一个物种剪切并粘贴到另一个物种中，而且所取得的效果非常好。正如莫诺自己在几十年前说过的一句极具戏剧性和预见性的话：“适用于大肠杆菌的情况，也同样适用于大象。”

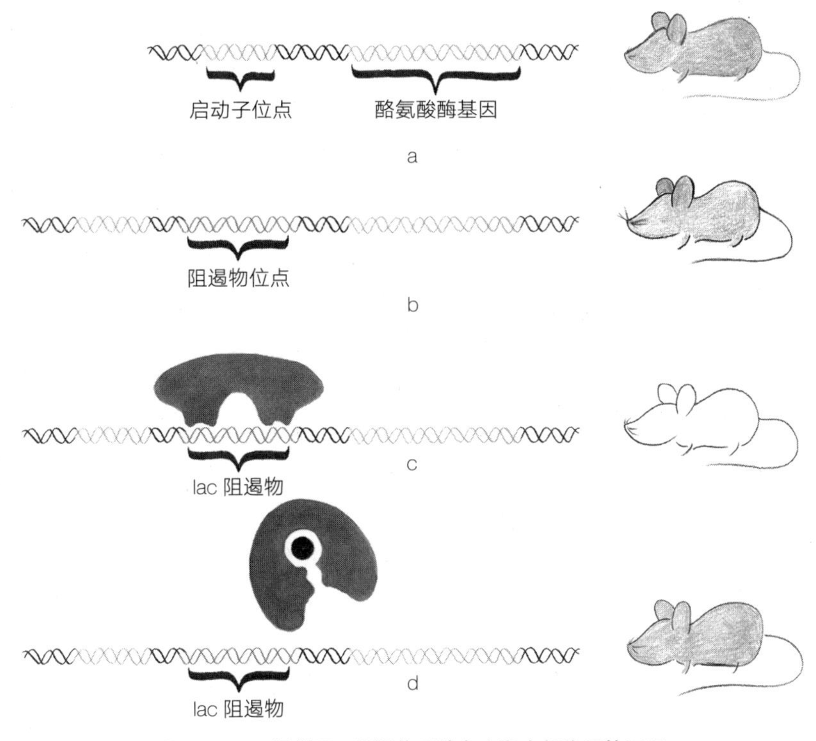

图 4-7 lac 操纵子 - 阻遏物系统在小鼠中起作用的原理

与 lac 系统一样，还有许多其他系统可以控制生物体或研究人员调节基因表达。我自己的实验室也使用这些工程设计的基因回路。我们不会改变小鼠皮毛的颜色，但可以打开或关闭某些细菌的游泳能力，通过将一种简单的化学物质放入水中来引导它们组装或拆卸自己的微型马达。有了这个工具，我们可以推断出像游泳这样的体力活动对细菌在其环境中具备存活能力所发挥的作用。就在几十年前，这还是科幻小说中才会出现的情节，但现在这不仅有了实现的可能，而且还变得越来越容易实现。

遗传记忆

如果你用开关开灯，并不需要将手指一直按在按钮上，灯也会保持亮着的状态。开关切换到一个新的、稳定的位置后，它会一直保持当前状态，直到切换到另一个不同的、同样稳定的位置。大自然和研究人员也经常想要获得这样的开关，使得细胞一旦接收到信号，就会处在特定的路径上，并且即使在信号消失后也会继续保持在该路径上。在植物和动物中，这对于不同类型细胞的发育尤为重要。例如，神经元和帮助神经元发挥功能的神经胶质都来自同一类型的祖细胞。一些信号使一个祖细胞走在了成为神经元的路径上，之后这个祖细胞将致力于表达一组适当的神经基因，与其他神经元建立突触，并执行神经元负责的所有其他任务。没有人希望它需要经过不断的提醒才能避免恢复到原始形式，或者突然变成一个神经胶质细胞，或是一个混乱的半神经元、半神经胶质细胞。拥有稳定的细胞类型需要基因来拨动开关。另一种说法是细胞需要拥有记忆。细胞需要记住过去的刺激，按照基因过去和未来的表达方式去编码。

有很多方法可以制造记忆，这是建立在我们所看到的转录因子之上的。想象一下有两个基因，我们称之为基因 A 和基因 B。与 lac 一样，假设基因 A 有一个阻遏物。现在假设编码该阻遏蛋白的基因位于基因 B 的下游，如果基因 B 被表达，那么 A- 阻遏蛋白也会被表达。现在对应地，假设 B- 阻遏基因正好位于基因 A 的下游，那么如果基因 A 被表达，则 B- 阻遏基因也会被表达。这种相互抑制使细胞记忆成为可能：假设基因 A 恰好被强烈表达，细胞中会产生大量的 B- 阻遏蛋白，所以基因 B 会被阻遏，基因 A 不会被阻遏，这与基因 A 的强烈表达是一致的。细胞将持续处于表达基因 A 的状态。反之，如果基因 B 被强烈表达，则会发生相反的一组事件，并且细胞将持续处于表达基因 B 的状态。这样对于细胞来说，我们就有了两种稳定的行为类型，并可以在它们之间切换。例如，用大量触发基因 A 或基因 B 激活或抑制的物质充斥细胞。如果 lac 阻遏物是该装置的一部分，可以使用 IPTG。从那时起，细胞就保留了对这个事件的记忆。

这说明了一个非常普遍的原理，那就是基因可以调节基因的表达。换句话说，基因之间的反馈创造了特定的活动模式。我们在示例中使用了两个抑制实例，即负反馈来创建开关。这不仅仅是假设性的，这种方案在整个自然界中比比皆是。例如，在感染细菌的病毒中，这些细菌会在积极分裂和休眠状态之间做出决定。此外，还有许多其他可能的方案。我们可以利用激活子的转录，例如，基因 A 的表达与基因 A 激活子的表达相耦合，放大最初将细胞置于基因 A 路径上的任何内容，即正反馈。

时钟和回路

为了知晓时间，我们使用了时钟。每个时钟都基于一些周期性的、有节奏的现象，如钟摆的来回摆动或石英晶体的快速振动。各种具有生命的有机体，甚至单细胞都使用“时钟”来控制活动，并且这些活动会在某个明确的时期内起起落落。昼夜节律就是一个很好的例子。在许多植物中，叶绿素的生产周期约为 24 小时，与一天的周期性相匹配。这些植物不仅依赖外部信号，受制于云和影的变幻莫测，而且内部还有一个 24 小时周期的计时器。人体也一样，体温、血压，当然还有大约每 24 小时上升和下降一次的睡意，即使你被隔离在一个没有窗户、持续照明的房间里连续数周，这个计时器也依然会起作用。许多动物、真菌，甚至一些细菌也拥有生物钟。感应光有助于保持节奏并调控其在高峰期和低谷期的时间安排，但周期性本身来自生物内部的振荡器。

基因调控为单个细胞提供了一种只使用细胞本身的成分就能制造振荡器的方法。下面所述的内容会有点抽象，因为真正的细胞振荡器的细节相当复杂，涉及许多相互作用的基因。不过基本思想可以用一个基因来说明。

最简单的振荡器仅由一个抑制它自身的基因组成。换句话说，该基因编码的蛋白质抑制其基因本身的表达。乍一看，这似乎很荒谬：这样的基因怎么会被表达出来呢？答案在于表达和抑制都需要时间。回想一下，基因的表达意味着将那段 DNA 转录成一段 RNA，然后将该 RNA 翻译成氨基酸链，也就是一种蛋白质。之后，如果蛋白质想要抑制基因，就必须历经千辛万苦找到启动子区域。这一切都需要时间。即使在阻遏物结合并且 RNA 聚合酶被阻断后，基因的活性也不会立即被淬灭。已经转录的 RNA 片段仍可以继续被翻译成蛋白质，而已经合成的蛋白质也可以继续它们正在做的任何事情并发挥作用。所有这一切的结果使得基因的表达可以增加一段时间。因此，尽管基因会自我抑制，但其活动也会持续一段时间。要了解这种活动如何波动，我们需要了解关于蛋白质的另一个事实：它们都会随着时间的推移而降解。

转录因子的衰变对其基因的调控有很大的影响。分子结合的物理学的一个基本事实是：阻遏物等分子的浓度越高，它与跟它有亲和力的物质相结合的可能性就越大，如启动子区域。相反，随着游离阻遏蛋白的降解和浓度下降，阻遏蛋白从 DNA 上解离的可能性逐渐增加，从而不再抑制转录，该基因因此得以表达。

综上所述，我们得到以下结论：在前面的循环中，**基因一开始会被表达出来并慢慢增加自身阻遏蛋白的浓度，从而抑制蛋白质的进一步产生**。但是现有的蛋白质会降解，最终使得大部分的阻遏蛋白消失，之后，基因可以再次表达，循环重新开始。因此，我们便得到了一个振荡器。

不过，这不是一个很好的振荡器，而且我不知道有没有生物体会真的使用由单个基因组成的时钟。因为它所产生的时间节律很难调整，而且周期性也不是很精确。这两种特性都取决于细胞中蛋白质降解的速度，而这与基因及其自我抑制范围之外的多种因素有关。

更好的方案应该包括三组基因，即 A、B 和 C，A 抑制 B，B 抑制 C，C 抑制 A。在这里我就不再做详细分析了，但这个回路也会振荡。A、B 和 C 这三种蛋白中每一种的量都会周期性地上升和下降，振荡的频率取决于阻遏蛋白对 DNA 的亲和力。人体或细胞可以通过使用对 DNA 亲和力更强或更弱的阻遏物来调整循环的周期性。这种称为压缩振荡子（repressilator）的 A-B-C 回路在自然界中并不存在，至少不是作为一个独立的单元存在。然而在 20 世纪和 21 世纪之交，生物物理学家迈克尔·伊洛维兹（Michael Elowitz）和斯坦尼斯拉斯·莱布勒（Stanislas Leibler）率先将压缩振荡子人工植入细胞中。研究人员将这种振荡器插入大肠杆菌的基因组中，并将其与绿色荧光蛋白基因结合，从而产生一种节律性地在荧光和黑暗之间切换的细胞。从那时起，其他各种精确的、可调谐的振荡器便被陆续设计到细胞中了。

虽然在自然界中还没有发现独立的压缩振荡子，但类似的回路很常见。例如，控制人类昼夜节律的 24 小时振荡器涉及由相互反馈回路交织而成的一系列基因，其中也包括压缩振荡子基序。由此构成的体系产生了一个强大的时钟，但这也可以通过阳光等外部刺激的训练来得到，这些刺激会在我们的身体中引起各种化学变化。任何经历过时差反应的人都知道，这种训练不是即时的。有时我们希望能先于身体所能承受的速度来重置时钟，然而人类的昼夜节律并没有在当下这个能够实现高速航空旅行的世界中得到进化。

除了记忆和振荡之外，调节工具包还可以实现其他无数基因的相互作用组合。再次抽象地想象一下 A-B-C 三重基因，其中 A 和 B 各自编码 C 的激活剂，并且 C 的表达很弱，除非存在其中一种激活剂。如果存在诱导 A 表达的任何物质，则将表达 C；或者如果存在诱导 B 表达的任何物质，则也会表达 C。我们还可以设计一组激活 C 基因的集合，仅在 A 刺激和 B 刺激同时存在时起作用；或者在仅存在 A 刺激而不存在 B 刺激的情况下起作用；等等。事实上，我们在本章前面已经看到了最后一种情形的一个例子，在细菌中，如果存在乳糖而不存在葡萄糖，那么就会表达 *lacZ* 基因。

可以对输入执行逻辑计算（基于与、或、非及其他此类操作和这些操作的组合的决策）的设备是计算机。我们习惯使用的计算机是根据电压的强弱和开关来运行的，而不是根据生化转录因子的存在与否，但它们的概念框架是相同的。此外，它们都具备基本的普遍性。无论是电子位还是基因，通过逻辑元素的适当组合，人们都可以对其执行任何计算，既可以压缩数字视频文件，也可以决定条件是否能够保证种子发芽。

有了逻辑和记忆，大自然就可以制造出执行各种任务的基因回路。因此，基因活动的复杂性可能远远超过人们通过简单计算基因数量所能想到的。

阁楼里的基因

另一种控制基因是否表达的方法涉及我们已经遇到的一种现象：DNA 包装。正如我们所见，组蛋白包裹的 DNA 的排列方式可以决定 RNA 聚合酶读取基因的难易程度。在过去的几十年里，我们已经了解到这种基于包装的基因调控有多么强大。蛋白质工具包可以从组蛋白中添加或减去特定的原子组，以此影响它们作为致密 DNA- 组蛋白纤维的进一步组装或解组装。组蛋白的这种修饰作用在胚胎早期发育过程中尤为重要，因为在胚胎中，少数细胞的后代会永久保持特定的细胞类型；而在癌症中，细胞需要转变为快速生长和迁移的形式。那些不被特定细胞类型所需要的基因仍然会被包装起来，就像储存在阁楼里一样，可用，但不容易获得。

细胞也可以改变 DNA 本身以影响其可读性。例如，某些蛋白质可以进行化学反应，将 A 或 C 核苷酸上的一个氢原子替换为一个碳原子和 3 个氢原子，也就是甲基。这种附加物可以抑制甲基化核苷酸所在基因的表达。DNA 上的这个微小标签可以破坏转录机制，还可以招集进一步修饰组蛋白的蛋白质。

令人惊讶的是，基因调控的包装和甲基化似乎可以由父母遗传给孩子。我们不仅从父母那里继承了基因组，即 A、C、T 和 G 的序列，还继承了基因组的某些方面，这些方面影响了基因组的演绎方式。这种研究被称为表观遗传学（epigenetics）。表观遗传进一步增加了人类的遗传密码、环境及作为有机体如何运作之间联系的复杂性。例如，科研人员对遭受了 1944—1945 年“饥饿冬天”的荷兰人进行了研究，结果表明他们在这之后的生活中患肥胖症和心血管疾病的风险增加了，并改变了 DNA 的甲基化，这种变化持续了数十年。此外，在饥荒过去了很久之后，当时的幸存者的后代身上也出现了类似的健康问题，这体现了表观遗传。

在本章结束时，我们应该提醒自己，基因调控机制使每个有机体都成为一台功能强大的多功能计算机，这台计算机能够根据环境提供的各种刺激做出决策，并可以协调随时间和空间变化所产生的行为。这种复杂性不需要思考或进行中央控制，而是来自遗传密码本身的性质，其中包含基因及基因调节的手段。在这里，我们又一次看到了自组装在发挥作用，即可以自行构建体系。然而，遗传回路的巧妙和可预测的决策与内在的随机性共存。这种随机性在微观世界中无处不在，我们将在第 6 章中了解到它的重要性。在那之前，我们要介绍一个更重要的细胞成分——膜，其结构展现了一个不同于 DNA 和蛋白质的自组装的惊人案例。

第5章

细胞膜：液态的皮肤

人体起初只是一个单细胞，即受精卵细胞。这个细胞一分为二，二分为四，再经过多次分裂、重排、变形，形成了由几十万亿个细胞组成的身体。每一个细胞边缘都有一层膜。这层膜不仅是细胞内部和外部之间的边界，而且形成了一个使细胞能够抓住周围环境、运输化学物质并与邻近的细胞交换信号的场所。

细胞膜也存在于细胞内，它是各种细胞器的边界（见图5-1），细胞器就相当于一个个的小器官。例如，容纳每个细胞DNA的细胞核就是一种细胞器（见图5-1中的A）。许多蛋白质都是在由膜组成的细胞器（内质网，见图5-1中的B）中合成的，这些膜冗长而曲折，像迷宫一样。细胞在另一个细胞器（线粒体，见图5-1中的C）中合成用于传输能量的化学物质，这种细胞器有一个双层膜，其中内层的膜折叠成分层堆叠的形状。不过并非所有细胞都有膜结合的细胞器，所有生物都被归入三域系统中，但其中细菌和古细菌两个域的成员都缺乏细胞器。然而，细胞器普遍存在于第三个域中，即真核域中，其中包括所有的动物、植物、真菌和许多单细胞生物，如变形虫。

细胞膜的核心组成部分是一张只有十亿分之一米厚的薄片，这张薄片由脂质（lipids）分子构成。蛋白质也存在于细胞膜上，有的贯穿细胞膜，有的在细胞膜上打孔，还有的依附在细胞膜上（见图5-2）。与这些膜相关的蛋白质占人类基因组，即编码蛋白质的三分之一以上，并构成了大部分药物的靶点。同时，细胞膜又协调开展了很多生物活动。然而，脂质是细胞膜形成的关键。鉴于细胞膜的重要性，人们期望它们的结构可以由细胞的遗传密码来精确把控，并由一些内部机制进行严密监控。但事实恰恰相反，我们发现细胞膜的形成机制与我们想象中的完全不同，它是以一种非常自由的方式形成的：蛋白质制造脂质，剩下的工作则交给自组装来完成。脂质和水之间的物理作用足以产生可靠而动态的材料。在了解膜的特性及成因之前，让我们先从一些更熟悉的东西开始进行分析。

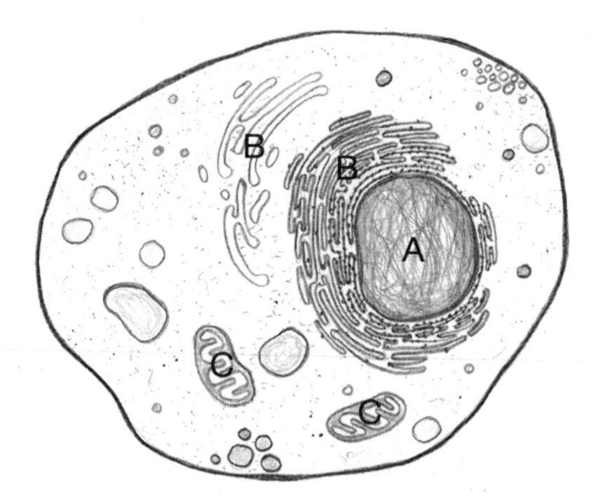

图 5-1　由细胞膜包裹的细胞

注：细胞的细胞质中存在由膜包裹而成的细胞器，包括细胞核、线粒体、高尔基体、内质网等。

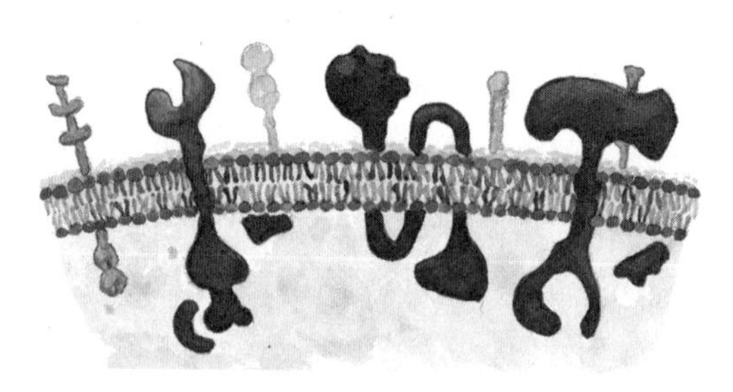

图 5-2　细胞膜上存在不同形式的蛋白质

如何制作细胞膜

油和水不相容。拿起一瓶香醋沙拉酱摇一摇，我们会发现其中的油会迅速凝聚成液滴。把油分子和水分子静置时，油分子只会与其他油分子结合，而水分子只会与其他水分子结合。正如我们在第 2 章中了解到的，与水分离的油脂等物质具有疏水性，也就是怕水；与水混合的糖和醋等物质具有亲水性，也就是爱水。

脂质既是疏水的又是亲水的。每个脂质分子都有一个喜欢水的“头”和一个不喜欢水的“尾”（见图 5-3a）。这个不喜欢“水”的尾巴通常由两条链组成，每条链在化学结构上都类似于油分子。还有其他一些大家都熟悉的物质也具有这种两亲的倾向：每个肥皂分子也有一个亲水的头部和一个疏水的、通常只有一条链的尾部，只有它们共同发挥作用才可以让肥皂既能附着在油腻的污垢上，又能附着在能够把它冲走的水分子上。

a

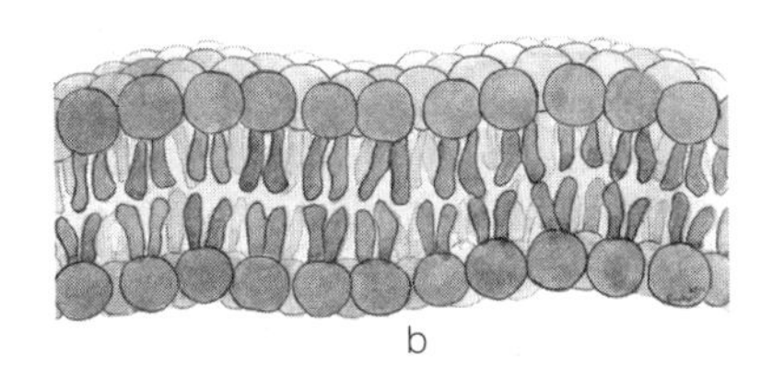
b

图 5-3　细胞膜的组成单元

水中的脂质一直在与其结构施加给它的矛盾做斗争：它们的头部是亲水的，所以见到水时很快乐，但它们的尾巴却并不亲水。因此，它们会自发地相互结合，形成一个两个分子厚的薄片（见图 5-3b），以保护自己的尾巴不受水的影响。**这种“脂质双分子层”（lipid bilayer）构成了所有细胞膜的基础。**

脂质膜具有奇特的物理特性。它们在本质上是二维的：脂质双分子层约 5 纳米厚，相当于一般纸张厚度的两万分之一，而其横向范围则可能比其厚度大数千倍。它们非常灵活，能在三个维度上弯折和扭曲，因而活细胞必须小心谨慎地控制这种曲率。

你可能会认为这层薄膜很像塑料袋，又薄又柔韧。不过，它们之间有一个关键的区别。如果你用记号笔在塑料袋上轻点一滴墨水，然后不去管它，几分钟后再来检查，这时你会发现那个斑点仍会在你离开时它所在的地方。但如果你对脂质膜做同样的实验，那个斑点会变得模糊甚至消失，被斑点标记的脂质分子会蜿蜒流动地穿梭到膜的其他位置。脂质双分子层和细胞膜是流体。正如液态水中的水分子彼此之间不是固定的，而是可以在整个流体中流动一样，嵌入膜中的脂质和蛋白质也是可移动的，并且可以在整个范围内流动。细胞膜是二维流体。这种流动性，与其他对于膜至关重要的物理特性一样，都源于脂质双分子层的性质：脂质之间不会彼此刚性结合，而是简单地结合以保护它们的疏水尾部免受水的影响。只要脂质双分子层的疏水核心不暴露于水中，分子间的相互交织就不会存在障碍。

分子的流动性是一个奇妙的特性：**膜分子可以重新排列自己，改变彼此间的相互作用，甚至形成有利于细胞执行各种任务的结构和模式。**

一个引人注目的例子就发生在我们的免疫系统中，具体体现在T细胞和抗原呈递细胞（antigen presenting cell, APC）这两种类型细胞之间的相互作用上。抗原呈递细胞从周围环境中吸收蛋白质，并将蛋白质裂解，然后将生成的片段附着在从细胞外膜伸出的蛋白质上来展示它们。T细胞与抗原呈递细胞相遇、接触并检查这些片段，以确定它们是来自我们本身还是来自某些外源物质，比如细菌或病毒。如果发现是外源物质，T细胞会激活我们的免疫系统，从而触发身体的防御系统来对抗明显的外来入侵。这种对外来蛋白质片段的反应涉及T细胞与抗原呈递细胞接触处的动态分子的相互作用（见图5-4）。每个细胞外膜上的黏附蛋白都会相互结合并开始聚集在一起。

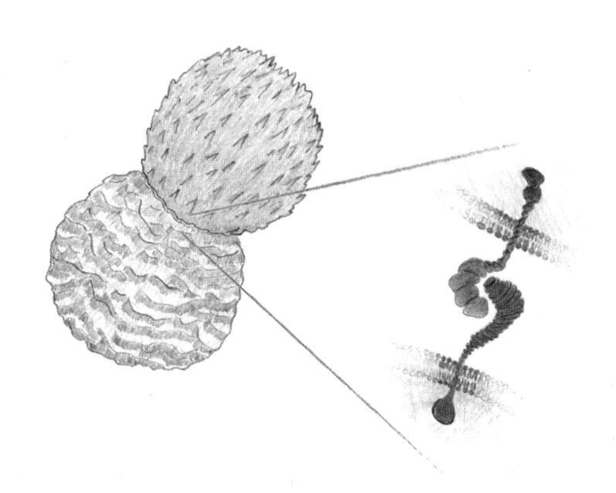

图 5-4　T 细胞与抗原呈递细胞接触处存在着细胞膜上蛋白分子的动态相互作用

在 T 细胞与抗原呈递细胞周围还存在一些与信号传导相关的蛋白质，这种蛋白质会参与蛋白质片段的展示和识别，并开始相互结合从而聚集在一起。如果我们把这个页面的平面想象成两个细胞之间的接触界面，并分别用黑色和灰色绘制黏附蛋白和信号蛋白最初的排列形式，看起来就像图 5-5a 所示的那样。然而在几分钟的过程中，这个靶心反转了，数百个信号蛋白流向中心，而黏附蛋白则聚集成一个环（见图 5-5b）。

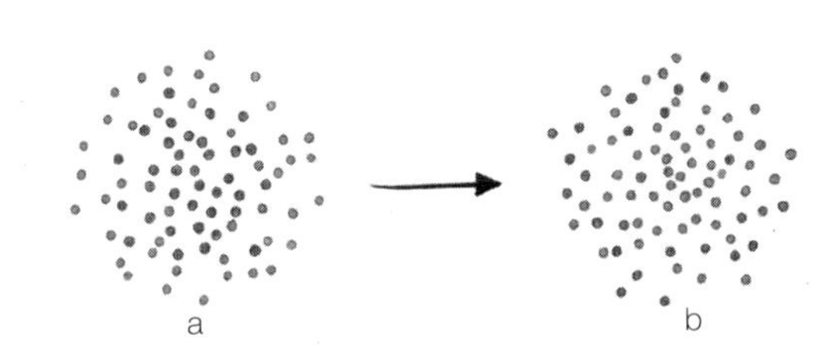

图 5-5　细胞膜上相互作用的蛋白随着信号传导发生变化

这种结构被称为免疫突触（immunological synapse），是在 20 世纪 90 年代中期被发现的。在此后的几年中，相关内容一直受到研究人员的深入研究，目的就是了解这些空间模式是如何形成的，以及 T 细胞随后将如何把它们转化为激活的“开启”信号。此外，科学家们发现，在某些免疫细胞彼此之间接触的地方也会形成类似的突触，如传播人类 T 细胞白血病病毒和人类免疫缺陷病毒，即 HIV，它是导致艾滋病（AIDS）的元凶。这些病毒似乎已经知道了该如何劫持被其感染的细胞，并改变其细胞结构的形成机制。本书中，我们不会深入探讨免疫突触形成的复杂性，而是仅限于指出这个问题。如果没有嵌入二维流体中，T 细胞信号蛋白、黏附蛋白和其他许多类型的细胞上的膜蛋白将无法进行自然要求的动态空间重排。

蛋白质和脂质的模式也与可预测的随机性相互交织。膜的流动性允许其进行成分重组，但同时也带来了流动和无序的不确定性。我们和细胞都无法准确地知道每个脂质和蛋白质的位置，但可以平均预测其整体的特性。我将在第 6 章中对随机性的深层本质和预测的意义进行更加清晰的介绍。

锥体、球体和气泡

双分子层并不是两亲分子可以形成的唯一结构。试想，有一个形状像冰激凌蛋筒的锥形分子，它的亲水部分是冰激凌，疏水部分是蛋筒（见图 5-6a）。在水中，它会自组装成一个球体以保护疏水锥体（见图 5-6b），图中以二维的方式对其进行显示。

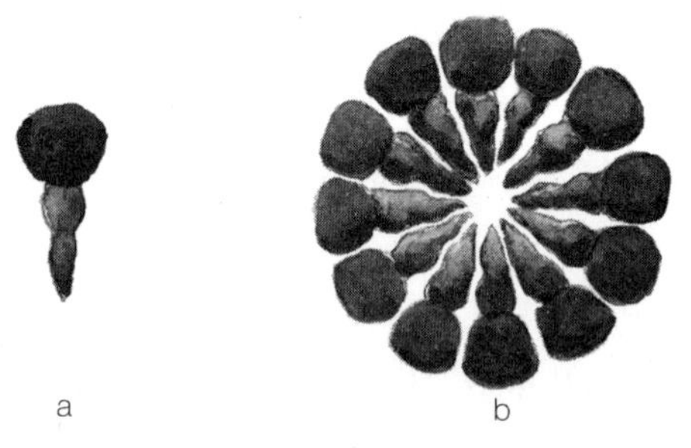

图 5-6　冰激凌蛋筒形状的锥形脂质分子

分子形状是自组装的关键决定因素。人体内的大部分脂质都是圆柱形而不是锥形的，其亲水头部和疏水尾部的宽度相似，因此脂质整体会形成一个相当平坦的双分子层。不过一小部分细胞的脂质并不是圆柱形的，它们虽然不足以干扰双分子层的形成，但一般认为，当细胞将膜弯曲成复杂结构时，它们的存在足以使膜产生曲率。

也许有人会感到好奇，我们是否可以排列两亲物，使亲水性头部在“内部”，而疏水性尾部在“外部”呢？答案是肯定的。每当我们吹出一个肥皂泡时，就创造了一个这样的结构（见图 5-7）。

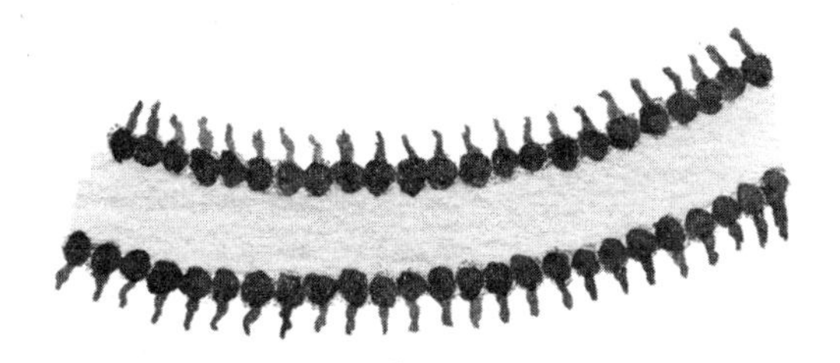

图 5-7　两亲物结构

在肥皂泡的边缘，肥皂分子之间夹着一层薄薄的水，并将它们的疏水尾巴伸向空气中。肥皂膜和细胞膜有一些深刻的相似之处，下次洗碗时请一定要牢记这一点。

结核病和坚韧的膜

19 世纪初，在伦敦有 30% 的人死亡是由肺结核引起的，这种传染病通常会影响肺部功能。这种“白色瘟疫”在世界范围内传播，并导致大量的人死亡，甚至在 20 世纪的前 15 年中，肺结核仍然是美国人的第一或第二大死因。即使是现在，每年仍有大约 100 万人死于肺结核。结核病是由一种细菌，即结核分枝杆菌（*Mycobacterium tuberculosis*）引起的。麻风分枝杆菌（*Mycobacterium*

leprae）则是另一种不同的分枝杆菌，它会导致麻风病，而麻风病是人类的另一场灾难。在现代抗菌疗法出现之前，麻风分枝杆菌侵蚀受害者的皮肤和神经系统的这种危害已长达数千年。分枝杆菌是出了名的顽固。大约一个世纪以前，我们就已经知道麻风分枝杆菌和结核分枝杆菌可以在持续数月的脱水期中存活。这令人费解，不仅是因为细胞需要水来进行生化活动，而且从基于膜的角度来看，如果脂质的亲水头部附近没有水，那么亲水和疏水作用又如何能将膜结合在一起，以及膜又如何将细菌保持在一起呢？

事实证明，分枝杆菌有非常奇怪的膜。它们的内部由脂质双分子层包围，就像人体和所有其他生物体的细胞膜一样。然而，这个双分子层的外面是一层致密的疏水凝胶，再往外又是一层脂质单层，换句话说就是一层脂质，其油性的尾巴向内，亲水的头部朝外。不仅这种排列方式不同寻常，而且它的脂质分子本身也不同寻常：许多脂质分子的亲水头部都结合了一种叫作海藻糖的糖（见图 5-8 中的第一行圆球）。分枝杆菌和一些与它密切相关的土壤细菌，是地球上已知的唯一具有海藻糖脂质的生物。这一点很重要吗？

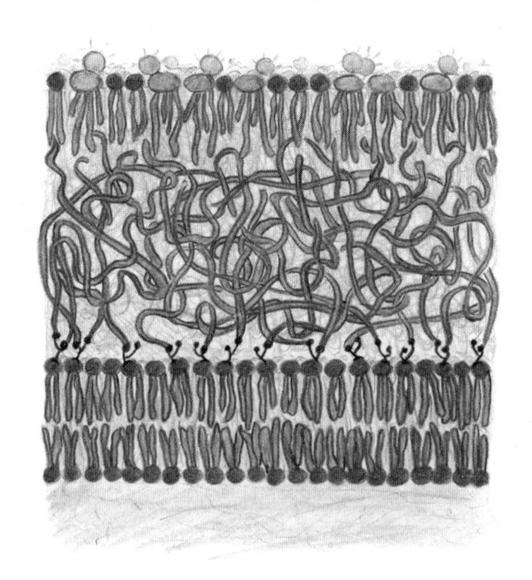

图 5-8　分枝杆菌细胞膜

我是在大约 10 年前开始了解到这些分枝杆菌膜的，那是我在俄勒冈大学建立了研究实验室后不久。当时我已经研究脂质双分子层有几年时间了，主要是测量它的物理特性以了解这些材料的能力，如刚度等。通过开展一些关于糖和聚合物的实验，我开始与当时在加利福尼亚大学伯克利分校的化学家卡罗琳·贝尔托齐（Carolyn Bertozzi）的小组合作。巧合的是，贝尔托齐的实验室的主要课题之一就是揭示分枝杆菌产生海藻糖脂质和其他异常分子的方法，以了解自然界开发的化学工具并试图破坏它们以应对疾病。正是在这一次合作中，我第一次听说了海藻糖脂质，而这也为我立即敲响了警钟，因为在某种程度上，海藻糖可以说是一种神奇的糖。只有少数生物体可以在失去 99% 以上的水分后存活下来，这其中包括一些真菌、植物、酵母，甚至某些动物。例如，“复活植物”鳞叶卷柏（*Selaginella lepidophylla*）可以把自己卷曲成一个紧密的棕色球体，在近乎完全脱水的状态下存活多年，且能在水合后恢复为正常的绿色植物。许多这样的生物体都有一个共同特征，那就是它们都会制造海藻糖，而且制造出的数量通常非常多。与常见的葡萄糖和蔗糖等糖类相比，海藻糖在浓缩时不太可能形成晶体，从而使糖分子更容易与其他物质相互作用。此外，海藻糖很容易形成所谓的氢键，类似于水分子及水与亲水分子之间的键，从而使这种糖在某种程度上可以模拟水。然而，与水不同的是，海藻糖不容易蒸发。人们认为，以上这些原因使海藻糖成为一种抗脱水的有效物质。事实上，我们目前已经付出了很多努力，希望将海藻糖应用于生物体外，用来保存细胞和生物材料，如应用于血细胞、蛋白质和疫苗等，使它们能够以干燥状态储存和运输。我认为，也许分枝杆菌调整了海藻糖的工具包，将其与脂质连接起来，以保护它们的外膜不脱水。那我们该如何验证这个想法呢？

我们不能单纯地设计出相应的微生物，使分枝杆菌停止制造海藻糖脂质，然后测试它们的弹性。因为我们对分枝杆菌的机制知之甚少，还不足以改变它。即使可以，我也不希望在实验室中保留这些会导致结核病的细菌。我的团队很乐意与能引起霍乱的细菌一起工作，因为霍乱很容易预防，很难感染，并且也很容易治愈。肺结核则与之相反。因此我决定采用一种不同的方法，这种方法几十年来一直非常有效地被应用于“正常”的脂质双分子层，那就是在固体表面上重建人造的、没有细胞的膜。正常的脂质可以在非常干净和平坦的玻璃表面上被诱导形成双层结构。而且由于玻璃和脂质的亲水性，只需要 1 ～ 2 纳米厚的水层就可以将脂质和玻璃隔开，从而使脂质双分子层保持其二维流动性。这种方法虽然牺牲了完整细胞膜的一些真实性，但它为研究脂质双分子层的生物物理学提供了一个可控的、方便的平台。

因此，我们决定尝试构建一个类似的支撑膜平台，用来模拟结核分枝杆菌的脂质所采用的非双层结构。首先，将疏水分子通过化学方法连接到玻璃晶片上；然后，在一个充满水的水槽表面形成单层脂质，它们的疏水尾部会伸到空气中；接下来，将这些单层轻轻转移到晶片上，使其尾部与被连接到晶片上的疏水层相遇。运用这种方法，我们可以构建包含特定组成部分的纯化海藻糖脂质的单层脂质，以及其他更常规的脂质（见图 5-9）。天然的分枝杆菌在含有海藻糖脂质的单层下面有一个致密的疏水层。同它一样，我们的人造膜在含有海藻糖脂质的单层下面也有一个致密的疏水层。

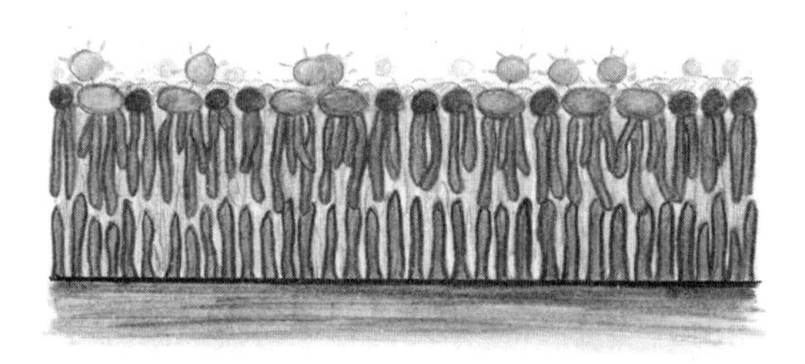

图 5-9　在玻璃晶片上构建含有海藻糖脂质的人造单层细胞膜

有了这个平台，我们就可以对上面的膜进行脱水和再水化处理。正如预期的那样，完全由“正常”脂质组成的脂质单分子层在干燥后便无法保持完整。相比之下，几乎完全由分枝杆菌海藻糖脂质组成的脂质单分子层在脱水和再水化后是完整的，甚至还保留了它们的二维流动性。更值得注意的是，由正常脂质和海藻糖脂质混合而成的脂质单分子层，可以在水分流失到海藻糖脂质浓度约为 25% 的情况下存活下来。即使是只有少量海藻糖脂质，也可以使膜抵抗脱水！我们与贝尔托齐实验室的同事一起进一步验证了这一点，特别要提到的是大卫·兰布卡（David Rabuka）。兰布卡创造了一种人工合成的海藻糖脂质。这种海藻糖脂质的疏水链与标准的脂质相同，仅是头部糖的成分有所不同。天然分枝杆菌脂质具有巨大的疏水链。我们可以想象这些链以某种方式交织在一起，细胞膜之所以能得到保留并不是因为海藻糖本身，而是因为疏水链的交织作用。这些人工分子与分枝杆菌脂质一样能使膜抵抗干燥，证实了海藻糖本身就是保护剂这一观点。对于我们的同事、我的新生研究小组和我本人来说，这都是一个令人满意的结果。

看来，这些会导致结核病和麻风病的细菌已经找到了一种聪明而强大的抗应激途径：它们将糖与脂质连接起来，同时利用脂质自组装成膜来明确它们的外边界。那么相比之下，我们能否设计出更好的人工抗脱水脂质，如含有多种海藻糖的脂质分子，以构建易于储存的生物材料呢？我们能否破坏脂质－海藻糖交联结构来对抗结核病呢？对此我并不清楚。但我们可以期待未来可能会发生的事情。

组织二维液体

现在，让我们把目光转回到正常的细胞膜上，脂质双分子层的二维流动性给细胞带来了潜在的问题：如果整个膜都是液体，那么细胞该如何组织它的膜，使它可以容纳某些蛋白质并保持与其他蛋白质分离呢？其中一种策略就像前文中描述的 T 细胞那样，将膜蛋白连接到细胞的内部支架上，其支架和马达可以根据需要进行推动和拉扯。另一种可能的策略是基于膜本身所固有的物理特性，这涉及两种类型的脂质。两者都会形成流体双分子层，目的是保护它们的疏水尾部免受水的影响，但每个分子都更喜欢靠近与自己相同类型的分子，即 A 脂质靠近 A 脂质、B 脂质靠近 B 脂质。就像油和水一样，这两种类型的脂质是相互分离的，但这种分离仅限于脂质双分子层的二维世界。在 20 世纪的最后几十年，科学家们意识到这种脂质膜很容易在细胞膜常见的脂质混合物中分离。不同脂质的疏水尾部可能相对僵硬或松软，这取决于连接其原子的化学键的类型。胆固醇在细胞膜中含量丰富，硬尾脂类和软尾脂类分别与胆固醇组合，会形成两种成分完全不同的脂质双分子层，每种成分相互共存。一种成分富含胆固醇和硬尾脂质，另一种富含软尾脂质。它们的分离显示了相分离（phase separation）的所有特征。物理学家已经研究这一现象长达数十年，尤其是它对温度的依赖性。当高于某个临界温度时，不同的脂质会混合在一起（见图 5-10a）；而当低于该温度时，它们会按照自己的喜好进行分离（见图 5-10b）。

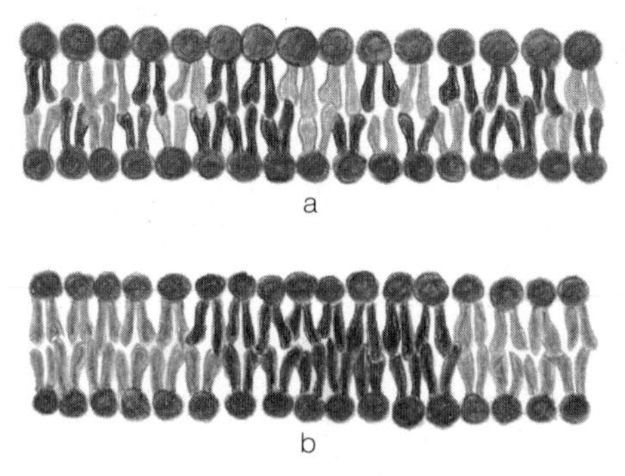

图 5-10　细胞膜上不同脂质成分的相分离

与第 1 章中 DNA 熔解的情况一样，这是一个剧烈的转变过程，最初为非生物材料开发的分析工具包再次在生命世界中得到了应用。目前我们已经发现，细胞可以利用这种依赖胆固醇的相分离来组织它们的膜。偏爱富含胆固醇的蛋白质将被分选到具有相似偏好的蛋白质区域，胆固醇含量低的区域将容纳其他蛋白质组。在人造脂质膜中很容易观察和研究脂质相分离现象。我们可以轻松地在实验室中构建细胞大小的脂质双层球体，并将其作为研究膜和膜蛋白生物物理学的工具。这有点像肥皂泡，但脂质双层球体的内部和外部都是水，而不是空气，并且它们之间的边界是单个脂质双分子层。我们可以用不同的染料分别去标记偏爱胆固醇富集或者胆固醇缺乏的膜，见图 5-10 中的浅灰色和深灰色。通过显微镜，我们可以观察到一种颜色的圆盘在另一种颜色的海洋中。

很快我们就会知道，这种空间组织可能发生在真实的细胞中，但事实究竟如何还存在巨大的争议，而且至今仍是一个未解的难题。在人造膜中，富含胆固醇和缺乏胆固醇的区域会生长到在显微镜下容易看到的大小。而且，可以通过随意降低和升高温度来观察这两个区域何时出现和消失。令人费解的是，在活细胞中，人们从未见过这些区域，尽管我们知道构成它们的脂质和胆固醇与人造膜中使用的种类相同。有些迹象表明这些区域应该是存在的，但受细胞底层支架的限制，其尺寸最多只有几十纳米。由于光的波状特性，我们看不到小于几百纳米的结构，因此使得这些区域无法被观察到。这一说法显然不能令人满意。我们说某物存在，只是不可观察，这并不能增强人们相信它确实存在的信心！然而，有趣的是，人们可以通过化学方式扰乱细胞以产生“水泡”，使外膜的水泡与底层支架分离（见图 5-11）。通过这种方式，人们发现了具有液相分离所有特征的、可明显辨别的脂质相，这是康奈尔大学的瓦特·韦伯（Watt Webb）及其同事于 2007 年首次报告的观察结果。

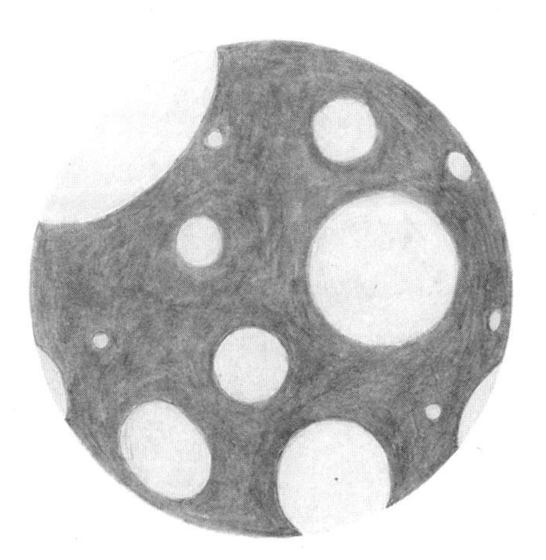

图 5-11　细胞中脂质相的液相分离

水泡实验证明了真正的细胞膜确实是相分离的，但人们可能仍然认为细胞膜是受到严重扰动而不是自然形成的。最近，科学家们在细胞膜中观察到了一些更大且可见的区域，这些区域与酵母细胞中被称为液泡的细胞器结合在一起。华盛顿大学的莎拉·凯勒（Sarah Keller）的研究小组通过研究表明，活酵母细胞中的这些膜表现出了相分离的特征。最重要的是，在低于临界温度时，该区域就会出现。更有趣的是，当首选消化的糖不可用时，酵母细胞似乎会利用这些区域来消化储存的脂肪，也会利用这些区域来浓缩该过程中涉及的蛋白质。其他细胞是否使用类似策略还有待观察，但细胞利用液相分离的力量来组织细胞膜的想法看起来不仅巧妙而且真实。

膜结构和自组装

在对细胞膜的性质进行了数十年的研究之后，自组装脂质双分子层使细胞膜成为二维流体的可能性在 20 世纪 70 年代初得到了巩固。脂质双分子层结构的巧妙令人惊叹：它不仅解释了膜的大部分行为，而且还表明了这种行为是简单的物理作用的结果。人们可能认为，从生物学角度出发，膜具有巨大的重要性，这意味着细胞会仔细指定脂质的排列方式，从而形成精确的化学键，并将它们结合在一起。但事实并非如此，脂质可以为所欲为，就像悬浮在水中的一滴油可以自由地形成立方体或锯齿状的星形。这个液滴之所以会形成球体而不是立方体或星形，仅仅是因为球体可以使油和水的接触面积最小化。类似地，脂质将自身排列成双层仅仅是因为这种形状最大限度地减少了疏水链和水之间的接触。细胞不需要通过基因来命令脂质形成双层，脂质自身就能做到。细胞确实需要通过基因来编码合成脂质分子的蛋白质。然而，一旦被制造出来，脂质就可以自行组织起来。

与蛋白质的折叠一样，在本章中，我们再次看到了强大的自组装原理在发挥作用：**简单的物理关系可以统筹结构的形成，使分子能够自组装。**自组装不仅对自然有很大作用，而且对我们这些研究自然的人来说也很有启发性，这表明生命并不像它当初看起来那样复杂，简单的物理性质可能就是生物复杂性的基础。

我们现在已经认识了构成地球上每个生物体的基本分子：DNA、RNA、蛋白质和脂质。这不是一套完整的生命成分，除此之外，离子、糖、激素等也发挥着重要的作用。但理解这些常见的成分可以告诉我们生命运作及生命世界编码信息的原理。这些分子以异常多样的方式进行组装和相互作用，以形成生命的多样性。接下来，我们将继续探索不同类型的生物结构，以及引导和约束它们的物理力。但首先，我们要深入探讨一个重要的生物物理主题，在此之前我已经多次暗示过它的存在，那就是可预测的随机性。

第6章

可预测的随机性：所有生命过程的独特背景

没有任何物体是永远静止的。我们看到的每一张关于蛋白质、DNA 或任何其他分子的图片都存在根本缺陷。例如，其实每一个脂质分子都应该被描绘成运动的模糊状态，而不是静止的状态（见图 6-1）。

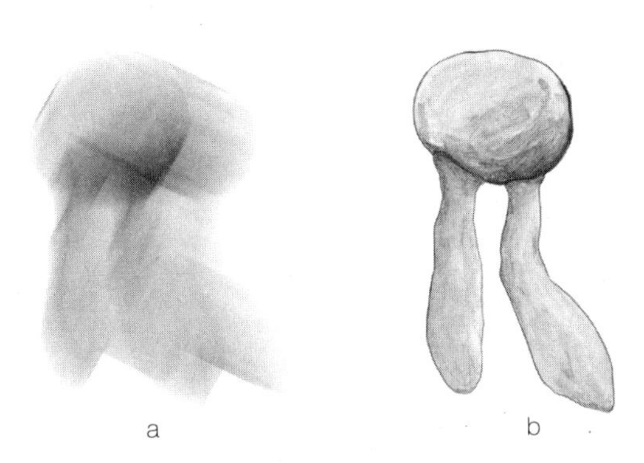

图 6-1　脂质分子的模糊状态（a）和静止状态（b）

这种运动状态并不是生物分子独有的。如果我用显微镜观察一个只有细菌大小的、漂浮在水中的微小玻璃珠，那么几秒钟内它就会蜿蜒穿行几倍于其直径的距离。这种移动不是由水的流动或显微镜载物台的不平衡引起的，而是因为所有物体都在执行一种内在的、不可避免的行为。在本章中我们会发现，这种基于基本物理定律的运动为所有生命过程创造了一个与宏观直觉完全不同的背景，本质上受随机性的支配。矛盾的是，这种混乱中存在着秩序。一旦我们掌握了随机性和可预测性如何在小尺度世界中相互关联，许多生命机制就变得有意义了。

花粉的物理特性

花粉这种小东西不断舞蹈的现象被称为布朗运动（Brownian motion）。1827年，植物学家罗伯特·布朗（Robert Brown）观察并描述了这种现象，因此这种现象便以他的名字命名了。布朗用显微镜观察野花花粉内的颗粒，看到它们在不停地运动。这种运动是随机的：平均而言，向右和向左移动的步数一样多，向上和向下移动的步数也一样多，并且移动方向没有规律。其他显微镜学家以前也观察到过这种分子运动的现象，但布朗确定这些运动并不是生命活动的结果，也不是其组成成分的生物来源的效果；既不是颗粒周围流体中的电流导致的，也不是由液体蒸发引起的流动造成的。相反，它们起源于某种普遍的基础物理学规律。为了探究蒸发是不是这种运动的驱动因素，布朗摇晃油和含花粉的水的混合物，使油充满四周从而保护水滴不被蒸发。尽管如此，这些颗粒仍显示出明显的布朗运动。

布朗确定世间万物都在不停地进行摇晃和徘徊运动。但这是为什么呢？是什么驱动了这种微观运动？几十年过去了，对此我们仍然没有答案，直到瑞士的阿尔伯特·爱因斯坦、波兰的马里安·斯莫卢霍夫斯基（Marian Smoluchowski）和澳大利亚的威廉·萨瑟兰（William Sutherland）在20世纪初各自独立地提出了一个清晰、简单、准确的解释。他们的第一个解释是，要认真对待整个19世纪，尤其是化学家收集的间接证据，即物质是由离散的单元组成的，这种单元被称为原子。从现代的角度来看，这似乎微不足道。我们早已习惯于原子和分子的存在，不这么说反而会显得奇怪。但在19世纪末20世纪初，人们对物质是离散构件而不是无休止的可分割的连续体这一概念是有争议的，当时这一概念还没有被普遍接受。爱因斯坦和其他人指出，许多微小的、单独的水分子与布朗的花粉颗粒或我的玻璃球碰撞时，会产生与实验中观察到的形式完全相同的运动。

第二个解释是，要认识到温度的作用。我们被一种叫作热能（thermal energy）的东西所渗透，简单来说，温度是热能的一种度量。温度越高，代表物体具有的热能越多；温度越低，代表热能越少。正如爱因斯坦、斯莫卢霍夫斯基和萨瑟兰所意识到的那样，将热能的驱动力与物体周围流体提供的黏性阻力相结合，可以得出与实验观察结果完美匹配的随机运动预测模型。更重要的是，这种基本原则是普遍且不可避免的。哪里有温度，哪里就有随机运动，只有在无法达到的绝对零度 −273.15℃或 −459.67°F 下才存在静止。为了理解这个模型的生物物理学意义，我们需要更精确地描述布朗运动。虽然它是随机的，但依然是可以被理解的。

量化随机性

假设你沿直线行走10秒，走过了30英尺[①]的距离。那么，当你步行20秒，走过 60 英尺时就不会感到惊讶；步行 100 秒，则会走过 300 英尺，以此类推。我们说，距离与时间成正比，要使距离加倍，则需要将步行时间加倍。当绘制距离相对于时间的示意图时，可以看到，距离与时间的关系看起来像一条直线（见图 6-2）。直线的斜率可以用来衡量速度，在本例中速度为 3 英尺每秒。

绘制一颗微型珠子在曲折运动了 10 多秒后的路径，我们会看到各种错综复杂的轨迹（见图 6-3）。我们无法提前预测这颗珠子的前进路线，也无法预测它的最终位置。珠子的运动是随机的。

① 1 英尺 = 30.48 厘米。——编者注

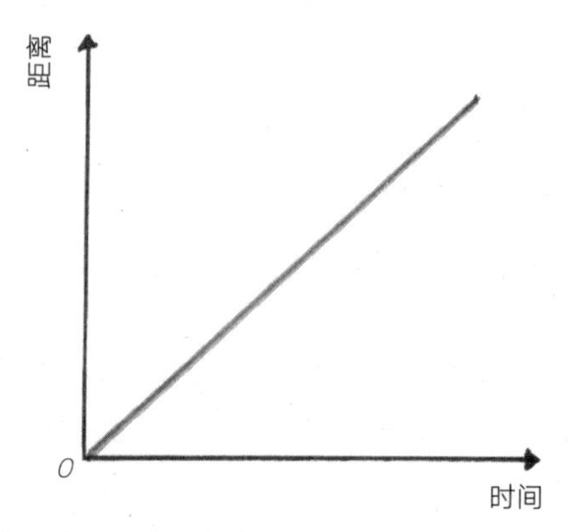

图 6-2　以恒定速度运动时距离（纵坐标）与时间（横坐标）呈线性关系

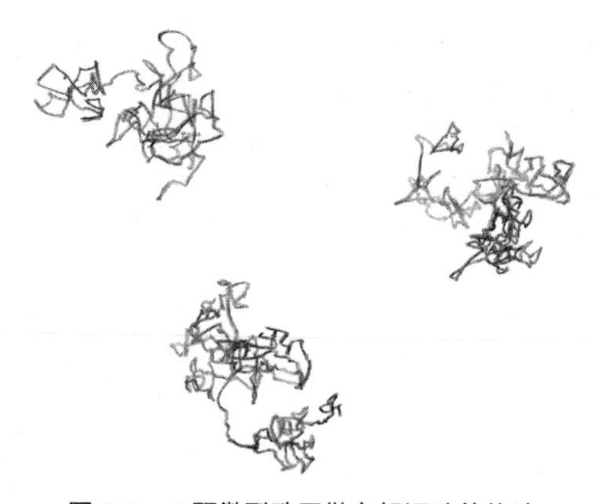

图 6-3　3 颗微型珠子做布朗运动的轨迹

然而，与这种随机性共存的是一种可预测性。我们无法预知翻转的硬币哪个面会朝上，但我们知道如果多次翻转硬币，那么出现正面和反面的次数大约会各占一半，因此我们可以对布朗运动的统计数据做出陈述。如果我们将微型珠子在 10 秒内蜿蜒曲折的过程重复几十次，并在每个最终位置画一个点，起始位置在页面的中心，那么这组终点看起来就会像我们所展示的灰云插图（见图 6-4）那样。尽管终点位置是随机的，但它跟起点的平均距离是明确的。那么这个平均值如何取决于运动时间呢？

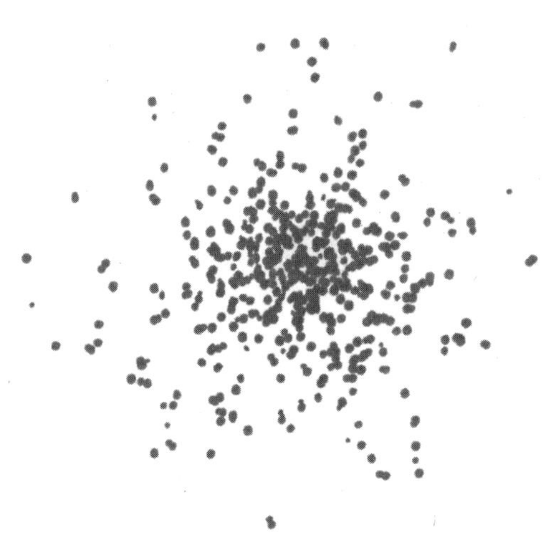

图 6-4　微型珠子的 10 秒运动终点的分布

如果你产生了似曾相识的感觉，那就太好了！事实上，这跟我们在第 3 章中询问 DNA 团有多大的问题基本相同。当时我们接触到了随机游走的概念，并了解到随机游走 N 步时，距离起点的平均距离是 N 的平方根步。现在，布朗粒子被液体原子轰击的每一个瞬间都会给粒子一个随机的反冲力，从而使这些粒子随机地迈出一步。因此，平均而言，粒子行进的距离与其行进时间的平方根成正比。典型的距离与时间的关系是弯曲的，而不是一条直线（见图 6-5）。

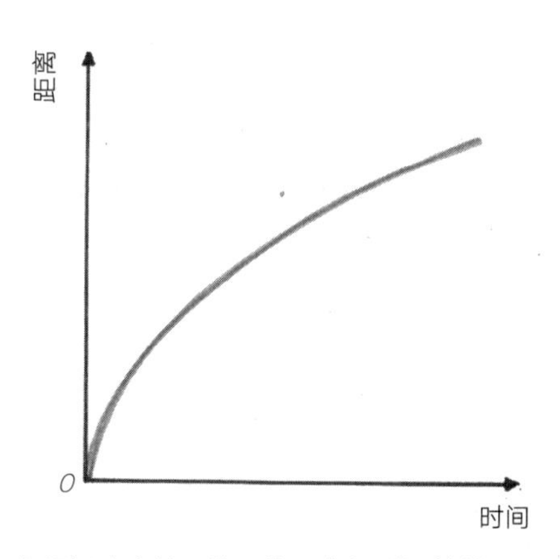

图 6-5　布朗运动中粒子的平均距离与时间的关系是一条曲线

如果粒子的行进时间延长为原来的 4 倍，那么它只会走出平均 2 倍远的距离。要移动平均 3 倍远的距离，则行走时间必须变为 9 倍。

除了时间外，布朗运动还取决于粒子的大小。这是合理的，因为我们已经说过随机运动对微观粒子很重要，而且我们从没看到过更大的物体，如西瓜和棒球在地板上随机摇晃。

所有粒子的平均位移都随着时间的平方根的增长而增长，但是对于较小的粒子，其增长的幅度要大于较大的粒子（见图 6-6）。所有粒子从环境热能中获得的冲击都是相同的，但较小的粒子对它的反应更强烈。

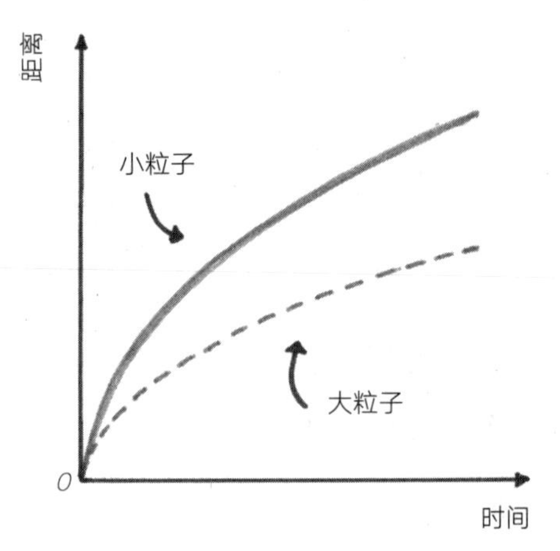

图 6-6　不同大小的粒子在布朗运动时平均距离与时间的关系

分子的随机运动也称为扩散（diffusion），在描述染料在液体中漂移或气体在空气中飘荡时，通常会用到这个术语。然而，我们注意到，常见课堂演示的香水在空气中扩散的现象并不是真正的扩散示例。香水分子当然会进行布朗运动，但它们在房间内运动的主要驱动力是不均匀的温度或通风系统、四处走动的人，以及其他干扰所形成的气流。

如何通过布朗运动创造小东西

布朗运动证明了盐、糖、脂类和蛋白质甚至整个细胞都处于持续的晃动当中。此外，它还阐明了生物学的许多方面的内容。首先，它解决了我们在前面章节中讨论自组装时遇到的一个棘手问题。正如我们所见，氨基酸在构成蛋白质时，会在物理作用的驱动下，将自身折叠成特定的三维形状。相比之下，乐高积木之间也有特殊的相互作用，但一堆积木却不会自发地组装成某种形状。布朗运动刚好解释了这种差异。因为氨基酸链很小，所以它们处于不断的剧烈运动中。分子总是在晃动，它会将一些氨基酸放置在靠近其他氨基酸的位置，然后再靠近另一些氨基酸，直到它所处的构象具有足够强的相互作用来锁定自己的位置。同样，热能可以驱动脂质进行随机运动，使它们可以找到彼此并组装成膜。因此，自组装的秘诀不仅仅是物理作用，还要再加上布朗运动。

同样，**基因的表达和调控也依赖布朗运动**。我们已经描述了与 DNA 结合的转录因子蛋白，却忽略了蛋白质是如何找到它们的目标 DNA 序列的。这个过程并不是通过一双可以指引方向的手或火车轨道来将它们顺利地指引到目的地。相反，受到热能的冲击，蛋白质在细胞空间中游荡时，会与各种 DNA 区域发生碰撞，并会被专门用以匹配的 DNA 区域保留一段时间。与自组装一样，这种运行机器的策略不适用于宏观物体，我们不能把办公室钥匙放在地板上，并奢望它自己走起路来找到门锁，但这是一个观察微观世界的很好的策略。

什么决定了思想的速度

布朗运动也阐明了结构与时间之间存在深层联系。我们可以以两个神经元之间的连接为例（见图 6–7）。

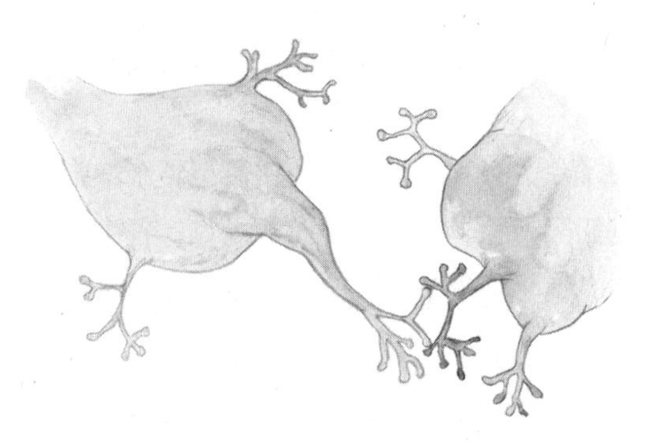

图 6-7　两个神经元细胞之间的连接

神经元细胞之间的连接方式有两种。一种被称为化学突触，两个神经元细胞被几十纳米宽的空间隔开。1 纳米是 1 米的十亿分之一。细胞通过发送一种叫作神经递质（neurotransmitter，见图 6-8 中的灰色小圆圈）的化学物质来跨越这个缝隙从而进行相互交流。

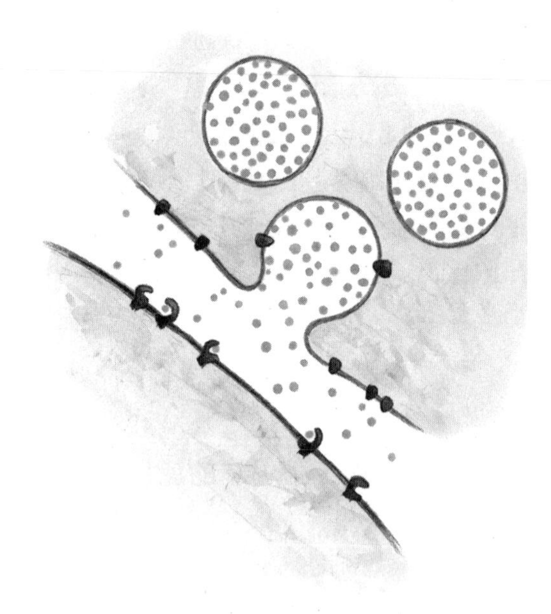

图 6-8　两个神经元细胞之间通过化学突触传递神经递质

有许多不同的神经递质及许多靶向其释放、摄取或降解的药物。例如，尼古丁和一些用于治疗阿尔茨海默病的药物会提高神经递质乙酰胆碱的水平；腺苷是另一种神经递质，它会减慢大脑活动，让人昏昏欲睡；咖啡因可以阻止腺苷与其受体蛋白的结合，让人保持清醒。神经元是如何通过化学突触发送和接收神经递质的呢？无非就是释放这些化学物质，然后利用扩散来传播它们。被释放后，这些分子在缝隙周围徘徊漫游，偶尔会碰巧遇到目标细胞上的受体蛋白，这些受体蛋白会结合神经递质并触发神经反应。这个过程不需要任何转运装置，既不需要纳米级的送货车，也不需要推动神经递质的电磁力。神经递质很小，大约只有 1 纳米，剧烈的布朗运动可以在大约 1 微秒内将它们带到几十纳米远的距离以外。

换个角度，我们也可以问通过化学突触传递信息需要多长时间。如果一个神经元受到刺激，电信号将沿着它传递到细胞末端，它的刺激信号必须传递给中继的下一个细胞，可能就是上述的另一个神经元，或者是一个肌肉细胞。正如我们所见，这种细胞间的接力棒传递大约只需要 1 微秒，也就是百万分之一秒。当然，这是一个粗略的估计。严格来说，我们应该考量的是一些达到阈值数量的随机游走的分子，而不是平均数量的分子穿过缝隙需要多长时间。不过，无论标准如何，时间尺度都是微秒。考虑到突触的物理大小，我们没有理由期望这需要花费更长的时间，如千分之一秒；也没有任何物理方式可以更快，如十亿分之一秒。

从我们还是孩子的时候起，我们就想知道是什么决定了思考的速度。为什么一分钟感觉就像一分钟而不是一年？为什么我们不能抽出每一毫秒的经历并细细品味？在化学突触中，布朗运动以不可避免的方式决定了神经元之间的通信速度。除此之外，大脑中还存在其他几种信息传递的方式，且每种方式都有自己的动力学。然而，每条生物信息通路都以某种方式受到分子流的控制，布朗运动是其中不可或缺的一部分，它可以帮助控制我们大脑的运作速度。

化学突触的微秒时间尺度相当快，足以满足我们的需要。然而，将其与现代计算机的时间尺度进行对比就会发现一个有趣的现象。计算机每次操作花费的时间大约为1纳秒，即十亿分之一秒。这意味着笔记本电脑的运行速度比我们的大脑快得多。笔记本电脑的运行不依靠分子，而是利用小得多的电子的运动，并且直接用电场驱动它们。我们的大脑的运行速度相对较慢，但它的神经元比笔记本电脑中央处理器中的晶体管的连接方式更加复杂。这种神经架构使大量的计算能够同时在不同的神经元组之间并行执行，而不是按照严格的时间顺序执行。连接性和并行性都有助于解决理论上困难的任务。想象一下，当机器在计算速度和网络复杂度上都超过我们时会发生什么？这将是个有趣的问题，相信我们很快就会见识到这一点。

细胞内的货物运输

在上面的例子中，一个神经元只是单纯地释放神经递质，确保它们会在合理的时间内扩散到目标处。各种细胞都以类似的方式依赖布朗运动。回想一下第4章中喜欢乳糖的细菌：lac阻遏蛋白并不能确定会不会遇到细菌从环境中吸收的乳糖，而这决定了它是否会与特定的DNA片段结合并抑制乳糖消化蛋白的产生。那么lac阻遏物是如何找到DNA的呢？同样，没有什么特别的向导来指引它，蛋白质随意地弯曲折叠。考虑到lac阻遏蛋白的大小，它会进行剧烈的随机运动，其速度足以让它在大约百分之一秒内游走大约1微米，这是一个典型细菌的宽度。如果想要到达一个特定的目的地，如阻遏物的特定目标DNA序列，则需要更长的时间，因为大多数随机路径都不会到达任何有用的地方。尽管如此，它们到达任何给定地点的平均时间也只需要大约十分之一秒。因此，细菌可以在十分之几秒内根据环境做出合理的决定，这并不让人感到惊讶。

相比之下，想象一个典型的真核细胞，如一个白细胞，它的宽度约为10

微米，是典型细菌的 10 倍。通过布朗运动，蛋白质需要 10 的平方即 100 倍的扩散距离才能等同于该细胞的宽度。在真核细胞中，寻找 DNA 结合位点这样的特定目标更具有挑战性。事实证明，扩散所需的平均时间大致与细胞大小的立方值成正比，因此在白细胞中所需的扩散时间是细菌中的 $10 \times 10 \times 10=1\ 000$ 倍。时间跨度接近两分钟，而不是十分之一秒：多么迟缓的反应！

真核细胞并没有默许这样的偷懒行为，而是采取了更积极的方法：使用马达蛋白来运送货物。我们已经见过其中一种马达蛋白，也就是驱动蛋白。驱动蛋白的一端抓住脂质和蛋白质包裹的材料，另一端沿着微管道路前进（见图 6-9）。

图 6-9　驱动蛋白沿着微管在细胞内部运输货物

一个典型的驱动蛋白能够以约每秒 2 微米的速度行走，因此它可以在几秒钟内穿过一个真核细胞的长度，这比扩散所需的时间要快得多。即使在这种情况下，细胞仍然在利用随机性：马达蛋白不需要将货物一直运送到目的地，而只需要足够靠近，布朗运动就可以迅速完成最后的阶段。例如，在将货物运送到细胞核时，就算从一个巨大细胞中很远的起点开始，随机扩散也可以迅速将转录因子带到离它大约 1 微米远的目标 DNA 上。驱动蛋白等分子的功效是显而易见的，但这也需要代价：细胞必须消耗能量来为马达蛋白提供动力，而不是依赖世界免费提供的布朗运动。

尽管进行了大量的研究探索，至今为止仍没有人在细胞和古细菌这类原核细胞中发现类似驱动蛋白的马达蛋白。从生物物理学的角度来看，这是合理的：并不是细菌不能进化，而是它们不需要进化。布朗运动对于小物体来说足够快，而对于大物体来说则太慢了。几乎所有的细菌都很小，因此它们可以简单有效地依靠这种随机性来满足其内部的运输需求。

为什么细菌要游泳

细菌之外的运输及细菌本身的运动也与随机性密切相关。大多数细菌可以移动，如在液体中游动。例如，大肠杆菌有几个鞭状鞭毛，它们朝一个方向旋转时可以推动菌体前进，朝另一个方向旋转时则可以使其转动。这些微生物不断地运动，并且用显微镜可以看到它们在水中游来游去。

我们可能会认为细菌游泳是为了吞噬食物，就像微型须鲸在其路径上滤食磷虾一样，但物理学则表明情况并非如此。大肠杆菌以约 10 微米每秒的速度游动，因此如果在大约 1 微米远的地方有一些食物，则相当于它们要游到跟自己身体长度差不多远的地方去，这一过程大约需要十分之一秒。它们的“食物”是糖和其他小分子，而这些小分子的大小仅不到千分之一微米，并且只需要 1 毫秒左右就可以漫游 1 微米。如果你是一个细菌，那么食物向你扩散的速度比你游过去的速度要快得多！正如物理学家爱德华·珀塞尔（Edward Purcell）所说：“你可以为了觅食而东奔西跑，但有些人只需要坐在那里静静地等待物质扩散过来。”

那么细菌为什么要游泳呢？大肠杆菌等细菌会测量周围食物的浓度，计算营养分子撞击其受体的速率，然后游向食物浓度较高的区域。珀塞尔还曾说过："细菌能做的就是找到食物更好或更丰富的地方。它不会像在牧场上放牧的母牛那样守在某个地方，而是会移动着去寻找更绿的牧场。"基于多年的研究工作，我们现在了解了大肠杆菌在细节方面的感知和决策：如果这些小生物处于营养丰富的区域，其对营养物质的检测会巧妙地改变鞭毛控制蛋白，使它们在笔直的路径上游得更久；而如果前方的营养物质浓度较低，它们则会多次翻转以改变前进的方向。相同类型的机制在各种细菌中都起作用，包括许多进入动物体内的细菌，以及许多真核细胞，如向伤口部位迁移的免疫细胞。

我们现在已经了解了许多构成细胞的成分，以及协调它们组装、决策和相互作用的物理过程与基础模式。当然，细胞是奇妙的，它们是活的、会生长的、会繁殖的实体，其数量令人眼花缭乱，仅在我们每个人身上就有数万亿个。如果它们同时工作则会更加令人惊奇。在本书的第二部分，我们将研究范围扩大到了细胞群，包括胚胎、器官、细菌群落及各种形状和大小的完整生物体。我们将看到相互作用的细胞如何进行自组装，如何利用生物回路做出决策，如何处理随机性及将自己扩展到更大的尺寸。届时我们将再次看到普遍的生物物理主题。

塑造生命的 4 大物理原理 ——► **生命的主要成分**

So Simple a Beginning

- 4 大物理原理不是孤立存在的，它们相互作用甚至相互依赖。生物回路的精度通常取决于随机运动的统计数据。随机运动推动生物组件的定位，以促进它们进行自组装。自组装形成的更大规模的结构遵循尺度推绎定律。所有这些过程和原则共同构成了生物物理学解释生命的框架。

- 在合适的条件下，单链 DNA 会自发地形成双螺旋结构，不需要外部支架或微观绳索和滑轮的帮助。因为 DNA 包含其自身的组织机制，这突显了在我们对生命的探索中反复出现的一个主题——自组装。

- 在自组装更为抽象的表现形式中，分子活动将自身编织成调节回路，使每个生物都变成了生物计算机，根据环境中的刺激做出行为选择。DNA 线轴和纤维的结构为调节回路提供了一个例子，细胞可以利用调节回路来控制它们的活动，决定打开或关闭基因。

- 简单的物理关系可以统筹结构的形成，使分子能够自组装。自组装不仅对自然有很大作用，而且对我们这些研究自然的人来说也很有启发性，这表明生命并不像它当初看起来那样复杂，简单的物理性质可能就是生物复杂性的基础。

- 生命机器背后的物理过程基本上是随机的。但矛盾的是，它们的大致结果是可以被准确预测的，这就是可预测的随机性。

第二部分

更大尺度下的生命：从细胞到生物体

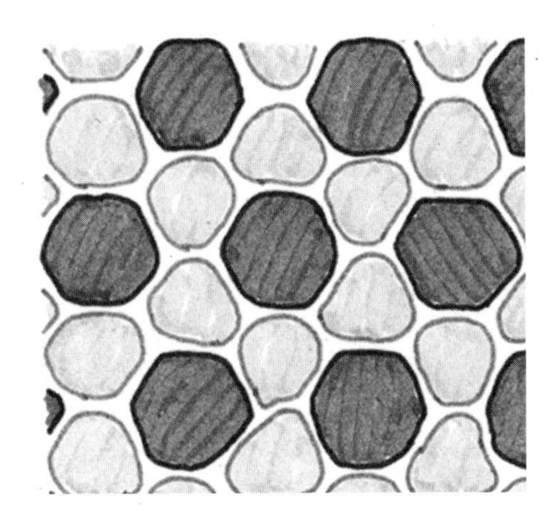

So Simple a Beginning

第 7 章

组装胚胎：从受精卵到生命体

我们现在已经认识了生命的主要组成部分，并且了解了支配它们相互作用的三个首要主题：**自组装的概念、微观运动可预测的随机性和调节回路的构建**。同时，我们还在布朗运动的尺度依赖性及扩散一定距离所需的时间上反映出了尺度推绎这第四大主题。从现在开始，在之后的几个章节中，我们将更多地关注尺度推绎这一主题。

到目前为止，我们关于这些主题的大多数示例都处在单细胞或其内部机制的范畴。然而，这些理论也同样适用于跳动的心脏、香蕉、三趾树懒和其他更大尺度的生命表现形式。生物物理主题揭示了细胞的集合和群落，乃至整个生物体，我们将在其中发现蕴含在复杂性之下的一些简单而巧妙的示例。

所有原基的总和

与其考虑由几个细胞组成的群体，或某个特定的组织及器官，不如直接大胆地深入研究生命世界中被认为最复杂、最令人惊奇的现象，即动物（如人类）从一个受精卵细胞发育而来的过程。我们对胚胎发育的理解已经有了相当大的进展。就在几个世纪前，人们仍普遍认为，在这个单细胞内有一个“小人”（homunculus），而婴儿、儿童和成人都是由这个微型但完全成型的小人发育而来的。事实上，一些早期的显微镜学家确信自己通过仪器的目镜看到了这些小人，他们认为这些小人是在精子或未受精的卵细胞中形成的。我们现在知道，单细胞胚胎仅包含来自母体和父体DNA的基因组，以及主要由母体提供的蛋白质、RNA和其他有用成分。以此为起点，细胞不断分裂、分裂、再分裂。子代细胞不仅会分裂和生长，还会改变它们的位置、形状、大小和基因表达模式，直到满足一个能够发挥功能的生命体所需的全部位置、形状、大小和基因表达模式。

即使以科学为出发点，从细胞到动物的转变看起来也很神奇。让我们倒退一个多世纪，回到19世纪末期。当时有许多实验胚胎学的开创性实验。通过观察动物的发育，以及通过刺激、细胞分裂和移植等技术手段，科学家们绘制出了细胞获得特定身份和组织获得特定形式的路径。其中一位先驱是德国生物学家汉斯·杜里舒（Hans Driesch），他主要在那不勒斯工作。杜里舒发现，将一个双细胞海胆胚胎的细胞分离后，每个单独的海胆胚胎细胞仍然能长成一个正常的海胆。即使从4细胞或8细胞胚胎中分离出单个细胞，它们也常常会发育成为完整的动物。更重要的是，杜里舒发现，轻轻按压早期的胚胎可以将细胞从其标准位置移动开来，这意味着通常作为动物头部的祖细胞可以被移动到底部，并且当压力消失后，这些细胞仍会停留在移动后的位置。尽管细胞移动了，但海胆还是可以正常发育，仿佛被移动的细胞知道它们的新位置并会为此采取相应的行动。杜里舒总结道，每个细胞“都承载着所有原基的总和”。这种观点与简单的机械观点大相径庭。人不可能通过扰乱手表的齿轮或蒸汽机的活塞就能发现这些零部件对于一台功能齐全的机器来说所起到的作用。杜里舒大为震惊，因为胚胎的运作方式与他观念中的物理学之间存在着明显的矛盾，而这也让他完全放弃了对胚胎发育的研究，转而成为一名哲学教授，提出了有生命物体被与无生命物体完全不同的规律所支配的观点。

即便在当时，杜里舒这一飞跃性的观点也是极端的。相比之下，美国的罗斯·格兰维尔·哈里森（Ross Granville Harrison）[①] 等生物学家提出了这样一种观点，即每个细胞的内在因素和广泛地分散在胚胎中的因素共同协调了细胞的发育。这一观点与现代的观点一致，并且在经过了 100 年的实践后得到了充分证实。

在你期待本章内容将揭示从单细胞到复杂生物的完整路径之前，容我先提醒你一下，胚胎学不是一个已解决的问题。我们无法从你的基因组，也就是仅仅从 A、C、G 和 T 组成的序列中就能预测你是一只两臂、两腿、多毛、会呼吸空气的动物。我们无法仅通过海星的基因组就能预测到这种动物会从柔软、自由游动的双重对称幼虫进化为坚硬、经典五重对称的、在海床和岩石海岸上潜行的捕食者。事实上，如果我们不知道所提取的基因组的 DNA 来自哪种生物体，那就只能通过将其与其他已知基因组进行对比，而不是通过第一原理对组成基因编码的所有蛋白质的活动和调控网络进行建模，以此来判断海星基因组编码海洋无脊椎动物，而人类基因组编码灵长类动物。尽管如此，我们仍然要感谢基因的两个关键特性，这两个特性让我们得以探讨更多关于发育的内容。

首先，不同生物体的基因非常相似，因此，了解特定基因在小鼠或果蝇这类容易研究的生物中的作用，可以告诉我们很多关于该基因在另一种生物（如人类）中的作用。

以“声波刺猬”为例，它会编码一种对肢体发育至关重要的蛋白质，并且它在增殖的恶性肿瘤中也很活跃。在一篇发表于 1980 年的经典研究文章中，克里斯汀·纽斯林－沃尔哈德（Christiane Nüsslein-Volhard）[②] 和艾瑞克·威

① 实验胚胎学的先驱，最早将动物组织培养法应用于研究并获得成功，同时首创了器官移植法。——编者注

② 德国发育遗传学家，1991 年获得拉斯卡奖，1995 年获得诺贝尔生理学或医学奖。——编者注

斯乔斯（Eric Wieschaus）[①]发现了几个决定果蝇体型的重要基因，并将其命名为“刺猬”，因为其突变会导致突刺状果蝇幼虫的产生。后来在整个动物王国中都发现了类似的基因，包括人类在内的哺乳动物的基因组中也具有三种与果蝇的刺猬蛋白非常相似的基因。其中两种分别叫作沙漠刺猬蛋白和印度刺猬蛋白。这种命名方式有点离奇，因为这两种“刺猬”是真实存在的。第三种是声波刺猬蛋白。它的命名方式更为奇特，是以一款电子游戏中一个行动迅速的、蓝色的游戏角色命名的，因为研究这种蛋白的一名研究人员受到了他女儿的漫画书《刺猬索尼克》（*Sonic the Hedgehog*）的启发。

所有这些蛋白质都非常相似。我描绘了果蝇刺猬蛋白的一部分（图7-1a）和人类声波刺猬蛋白的一部分（图7-1b）的结构。在这两种蛋白质中，每种蛋白都有一对倾斜的螺旋、一些短片层结构，以及连接它们的各种环，并且所有排列几乎相同。

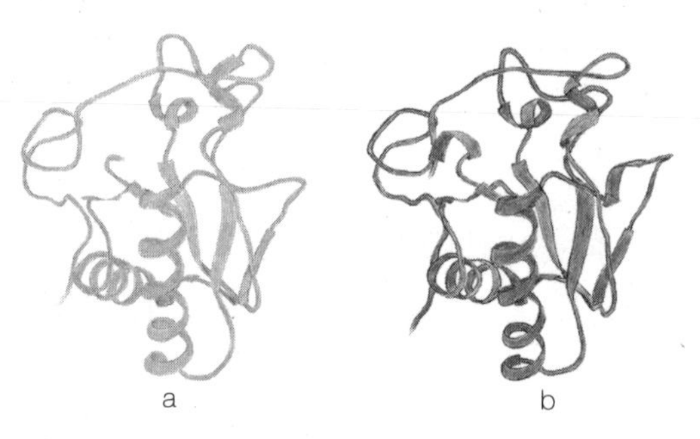

图7-1　果蝇刺猬蛋白的部分结构示意图（a）与人类声波刺猬蛋白的部分结构示意图（b）对比

果蝇和人类很容易区分，但果蝇和人类的刺猬蛋白很难区分。如果我们列出构成刺猬蛋白每条链的氨基酸，这种相似性也会很明显。我在这里只写出一段含有46个氨基酸的序列（这大约是完整蛋白链的1/3），并使用常见的字母

① 美国发育生物学家，主要研究果蝇胚胎发育，1995年获得诺贝尔生理学或医学奖。——编者注

代码代替具体的氨基酸，其中每个字母代表不同的氨基酸，果蝇和人类共享的氨基酸以粗体显示（见图 7-2）。

果蝇：

RCKE**KLN**V**LA**Y**SVMN**E**WPG**IR**L**L**VTE**S**WDED**Y**HH**GQ**ESLHYEGRAV**

人：

RCKD**KLN**A**LA**I**SVMN**Q**WPG**VK**L**R**VTE**G**WDED**G**HH**SE**ESLHYEGRAV**

图 7-2　果蝇和人类的刺猬蛋白的部分氨基酸序列的比对分析

可见在序列和结构上，两者的相似之处是惊人的。对于完整的蛋白质来说，果蝇刺猬蛋白和人类声波刺猬蛋白大约有 70% 的氨基酸是相同的。即使是不匹配的氨基酸序列，也没有人们想象中那么不同。在图 7-2 中，第一对有差异的氨基酸是果蝇蛋白质中的 E（谷氨酸）和人类蛋白质中的 D（天冬氨酸），两者都带负电荷。下一对有差异的氨基酸中，V（缬氨酸）和 A（丙氨酸）都是疏水的。由此可见，即使具体的氨基酸分子结构不同，它们的物理属性在许多情况下也是相似的。大自然的简约作风使我们在了解其工具后可以扩大它所带来的影响。我们有理由相信，刺猬蛋白在果蝇中的行为类似于声波刺猬蛋白在人类中的行为，或者沙漠刺猬蛋白在沙漠刺猬中的行为。

此外我们对发育的普遍性有了更为深刻的认识：大自然利用强大的物理机制来排列和组织细胞。就像基因和蛋白质一样，这些机制在生物体中也很常见。让我们看看它们是如何工作的。

知道你在哪里

不同的器官生长在不同的位置。翅膀出现在蚊子身体的中间附近，触角出现在其头部；人的手指长在手的末端，而不是在手腕上。人们可能会想象，只有那些专门会长成翅膀的细胞才会在发育过程中朝着昆虫身体中部迁移，并在翅膀形成区域最终发育成翅膀。换句话说，细胞的命运在它们定位之前就已经确定了。或者人们可能会想象全身的细胞都能够形成翅膀，但只有那些处在适当位置的细胞才能获得指示信号。事实证明，这两种策略在大自然中都是存在的。其中第二种利用空间线索指导细胞命运的策略惊人地普遍存在，它能够为发育中的生物体提供有效的编码指令。

一个多世纪以前，人们就知道空间线索的存在。类似杜里舒的实验有很多，例如，在海胆和其他动物的胚胎中故意打乱细胞排列，或者将一些细胞从一种动物的一个区域移植到另一种动物的不同区域。这些实验的结果通常是生物体得以正常发育，仿佛被干扰或被转移的细胞知道它们处于胚胎附近的新位置并采取了适当的行动。时至今日，我们仍在试图理解这种看似神奇的感觉能力，并努力揭示空间线索的本质和结果。然而，其中的基本思想很简单，它涉及我们已经了解的两个生物物理机制：随机扩散和调控网络。

声波刺猬蛋白在整个胚胎中的分布并不均匀，它不是在某些区域以某种固定浓度存在而在其他区域完全不存在；相反，它表现出了浓度梯度，在制造蛋白质的地方附近浓度较高，距离越远则浓度越低。像所有蛋白质一样，它也会降解，因此蛋白质的总量不会不断增加。这个梯度的出现只是扩散的结果，分子从它们的起点随机游走，就像我们在第 6 章中看到的那样，其运动轨迹形成了一团分子云。声波刺猬蛋白在生物体发育的许多部位产生，导致了许多局部浓度梯度。其中一个位置是肢芽，即每个肢体的早期前体，在人类胚胎发生的第三周形成。肢芽处声波刺猬蛋白的分布高度集中在一侧，并向另一侧递减。

如果你看你的左手，并将手掌朝向你，然后举起，会发现你的拇指在左边，小指在右边。虽然我们从未见过面，但我可以非常自信地说，情况肯定是这样，而且你手指的顺序不是颠倒的或随机的。这种排列是声波刺猬蛋白梯度导致的结果：在这种蛋白质浓度很高的地方会形成小指，在蛋白质浓度低的地方则形成拇指。其他动物也是如此。在小鸡的胚胎翅芽中，声波刺猬蛋白的梯度控制着 3 个骨性手指的顺序，它们沿着扩散浓度的分布模式以 3-2-1 的顺序排列。如图 7-3a 所示，灰色区域代表声波刺猬蛋白的浓度梯度分布；右侧是在 4 天大的胚胎中骨头的样子。将小鸡翅芽的声波刺猬蛋白生产区的组织移植到翅芽的低浓度区，会得到两个镜像的声波刺猬蛋白浓度分布区域，并且从中会生长出 6 个手指，顺序为 3-2-1-1-2-3（见图 7-3b）。细胞只会读取其所在位置的声波刺猬蛋白浓度，并不会意识到这种变化有什么异样。小鸡翅膀发育实验是由来自巴斯大学的谢丽尔·蒂克尔（Cheryll Tickle）及其同事开展的。除了描述手指发育的过程外，他们还使用手指发育模式来推演鸟类是从哪些恐龙进化而来的。测定胚胎细胞的刺猬蛋白浓度是一种古老的做法。例如，尽管人类和墨鱼的最后一个共同祖先生活在 50 亿年前，但刺猬蛋白的梯度既能调控人类手上的手指排列，也能调控墨鱼腕足上的吸盘排列。墨鱼不是鱼，而是头足类动物，与鱿鱼和章鱼的亲缘关系较近。

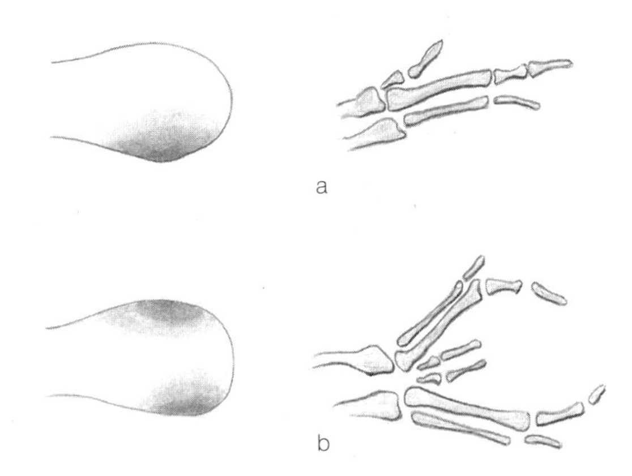

图 7-3　声波刺猬蛋白控制小鸡骨性手指发育

声波刺猬蛋白的梯度除了驱动四肢的组织模式外，在神经系统、面部特征、肺、牙齿等的形成中也发挥着作用。这种蛋白质也出现在了癌症中。癌症的发展通常是与胚胎发育相关的遗传过程被激活，从而导致肿瘤不受控制地快速生长。

声波刺猬蛋白只是众多形态发生素（morphogen）中的一种，这些形态发生素是通过浓度变化来控制形态发展的。1952年，数学家、计算机科学先驱艾伦·图灵（Alan Turing）在一篇探索此类系统理论可能性的前瞻性论文中预测并命名了形态发生素，这篇论文比任何具体例子的发现都早了几十年。每个发育中的胚胎都受到许多形态发生素梯度的交叉影响，它们既能相互依存，也能相互作用。

这些形态发生素在做什么？正如我们在第4章中探讨的那样，它们直接或通过中介充当转录因子，来打开或关闭各种基因。转录因子的功效取决于其浓度。这也是物理学的结果：任何分子与其他分子的结合都要经过不断结合与分离的过程，如果有更多的转录因子拷贝漂浮在周围，则这些转录因子与DNA靶标结合的可能性就会更大。响应函数代表了基因被表达的可能性，或基因编码的蛋白质产生的速率，它可以作为激活因子或抑制因子的转录因子浓度的平滑函数，也可以表现为剧烈的变化，或类似开关一样的反应。例如，对于低水平的激活因子浓度，蛋白质的表达几乎为零；而对于高于某个阈值的激活因子浓度，蛋白质的表达则处于高度“开启”的状态。

基因表达的浓度依赖性可以产生令人惊讶的复杂模式。现在让我们先考虑一个非写实的例子，稍后再来看真实的例子。想象有一个细长的药丸状胚胎。这个设想并非不切实际，因为几乎每个生命体都起源于一个球体或一个椭圆体，最初我们都是一团细胞。假设母体的某些特定细胞或材料产生的形态发生素来源于胚胎左端。形态发生素A扩散，从而形成沿胚胎长度衰减的浓度梯度（见图7-4a）。如果某个基因对形态发生素A有类似开关的反应，即当A丰富时打开，当A稀少时关闭，我们由此就得到了该基因表达的阶梯状模式图（见图7-4b）。

现在假设还有来自同一位置的形态发生素B。也许B分子更大，所以它的随机游走不是那么活跃，因此它的浓度变化更剧烈，它带来的类似开关一样的响应将仅局限于较小的区域（见图7-4c和图7-4d）。

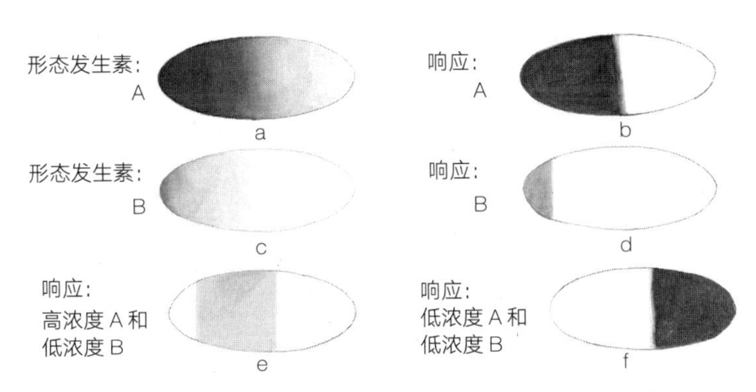

图 7-4　两种不同的形态发生素 A 和 B 影响胚胎发育的示意图

回想第 4 章，细胞可以创建基因回路，整合输入信号以调节它们的反应。当 A 浓度高而 B 浓度低时，A 回路才会打开，而在任何其他组合下它们都会关闭，因此这一回路将仅在胚胎中间左侧的区域中表现出开启响应的基因表达模式（见图 7-4e）。“低浓度 A 和低浓度 B”回路会在胚胎的右半部分产生反应（见图 7-4f）。

即使只有两个转录因子梯度，也可以出现两个以上的空间模式用于后续基因表达的调控。一个激活的基因可能会编码一种负责某些发育活动的蛋白质，这种发育活动应该只发生在特定区域；或者可能会编码另一种转录因子，它本身可以与前两个转录因子相互作用。假设转录因子 C 受到“高浓度 A 和低浓度 B”回路的调节，那么转录因子 C 将在胚胎中间较宽的一带中表达，并通过扩散作用传播。然后“高浓度 C 和低浓度 A”回路将在一个窄带中被激活，该区域刚好超出了产生 C 的区域，但在该区域中，扩散过来的 C 仍然足以能聚集，因此可以继续被读取为“高浓度”（见图 7-5）。

这种窄带展示了组织的精确性，其仅靠几个基因就可以实现。随着更多的转录因子出现，每一个都将具有相关的浓度梯度，调控回路的可能性就会出现爆炸式增长。在如此庞大的数量下，想要建立特定的基因表达模式就不是难事了，这样一来，基因就能精确地构成特定的器官和组织细胞。

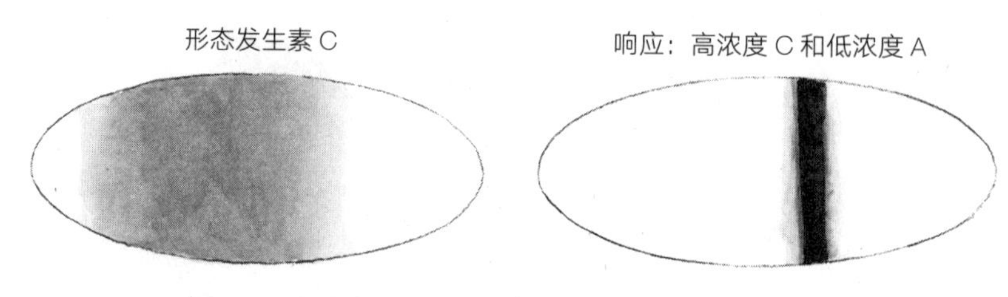

图 7-5　高浓度 C 和低浓度 A 回路在一个窄带中被激活

原则上说，这听起来可能很有说服力。值得注意的是，生物体确实在实践中采用了这种方法。几十年来，人们已经大致了解了这种模式，并观察了转录因子浓度和基因表达谱的模糊关系，而近年来，我们对数量较少但在不断增加的基因和生物体有了更精确的认知。我们对胚胎空间模式最精妙的理解来自对果蝇的研究，这同样源于沃尔哈德和威斯乔斯的工作。早期的果蝇胚胎在长出腿、翅膀甚至头部之前表现为一个细长的椭圆形，就像我们前文假设的胚胎一样。母代果蝇将 RNA 传递给它的卵细胞的一端，从而建立起一个被称为 bicoid 的转录因子[①]初始梯度，类似于形态发生素 B。bicoid 与一种被称为驼背基因[②]的启动子区域结合并充当激活剂。驼背蛋白还表现出了前高后低的浓度梯度。大约 6 个其他基因随后会出现，并在大范围区域内表达，它们的组合可以实现更精细的表达模式，如“偶数跳读”基因的 7 个条纹，这一表达模式在卵细胞受精后仅 3 小时就能够出现（见图 7-6）。

“偶数跳读”和其他基因的表达模式将果蝇的身体组织成 14 个节段。不同的结构由不同的节段形成。例如，其中 3 个节段形成了果蝇的胸部，且 3 个节段中的每一个都可以利用刺猬基因和其他基因控制一对腿的生长。

---

① bicoid 基因，又称为 bcd 基因，是控制果蝇头、胸发育的一个卵极性基因。其表达产物为转录因子，调控果蝇胚胎前端结构的生成。——译者注

② 驼背基因（hunchback gene 或 hb gene），是果蝇早期体节形成的关键性调控基因，其表达产物为转录因子，专门抑制腹部形成。——译者注

图 7-6　果蝇受精卵 3 小时后就出现了“偶数跳读”基因的 7 个条纹

尤其令人满意的是，这种特定的条纹和节段模式对于建立每只果蝇的形体构型至关重要，并且可以根据我们对生物物理学的理解进行测量和预测。关于测量，人们可以对编码了 RNA 结合蛋白和荧光蛋白的基因组序列进行改造，如第 2 章中提到的 GFP 等，借此在活胚胎中研究特定基因转录为 RNA 的情况。因此，基因的表达会产生可见的、发光的蛋白质。人们还可以通过类似于插入荧光蛋白基因的方法来监测蛋白质自身水平的变化。在任何一种情况下，荧光都会为发育活动的内容、地点和时间提供精确、可量化的报告。关于预测，人们可以写下布朗运动方程和遗传反应函数，并计算蛋白质丰度和基因活性的模式。由这些计算得到的输出还不能算是自然模式的完美写照，但它们确实揭示了具有大小和时间尺度的条纹和间隙，而这些条纹和间隙代表了了不起的果蝇胚胎的实际情况。

进一步看，果蝇向我们展示了这种胚胎模式更深层次的特征。我们假设的例子只考虑了由低水平和高水平的形态发生素驱动的对两种基因的读取。细胞可以有更精细的协调感知能力，能够对低、中、高 3 种、4 种乃至 5 种或更多种形态发生素水平产生 3 种或更多不同的反应。拥有更多的形态发生素层次似乎很有吸引力：生物体可以用更少的成分构建更精细的结构。是什么限制了胚胎的精确度？果蝇能否在其身体的 1 000 个不同位置检测出 1 000 种不同的 bicoid 浓度，并仅通过一个空间梯度就能建立 1 000 个不同的解剖学特征？

这也是生物物理学的一个疑问。基因表达模式精度的限制是由扩散运动固有的随机性和分子结合的随机性决定的，我们对此没有明确进行过研究，但其基础类似于布朗运动。人们可以很容易地说出扩散分子云的平均位置，但是这个平均值能在多大程度上代表整个分子云则取决于存在多少分子。如果我掷出 100 万枚硬币，那么我敢很有信心地说，正面朝上的比例将非常接近 50%。如果我只掷出 6 枚硬币，即使出现 4 个正面和两个反面，我也不会特别惊讶。与此类似，胚胎可以制造大量的形态发生素分子，并产生一个平滑的、界限清晰的梯度，它可以从中可靠地辨别出许多不同的浓度水平。或者胚胎也可以只花费更少的精力和能量制造少数几个分子，但这会产生更大的浓度梯度，导致它只能粗略地将其解读为高浓度或低浓度的区域。实验表明，胚胎的首选策略通常是后者而不是前者；在真实的胚胎中并不存在数百万个形态发生素分子，其梯度的模糊性很明显。

这种统计意义上的变化图谱如何准确地映射到胚胎生长的精度上尚不明确，但我们已经可以查阅它对这种模式的限制作用。在 2013 年发表的一篇精彩论文中，普林斯顿大学的威廉·比亚莱克（William Bialek）及其同事将形态发生素的测量和信息论联系起来，从而推断出早期果蝇中编码的信息位数。如果一个转录因子只能被解读为“高”或“低”，它可以由 1 位（bit）信息编码。正如我们在第 1 章中提到的，1 位信息有两种状态。如果它可以读作“高”“中高”“中低”“低”，我们将需要两位信息来编码 4 种可能的状态。我们不知道果蝇的调控回路可以识别出每个基因的多少种状态，因此无法直接计算位数。然而，比亚莱克及其同事意识到，在比较单个胚胎时，条纹和边缘位置的可变性反映了模式中使用的位数。本质上，位数多意味着高精度和低可变性；位数少意味着低精度和高可变性。分析果蝇胚胎发生的图像，特别是处于 bicoid 模式形成的下游阶段的 4 个基因中的每一个基因所表现出的模式特征，发现每个基因大约有两位信息。这 4 个基因加在一起能够以大约 1% 的空间精度定义基因表达模式。

我们再一次看到了生命世界的一个惊人特征，即通过极少的指令生成奇妙的形式。当然，蛆虫可能不符合我们对“奇妙”的定义，但如果我们对果蝇不感兴趣，请记住，这些易驯服的、方便获取的生物体使发现和表征普遍存在的现象成为可能。我们也一样，在生命的开始可能不需要太多“位”。

了解你的邻居

到目前为止，我们在本章中所看到的所有模式示例实际上都不需要考虑细胞。我们只需要想象形态发生素的区域或组织的厚片，而不需要考虑响应或形成它们的离散单元，也就是细胞。对于早期的果蝇胚胎，这实际上并不是一种简化；椭圆形胚胎不是由离散的细胞组成的，而是由漂浮在共享细胞质海洋中的许多细胞核组成的。后来，细胞膜的生长分离了细胞核并形成了细胞。不同的细胞从一开始就存在于包括人类在内的脊椎动物胚胎中。无论处于哪种情况，一旦有细胞存在，胚胎就可以使用手头的其他工具进行模式化。

细胞可以通过与其他细胞的接触来传递和接收信号。我们已经在膜和免疫细胞信号传导中看到了这一点，其中膜锚定蛋白可以跨越细胞间隙以识别伴侣并触发特定反应。细胞与细胞的接触在发育中也起着重要作用，尤其是在精细模式化方面。想象有一层细胞，其中的每个细胞都可以表达基因 A 和基因 B。这些基因可能是特定类型细胞的决定因素，如 A 型细胞和 B 型细胞。假设任何与 A 型细胞接触的细胞都被指示不表达 A 基因而会表达 B 基因并成为 B 型细胞，任何未被 A 型细胞接触的细胞都会表达 A 基因并成为 A 型细胞，在这个规则下，我们将得到一个蜂窝状的马赛克图案（见图 7-7），其中每个 A 型细胞（暗色的）都被一圈 B 型细胞邻居（亮色的）包围着。

这种模式是司空见惯的。例如，我们可以听到声音是因为内耳中有数千个毛细胞。之所以这么称呼它，是因为每个毛细胞中都有一束膜结合的柱子，这会让人联想到一小撮头发。每个毛细胞都被一组支持细胞包围，其排列方式正是从上述模式发展而来的，称为侧抑制（lateral inhibition）。

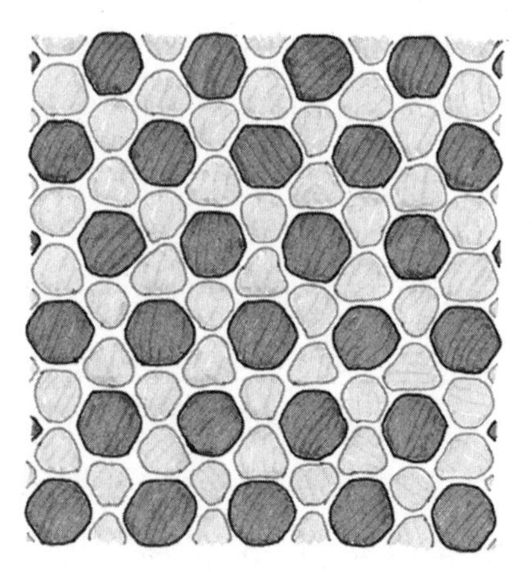

图 7-7　与同种细胞接触会抑制同种基因表达

侧抑制可以控制昆虫复眼中细胞的布局、构成动脉壁的平滑肌细胞的规格、胰腺中激素分泌细胞的产生等。尽管侧抑制早在 20 世纪 70 年代就已经被预测到，但这种机制直到 20 世纪 70 年代中期才首次被克里斯·多伊（Chris Doe）和科里·古德曼（Corey Goodman）所验证。多伊现在是我在俄勒冈大学的同事。他们二人在一个发育中的动物身上进行了巧妙的科学实验，结果证明：他们采用聚集的激光光束来破坏并消除果蝇中的特定细胞，使得其他相邻的细胞不再受抑制，进而表达出将它们变成神经元的基因。

一个细胞如何控制其相邻细胞的命运？对于许多不同生物体中的许多不同细胞来说，关键分子是一种被称为 Notch 的膜锚定蛋白。Notch 穿过表达它的细胞外膜，其外部片段可以附着在从邻近细胞延伸出来的目标分子上，如另一种跨膜蛋白 Delta。一个细胞上的 Delta 与另一个细胞上的 Notch 在细胞间“握手”，从而触发了 Notch 的形状发生变化，暴露出原本隐藏的片段，这些片段会被其他可以切断氨基酸链的蛋白质所识别。大家可以想象挥舞着斧头的蛋白质在细胞间巡逻，一旦被激怒就准备将其同伴劈成两半。这可能会令人感到不安，但触发破坏也是生物学中反复出现的主题。首先，Notch 在细胞外的一个位点被切割，释放出大部分外部片段，这些片段会扩散开来以参与其他反应，然后，Notch 的内部片段会从膜锚定蛋白中释放出来。这个内部片段在细胞内扩散，直到最终进入细胞核，在那里与其他蛋白质结合并影响蛋白质与 DNA 的结合。换句话说，也就是会改变各种转录因子的活性，从而控制各种基因的表达。Notch 片段抑制的基因之一是 Delta，前者能降低后者的表达，因此与 Delta 接触的细胞不会表达 Delta。Delta 代表的是 A-B 示意图中的 A（见图 7-7）。

Notch 和 Delta 共同协调侧抑制。然而，Notch 可以结合其他细胞展示的搭档蛋白，从而触发不同的切割序列和基因调控。有些则会导致接触的细胞具有与 A 细胞相同的命运，并通过组织的形成来传播这种细胞类型。不仅仅是 Notch 和 Delta，细胞与细胞的连接处可以存在多种模式相关的蛋白质，这些蛋白质可以展示出各种结合强度、结合率和基因反应功能。就像拼图游戏一样，复杂的图案可以通过一块块相邻碎片的拼贴组装来呈现，接触驱动的信号可以从简单的局部规则中协调出强大、复杂的图案。我们再一次看到了自组装在起作用，因为细胞内部包含产生大规模组织的指令。

了解时间

细胞群可以在时间和空间上进行组织，甚至可以使用时间线索来绘制空间模式。我们来看一个例子，在这个例子中，计时可以实现形式上的重复。虎的花纹、蜈蚣的腿和人类脊柱的椎骨都显示出规则的特征，它们一个接一个，并不完全相同，但却非常相似。接下来，让我们以脊柱为例。一方面，从表面上看，脊柱的骨骼规则让人联想到幼年果蝇的条纹，因此我们可能期待类似的发育来源于重叠的形态发生素。然而，在幼年果蝇中，当遗传回路建立了相互作用模式后，动物的体型将会保持稳定。另一方面，人的脊椎是从人快速成长时出现的节段发育而来的，并且所有脊椎动物都是如此。从人类受孕后的第三周左右开始，胚胎开始拉长。发育中的身体不是一个光滑的管子，而是具有大小的规则的块，称为体节，且体节会沿其长度成对出现（见图 7-8）。

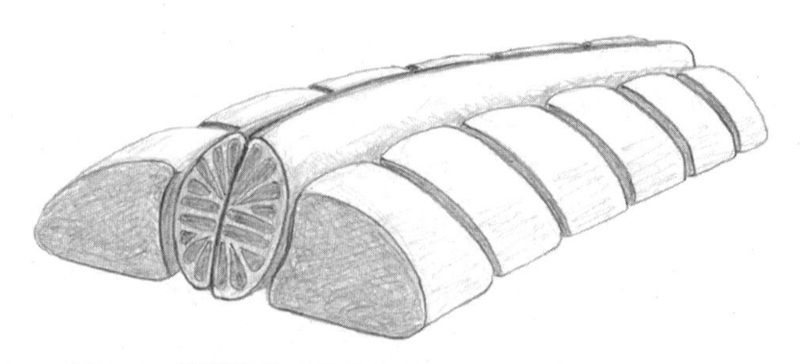

图 7-8　脊椎动物的脊椎在发育初期会出现成对的体节

人类会形成 42 ～ 44 对体节，不过有些体节会随着发育的进行而逐渐消失。斑马鱼会形成 30 ～ 32 条体节，小鼠大约会形成 65 条体节，而有些蛇会形成超过 400 条体节。在精确的计时下，脊椎动物胚胎具有了体节间距的稳健规律，并维持形成数十或数百条体节。

我们在第 4 章中提到，细胞可以使用遗传回路来构建振荡器和时钟，基因表达的潮起潮落也会随着时间有节奏地发生。胚胎使用的就是这样的时钟。受精卵在受精后的前几次分裂通常是同步的，即双细胞胚胎中的每个细胞同时分裂产生 4 个细胞，4 个细胞中的每一个细胞又同时分裂产生 8 个细胞，以此类推。这个过程会维持一段时间，直到细胞的种类变得更多，这种同步就将被放弃。

在形成体节的延伸时，胚胎中的细胞也有时钟。将提取后的细胞单独分离，就会发现它们具有规律的基因表达起伏周期，并且当它们共同存在于组织中时，这种规律在细胞之间是同步的。胚胎是如何将这种时间节律转化为空间模式的呢？1976 年，乔纳森・库克（Jonathan Cooke）和埃里克・克里斯托弗・齐曼（Erik Christopher Zeeman）描述出了一种精妙的生物物理学策略，并根据这种策略进行了实验。其中值得一提的是堪萨斯城斯托尔斯医学研究所的奥利维尔・普尔基耶（Olivier Pourquié）及其同事开展的实验，该实验揭示了人类和其他所有脊椎动物都在使用的体节生成机制：将遗传时钟与形态发生素梯度相关联。

想象一个基因表达同步振荡的细胞阵列。例如，每个细胞对某个基因的转录速率会从 0 到 1 到 2 到 3，然后再回到 0 重新开始。将这些速率分别描绘为不同灰度：A、B、C 和 D，我们可以看到细胞集合会一起振荡，首先是 A，然后是 B，之后以此类推，呈现出如图 7-9 所描绘的那样。

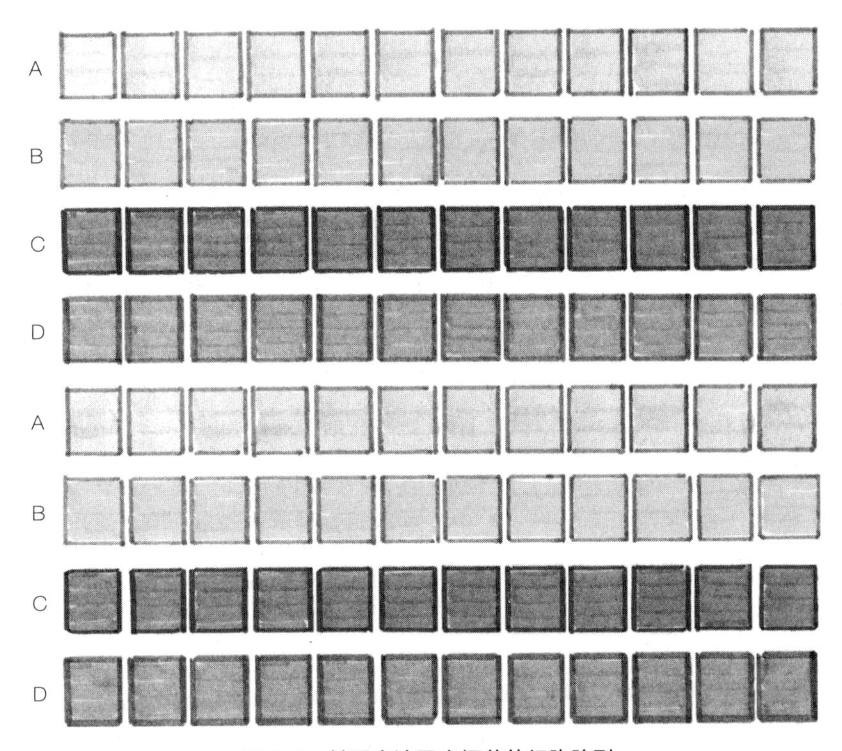

图 7-9　基因表达同步振荡的细胞阵列

假设每个细胞的时钟都有一个开关，只有当某些分子的局部浓度高于阈值水平时，计时回路才有效。否则，时钟就会停止。进一步假设，控制分子会在动物的尾端产生形态发生素，之后，这种形态发生素会扩散开来，并形成从尾部到头部的浓度梯度。时钟将在尾部区域运行，并在某个位点前方停止。随着胚胎的生长，尾巴离头部越来越远，到达阈值的形态发生素水平的位置也稳步向后移动。细胞的基因表达水平将锁定在通过阈值浓度的那一个时刻，也就是锁定在时钟停止的那一个时刻。如果所在的位置是 2，那么下一个位置就是 3，再下一个位置就是 0，然后是 1、2、3，以此类推，发生周期性的重复。如图 7-10 所示，我们可以用一条灰色的短线来修改图纸，以指示细胞时钟停止的左侧边界；如果时间继续推移，动物尾端的形态发生素界限会朝右移动。时间模式作为基因表达的空间模式会被锁定在原来的状态。

如果由时钟调节的任何高水平转录都会产生细胞紧密聚集的体节边界，而低水平转录对应于凸起的体节中部，那么我们可以将时钟振荡转化为物理结构上的重复模式，并在此基础上构建规则的结构，如脊椎。此外，通过控制时钟转动的速度，大自然可以调整图案的间距和体节的大小。不同的动物有不同的时钟速率。例如，蛇通过快速的细胞时钟制造出了许多脊椎体节。

现在，我们对涉及塑造生物钟和形态发生素梯度的特定基因有了更进一步的了解。有几个基因在其中发挥了作用，特别是在振荡回路中，一些基因可以编码特定的蛋白质，这些蛋白质会与前文中提到的 Notch 蛋白相结合，从而使 Notch 活性不断地上升或下降。此外，该蛋白有助于维持相邻细胞的同步性。Notch 蛋白的存在表明，大自然喜欢在各种环境中使用同一组分子。几十年前的一个笑话是这样说的，世界上有两种发育生物学家，一种是研究 Notch 信号的人；另一种是不知道自己正在研究 Notch 信号的人。

梯度和阈值、接触驱动的信号和停止的时钟并不是胚胎发育唯一的物理模式。**细胞也会迁移、伸展、拉长、相互折叠，改变黏附的黏性，甚至会在胚胎生长的过程中塑造生命体**。我们仍在探索胚胎发育背后的策略，这不仅能让我们对每个人从一个细胞成长为一个复杂动物所经历的转变过程有更清楚的认识，而且还能帮助我们解决一些生理缺陷，以及在癌症中发生的那些不符合我们意愿的转变。

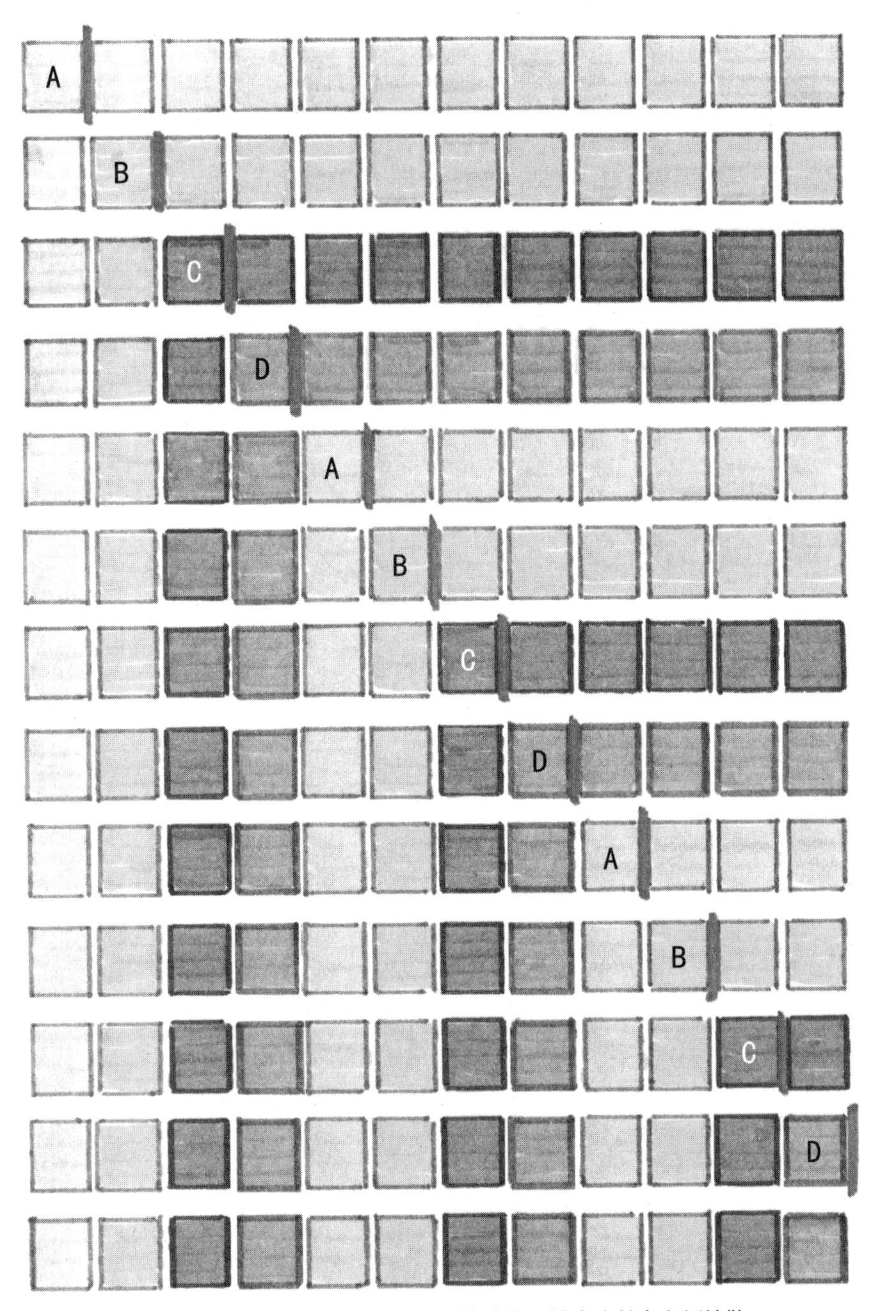

图 7-10 假设形态发生素由右侧的动物尾端产生并向左侧扩散

现在要告诉汉斯·杜里舒生物学未必超出科学理解的范畴显然为时已晚，但我们至少可以相互保证，这个领域不应被放弃。虽然我们目前对生物学的理解是不完整的，但很明显，**胚胎发育并不违背物理定律，而是物理性质和过程生成生命形式的美丽体现**。

第 8 章

设计出的器官：物理特性如何引导细胞群的发育

正如我们在第 7 章中所介绍的，胚胎、器官和每个细胞群都会根据时空模式的线索来组织自身。细胞群最终成为连贯的实体，但分别具有不同的生物学作用和物理特性。例如，我们每个人都可以很容易地证实富含脂肪的组织比肌肉更柔软。不过我们最近意识到，这些物理特性不仅仅是组织和器官形成的结果，还有可能是其形成的原因。**发育影响物质特性，而那些物质特性也会反过来影响发育，这样的反馈调节回路阐明了自组装这一工具箱的作用**。在本章中，我们将探讨物理特性，如柔软度和刚度在引导细胞群中的作用，并且探索未来可用于体外生成器官的支架。

干细胞能感觉到什么

在我们的一生中，我们的身体会脱落超过 1 吨的肠壁细胞。但我们对此毫无感觉，因为我们一直在创造新的肠壁细胞。我们也一直在生成新的皮肤细胞、血细胞、免疫细胞，等等。特别是在我们出生前和出生后的几年里，我们产生了数万亿种不同类型的细胞：肝细胞、肌肉细胞、肾细胞等。所有这些细胞都是由其他细胞分裂形成的，沿着分裂和分化的每一条链向前追溯，最终人们找到了干细胞。干细胞是那些尚未确定特定身份的细胞，因此保留着能够产生其他更多类型细胞的能力，包括产生更多的干细胞作为后代。受精卵也是一种干细胞，因为它的后代能形成生物体的各种细胞。在成年人中，干细胞的潜能更加有限。例如，有一种类型的干细胞只产生血液细胞，包括红色携氧细胞和各种各样的免疫细胞。另一种类型的干细胞则会产生肠壁细胞，包括吸收营养物质的细胞和分泌黏液或消化酶的细胞。既然有许多可能的结果，那么决定干细胞将走向哪条道路的因素是什么呢？例如，干细胞的非干性子细胞会是一个拥有免疫记忆的 B 细胞，还是一个吞噬碎片的巨噬细胞呢？

扩散的分子可以在很大程度上回答这个问题。正如我们在第 7 章中所看到的那样，细胞能响应随机漫步的分子形成的分子云，并根据其局部浓度调节基因表达和其他活动。这些分子包括激素、生长因子和其他一些由一个细胞分泌并被另一个细胞识别的物质。然而，扩散分子不足以确定细胞的命运。最近，我们逐渐意识到那些来自机械和材料环境的分子也具有同等重要的信号。

大脑是软的，骨骼是硬的，肌肉的硬度则介于两者之间。这些组织中的每一个都由细胞和细胞外的物质组成，并且肌肉通常以细胞分泌蛋白的致密网状物形式存在。在骨骼中，矿物质被整合到蛋白质网络中，但即使在矿化之前，这种物质也是坚硬的，硬度大约是肌肉的 10 倍，而肌肉的硬度又是脑组织的 10 倍。细胞和支架材料会影响刚性，那么刚性反过来会影响细胞吗？

在 2006 年报道的一项精妙而有影响力的实验中，宾夕法尼亚大学的丹尼斯·迪舍尔（Dennis Discher）及其同事在不同硬度的凝胶上培养出了一种可以形成神经元、肌肉祖细胞或骨祖细胞的干细胞，且其周围的培养液在每种情况下都能够保持不变。他们发现，在刚度与脑组织相似的最软的凝胶上生长的干细胞转化为了神经元；那些处于中等刚度的凝胶则转化为了肌肉祖细胞；而那些生长在刚度与预矿化的骨相似的最硬的凝胶上的干细胞则可以转化为骨祖细胞。

实验发现，神经元细胞出现了大量分支，肌肉细胞被明显拉长了，而成骨细胞则大致呈多边形（见图 8-1）。这些新发现的特性不仅表现在细胞的形状上，还表现在细胞能表达的基因图谱中。我们已经知道自组装是令人惊叹的，细胞群就像将自己缝进衣服里的布料。但现在看来，这些布料比我们想象的还要奇妙：当我们把它放在柔软的床垫上时，它会把自己变成一件睡衣；而将它放在坚硬的头骨上时，它则会把自己变成头盔。

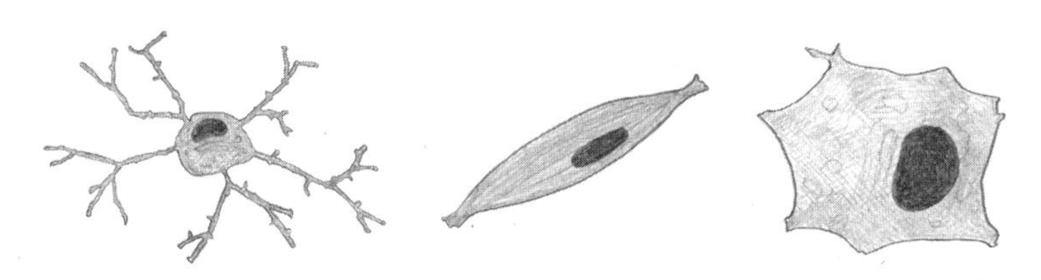

图 8-1　神经元细胞、肌肉细胞和成骨细胞示意图

不仅仅是生物化学，力学也为细胞的命运提供了线索。另外，力学还协调了许多其他细胞活动，从触觉识别到声波感知，再到植物通过感知重力来分辨上下方位。探索这种力学信号如何工作的力学生物学在过去 20 年中得到了蓬勃发展。尽管许多方面仍然未知，但一些关键主题已经出现。一个是形成通道的膜蛋白的重要性（见第 2 章），其构象可以通过施加在膜上的张力来控制。**蛋白质与内部或外部环境之间的联系可以打开和关闭跨膜闸门。通道蛋白也能对脂质双分子层上的应力做出反应**。例如，被拉伸的脂质双分子层可以变薄，较短的疏水核心可以促使蛋白质采用另一种构象。关于这一部分，大家可以回顾一下第 5 章的内容。

另一个广泛的主题是，细胞内外的物理连接网络可以传递有关力的信息。跨膜蛋白通常会通过各种中介物黏附在外部网状结构和内部丝状支架上。对细胞或周围环境的拉扯会对蛋白质施加张力，从而改变其构象。例如，这种构象变化可能会暴露以前隐藏的位点，从而引发蛋白质结合或化学反应性的变化，最终导致调控基因活性的转录因子激活或失活。想象一下，一个被拉伸的蛋白质暴露了一个阻遏蛋白的结合位点（见图 8-2a），因此那个被扣押的阻遏蛋白无法与 DNA 相互作用。相反，如果蛋白质是松弛的，则结合位点会被隐藏，阻遏蛋白不会被结合，从而可以自由地游荡到细胞的 DNA 上，并阻断其目标基因的表达（见图 8-2b）。虽然人们对真实细胞反应中的复杂性仍知之甚少，但这个简化的草图抓住了它的本质。

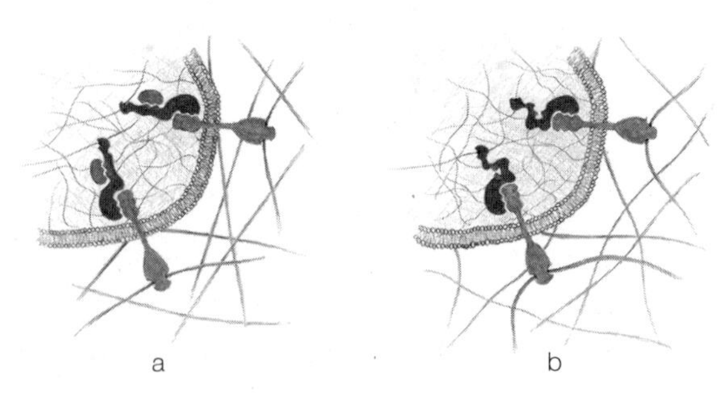

图 8-2　蛋白质结构构象的改变会进一步调控基因表达

即使所有东西看起来都没有在运动，蛋白质的拉扯还是在持续发生。细胞的内部机制永远不会静止，如第 2 章中提到的马达蛋白运动，以及纤维丝的生长和收缩，甚至细胞本身也在不断地拉伸。外部网络不是活跃的，但其刚度决定了它会对细胞施加相等且反向的力，从而向在结构上可延展的张力感应中间物施加张力。

力学输入和细胞所处环境的物质特性构成了生命调节回路的一部分，并被整合到自组装细胞做出的决定中。其中的具体细节很难确定，但近年来的研究工作正在开始揭示其起作用的过程。以人的皮肤为例，它是一个分层的组织，外部的细胞会不断流失，之后将通过最深处的干细胞来进行补充。皮肤被持续拉伸后会扩张，从而产生额外的细胞，并最终产生更多的皮肤。这不仅对正常的面部皮肤有效，而且对皮肤重建手术来说也是一种有用的反应。为了探索其工作原理，剑桥大学的本杰明 · 西蒙斯（Benjamin Simons）小组和比利时布鲁塞尔自由大学的塞德里克 · 布兰潘（Cédric Blanpain）在小鼠皮肤下放置了膨胀凝胶，之后对其进行了仔细检查。研究人员发现，拉伸会导致编码某些蛋白质的基因表达增加，如参与细胞黏附和细胞运动的蛋白质及形成纤维网络的蛋白质等。此外，拉伸会诱导更多的干细胞分裂，并且产生的大部分子细胞仍是干细胞，以准备生成更多的皮肤组织。研究人员发现，拉伸和细胞命运之间的联系涉及特定的转录因子，缺乏这些转录因子的实验小鼠抑制了拉伸诱导的干细胞反应。目前尚不清楚这些特定的转录因子是如何与细胞支架结合的，不过我们正在逐渐解开这个谜题，人们可以期待进一步的研究在实践中得到应用，如用于设计加速皮肤再生的疗法。

刚度并不是唯一一个可以被细胞感知并能指导其发育的物质特征。我们是由液体和固体组成的生物，血液流经我们的动脉和静脉。结果表明，**液体流动可以诱导干细胞转化为排列血管的细胞类型**。我们所有的组织、器官和内部空间都有自己的硬度、黏度、弹性和其他材料特征，并且这些特征会与构成它们的细胞共同发展。在试图进一步理解这些联系的同时，我们对物理环境在引导器官发育中所起到的作用也有了更深刻的认知，并借此推进了多细胞结构的设计方法。

芯片上的器官

如果你需要一颗新心脏，为什么不干脆种植一颗呢？就像在花园中种植水果一样，器官也能够引导自己进入适当的形式。显然，这种“缸中器官”的梦想对人类来说有着巨大的吸引力。想象一下，用自己身体里的细胞作为种子，培育出来一只新眼睛来代替受伤的眼睛，或者用真正的肉和骨头而不是无机义肢来代替破碎的手指。除了可以修复损伤之外，分离器官的组装对器官发育研究和药物测试也有着重要意义，可以使研究人员免遭研究动物体内的器官时所要面临的伦理谴责和实际困难。我们离这一愿景还很遥远，但我们的进步正在显著加快，目前已经出现了一种被称为类器官（organoids）的自组装细胞簇和部分人体组装的“芯片上的器官”。

几十年来，我们一直在实验室培养动物、植物和真菌细胞。我们对细胞生物学的许多了解都来自这些“培养”出来的细胞，诸如内部细胞骨架的网状结构、货物运输，等等。然而，这些研究基本上都是二维的，因为细胞都分布在培养皿、凝胶板或其他平面上，并被营养丰富的培养基所浸泡着。

这种方法存在明显的局限性。一层心肌细胞虽然可以进行有节奏的推拉，但它不能形成心脏样的管和腔。而这不仅仅是平面几何造成的结果。回想第 7 章，细胞决策通常取决于与相邻细胞的接触情况和形态发生素梯度的形状，两者在二维空间和三维空间中是不同的。三维环境中的分子、化学和机械线索是器官发育的关键因素。

一个多世纪以来，人们已经认识到了二维细胞簇具有人为性，并在很早以前就为超越这种人为性而付出了努力。罗斯·哈里森，我们在第 7 章中曾简要地提到过他，他在 1906 年就报告了来自青蛙胚胎组织的一点神经纤维可以生长成一团凝结的淋巴液这一结论。在随后的几十年里，几个研究小组表明，不同物种的胚胎可以分裂成离散的细胞，如果这些细胞在 3 个维度上是可以自由运动的，那么这些细胞就可以合并成聚集体，重现正常胚胎形态的某些方面。

随着时间的推移，研究人员认识到，细胞外的蛋白质网络，即细胞外基质（extracellular matrix）对细胞的功能至关重要，它不仅能够为组织提供支架，而且提供了引导基因表达甚至细胞命运的机械和化学线索。例如，在 20 世纪 80 年代，加利福尼亚州劳伦斯伯克利国家实验室的米娜·比塞尔（Mina Bissell）团队培育出了能够在适当基质材料的指导下分泌乳汁的乳腺组织，这一引人注目的证据表明，这些细胞的聚集不仅看起来像它们所属的组织，而且还表现出了它们应有的功能。人们开始越来越多地使用三维培养技术培养各种组织，包括癌组织。随着我们对三维培养的潜在机制的理解与我们对“缸中组织的理想种子”——干细胞的理解相互交织，这一领域在 21 世纪开始蓬勃发展。

干细胞技术和三维培养方法的结合为我们提供了一系列功能强大、可自我生成的细胞组件，这些组件几乎与任何类型的“缸中器官”都非常接近。无论是否来源于干细胞，这些组件都被称为类器官。在肠道内有数十亿个袋状凹坑，其底部附近生长着肠道干细胞。当肠道表面细胞脱落以后，肠道干细胞就会迅速产生一些后代并取而代之。2009 年，荷兰乌得勒支的基础生物学家汉斯·克里夫（Hans Clevers）的研究小组发现，在三维基质中进行适当培养的单个肠道干细胞可以分裂成一个凹凸不平的球样细胞群落，群落的内部空间界限清晰，其细胞表面与肠道内部相同，并且在小口袋底部附近存在干细胞（见图 8-3 中的深灰色标记）。

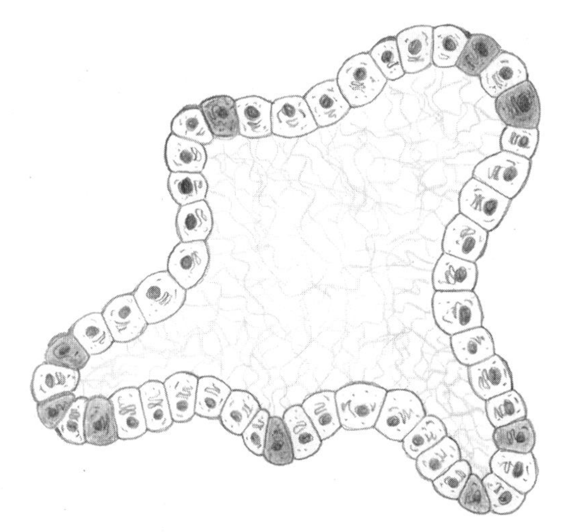

图 8-3 在三维基质中适度培养的单个肠道干细胞可以分化为一个类似肠腔的类器官细胞群落

换言之，肠道干细胞产生了一种类似肠道的类器官，且这个类器官在形态和行为上都与肠道非常相似，因此可以将其用于针对肠道疾病的药物研究。

日本理化学研究所的笹井芳树（Yoshiki Sasai）及其同事利用眼睛培育出了类器官，这个类器官来源于可以将自身转化为视网膜细胞的干细胞，但其形状不是球或壳，而是早期“视杯”，也就是眼后部近似半球形的曲线。

在 2008 年，同一个研究小组证明了小鼠干细胞可以生长成相互连接的神经元球，其结构类似于小鼠的大脑皮质区域。2013 年，维也纳奥地利科学院的尤尔根·克诺布利希（Juergen Knoblich）的研究小组构建了“大脑类器官”，再现了正常大脑的几个层次和结构，具有能发挥作用的神经元和类似于新生的前额叶皮质、海马等区域。虽然这些类器官距离完全实现大脑的功能还很遥远，但它们很快就发挥了作用。克诺布利希的研究小组利用一名患者的干细胞作为类器官的种子，研究了小头畸形令人费解的根源，这是一种会导致大脑变小的发育障碍。与来自正常个体的类器官相比，患者的类器官表现出某类干细胞的复制次数较少，从而导致细胞的总体短缺。虽然大脑类器官发育出感觉或意识的可能性还很遥远，但科学家和哲学家们已经在共同努力解决其中涉及的伦理问题，包括如何评估和解释神经细胞集群的能力问题。

除了内脏、眼睛、大脑以外，人类迄今为止已经开发出了大量类器官，而且规模还在继续扩大。如前所述，类器官是以全新的方式研究发育、疾病和药物的有力工具，它为科研人员提供了器官样物体。类器官不仅不生长在动物体内，而且还可能来自人类细胞。不难想象，随着技术的进一步发展，它们可能会从类器官发展为成熟的器官，并为移植到人类受体中做好准备。

除了具有实用性之外，类器官所传达的生物物理学经验也值得惊叹。在前面我们已经多次讨论了自组装的主题，在分子尺度上，蛋白质会将自身折叠成特定的形状；在生物体尺度上，整个身体都是由内在规则产生的。在类器官的领域，我们看到自组装以模块化的方式在二者之间的尺度上发挥作用：各个器官的组件分别携带着各自的组织指令。这就好像一颗小小的种子自己长成一辆汽车，而且汽车身上的每一部分在某种程度上都是自给自足的。假如我们取一块发动机，并把它浸泡在适当的机油中，用适当的夹子固定起来，之后它就会长成一个完整的、轰轰作响的发动机；或者用同样的方法，可以让一小块驾驶员座椅长成一个新的座椅。大自然在各种尺度上都能充分利用自组装。

类器官要实现自组装，需要我们设计出适当的细胞外基质来进行辅助，一旦细胞外基质设置好，就可以不用管它了。如果我们亲自动手，慎重地操作细胞以外的机器会如何呢？有很多与生物学应用无关的小物件是过去半个世纪人类文明的伟大成就之一。例如，在移动电话中进行运算的芯片，别看它只有 1 平方英寸[①]大小，但每一片上都挤着数十亿个晶体管，这些晶体管的生产速度快得惊人，并且精度极高。我们的微制造能力已经超越了二极管和晶体管等电子元件的范围。利用塑料和凝胶等材料，我们甚至可以在亚毫米尺度上打造小通道、连接点、阀门和泵，这些正是为细胞群带来营养或刺激所需要的东西。

将微加工和细胞培养相结合，我们就可以得到“芯片上的器官”。它们与类器官一样，繁多的种类令人眼花缭乱，而且范围还在不断扩大。哈佛大学怀斯生物启发工程研究所的唐纳德·英格伯（Donald Ingber）的实验室率先开发了其中的几种，包括2010年开发的“芯片上的肺”。在这个设计中，一片多孔、柔软、薄硅胶片将两个腔室分隔开来，其中一个腔室充满空气，另一个腔室充满血样的水溶液。这部分内容我们将在第 11 章中做进一步讨论。肺实际上是空气和水之间的一个界面，气体在这里进行交换。在硅胶片的一侧，研究人员培养的细胞沿着肺界面的空气侧排列；在另一侧，细胞则沿着血管排列。这种方法非常巧妙，由于两个腔室用硅胶薄片隔开，因此位于其边缘的腔室是可以充满空气或排空空气的。在空气压力下，它们会压缩薄片和细胞附着层；而在真空中，它们会拉伸薄片和细胞附着层（见图 8-4）。

① 1 平方英寸约为 6.5 平方厘米。——编者注

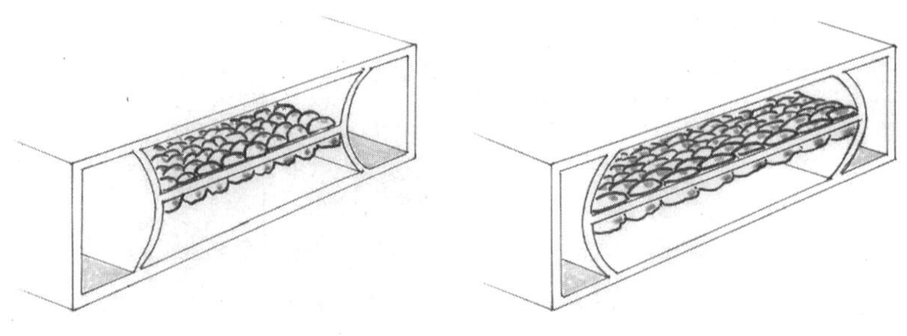

图 8-4 “芯片上的肺”

因此，我们得到了一种装置，它不仅可以模拟肺部的结构，还可以模拟肺部的动力学，如果我们愿意的话，它还可以按照与自然呼吸相同的节奏进行拉伸和收缩。这些腔室、薄片和瓣膜都是用微加工的方法制造而成的，因此我们甚至可以将假肺做成马赛克的图样覆盖在芯片上，而所有这些都可以用显微镜成像来观察。英格伯及其同事证实，细胞薄片的周期性机械脉冲增强了细胞边界对微粒的吸收，这涉及空气污染和药物输送的问题。从那时起，科学家们已经在芯片上构建了心脏、肾脏、胃、皮肤等器官，甚至将多个器官串联在一起，构建出了一个不可思议的“芯片上的身体”。但这些系统中的许多细胞培养仍然是二维的。将干细胞衍生类器官的三维自组装与芯片上器官的流体处理和力学支架相结合是当下正在流行的、令人兴奋的一个研究领域。

这些实验室培养的干细胞、类器官和芯片上的器官等半人工构造都为我们了解惊人的多细胞组织现象提供了线索。然而目前，我们通常习惯将一个生物体的所有细胞全都视为同一物种。在第 9 章中，我们将认识到这并不完全正确，因为在人体内包含大量的微生物。我们将在后面的内容中继续探索这些与动物相关的微生物群落。

第9章

体内的生态环境：人体细胞与“反客为主”的微生物

你很可能会认为自己是人类。因为你的身体由数万亿个人类细胞组成，且每个细胞都包含一个人类基因组，这为你作为人类的物种身份提供了支持。然而，你的身体也是数万亿种微生物的家园，其中大多数是细菌，还有一些古细菌和真核微生物。微生物的数量如此庞大，如果进行投票表决，你的人体细胞甚至有可能会输给这些微生物。微生物栖息在你的口腔、皮肤和你能想象到的每一个温暖、潮湿的表面。但到目前为止，我们发现绝大部分微生物都存在于你的肠道中。这种情况不是人类所特有的。所有动物都是数量庞大且种类繁多的肠道微生物的宿主，如果没有这些微生物，我们的身体将很难正常运作。植物也有微生物伴侣，特别是在植物的根部。

一个多世纪以来，我们已经知道了肠道菌群的存在，我们通常会把它们称为肠道微生物群或肠道微生物组。然而，在DNA测序技术革命的推动下，我们对它们的兴趣和对其重要性的认识在过去20年中呈爆炸式增长。在此之前，我们研究细菌时，需要在实验室的培养基中培养它们。不幸的是，大多数细菌都顽固地拒绝合作。有些细菌，如通常生活在人体肠道里的细菌会认为周围大气中的氧气是有毒的；有些细菌需要特殊的酸性或碱性条件；有些需要外来的营养物质，而这些营养物质可能是由其他微生物产生的。这些条件或许可以满足，但通常很困难，而且肠道菌群中每一种细菌的培养条件可能都不一样。因此，我们在知道肠道微生物存在后的大部分时间里对它们都知之甚少。

DNA测序改变了这一切。我们在第3章中探讨了测序的工作原理。现在只需要回顾一下第1章的内容，我们就可以对任何DNA进行大量复制。我们可以将这些材料输入一台机器，机器读取输入数据，从而得到组成DNA片段的A、C、G和T序列。这种方法可以应用于各种来源的DNA，这从根本上改变了我们对生态多样性的认识。在2004年的一项开创性研究中，由克雷格·文特尔（Craig Venter）[①] 领导的一个小组从藻海（sargasso sea）[②] 提取了数百升的海水，然后从中提纯内容物、纯化并扩增DNA，具体做法可以参考第1章的内容。他们从数百种新细菌中发现了100万个我们过去不知道的基因。我们现在已经通过对环境测序开展了类似的探索，从土壤到地铁站，从舌尖到粪便样本，等等。粪便样本给我们提供了肠道中存在的微生物的快照，尽管这是间接的。

在所有这些微生物的栖息地中，我们发现了丰富的生态系统，而在其中有着丰富的细胞和物种。正如我们在面对器官、组织和胚胎时提出的疑问：生物物理学原理是否可以帮助我们理解这些集合？例如，在第6章中，我们想知道细菌为什么会游动，然后在它们导向高浓度营养这一行为中找到了解释。我们想知道在纷乱的肠道景观中是否也存在类似的策略，或者细菌是否有其他移动的动机。我们可以研究微生物群是否会自组装，或是有形地组装成物理结构，又或是更抽象地组装成由生化交换连接的网络。我们还可以利用开发出来的生物物理工具来探索微生物生态系统的运作方式。例如，操纵指导细菌决策的调节回路，并观察随之而来的后果。与前几章相比，在本章中我们将更深入地了解相关认知的前沿动态，而在这些前沿领域中，有些问

① 发明现代DNA测序技术的关键人物之一，他创造了第一个真正合成意义的人造生命，被誉为“人造生命之父”。其代表作《生命的未来》中文简体字版已由湛庐引进、浙江人民出版社出版。——编者注

② 位于西印度群岛东北的一个海域。——译者注

题本身甚至仍在凝聚过程当中。

对 DNA 进行编目

在回到肠道微生物组之前，我想先介绍一下基于 DNA 测序进行菌种普查的两种常用方法。**第一种方法是利用一个被称为 16S 核糖体 RNA（或 16S rRNA）的细菌基因。**16S 核糖体 RNA 的作用在这里并不重要，重要的是每种细菌都有这个基因，并且这个基因的某些区域在每个细菌类群中都是相同的，而另一些区域则会随着菌群类型的改变而改变。当翻译成 RNA 时，这些相同的区域（图 9-1 中的浅灰色）对应的是对 RNA 分子的三维形状至关重要的部分。非恒定区域（图 9-1 中的深灰色）代表的是微生物数十亿年间的进化变异记录，因为不同细菌类群为了略微不同的目的而改造了基础的 rRNA 结构。

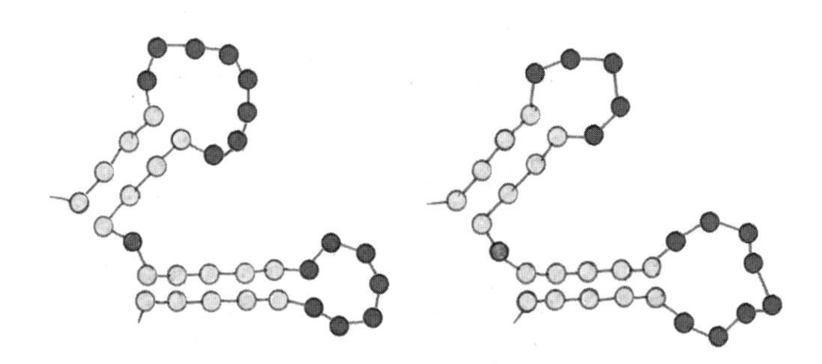

图 9-1　两种不同类型细菌的 16S rRNA 的基因

基于以上结果，我们可以方便地使用对应于一个或多个相同区域的同一引物序列，并将其作为从任何细菌中扩增 DNA 的起点，来获得样本中存在的所有 16S rRNA 基因的无数拷贝。由于可变区域的存在，完整的 rRNA 基因差异很大，因此对这些 DNA 拷贝进行测序可以揭示每个 DNA 供体的不同特征。因此，16S rRNA 基因就像将门把手和指纹认证锁合二为一，它既包含了 DNA 扩增的起点，也包含了每个物种的不同特征。

16S rRNA 测序的缺点是它只能揭示现有细菌的身份，仅此而已。这就像我们拥有一个小镇上所有人员的名单，但没有关于他们的年龄、职业、收入、兴趣或任何其他类别的，可以让你评估这个小镇情况的信息。如果 16S rRNA 序列与某些已知细菌的序列相匹配，我们就可以掌握这些信息；但由于大多数细菌都是未知的，所以这种情况并不常见。此外，对于亲缘关系相近的菌株，它们的 16S 序列可能难以区分。这就像我们手中的名单中只有姓氏，因此无法区分出个体一样，如区分出同一个家庭中的兄弟姐妹。

第二种方法称为鸟枪法测序。在这个方法中，我们将待测基因扩增、分解成可测序的片段，并对收集到的每一条 DNA 片段进行排序，然后通过计算将其组装成基因组。就像假设你有一些写在纸条上的句子片段，且每个句子都有多个副本。有的副本上写着“死前一千次”；有的写着“好或坏，但思考使之如此”；有的写着“亲爱的布鲁特斯，错误不在我们的命运里”；有的写着“没有好或坏的东西”；有的写着“懦夫死了一千次”；有的写着“不在我们的命运里，而在我们自己身上”。即使你对语法、句法或莎士比亚的戏剧一无所知，你也能从重叠的部分，如“好或坏”“不在我们的命运里”“一千次”等片段中推断出哪些片段来自同一个源语句，然后将它们组合成三句不同的语录。类似地，我们可以编写计算机程序来确定潜在的数十亿 DNA 序列片段中最佳的重叠和对齐方式，并重建其来源的完整基因组。这比 16S 测序法更复杂，成本更高，但这种测序方法可以告诉我们目标样本成员包含哪些基因，进而得知这些基因可以制造什么蛋白质，以及原则上它们可以执行什么活动。

肠道菌群和你

因此，从粪便样本这种不体面的起始材料中，我们可以收集到你体内生态系统的组成成分。即使从最早的研究结果来看，肠道菌群也有几个显著的特征。这些微生物群落非常多样，你的肠道中可能藏有数百种不同类型的细菌

（见图 9-2）。这些菌群是特殊的，不仅是潜藏在食物上的偷渡者，或者嘴里的居民，更是形成了一个专门适应肠道的群体。你的肠道群落是独一无二的，但并非完全与他人不同，因为你的肠道群落与其他人的肠道群落有很多重叠。当我们关注同一地理区域的人群，尤其是同一个家庭时，这种重叠更加显著。现在的你和几个月前的你，体内的菌群也有相当多的重叠，但不是完全相同的；一些肠道细菌是流动的旅行者，而许多细菌则会长期与你共存。

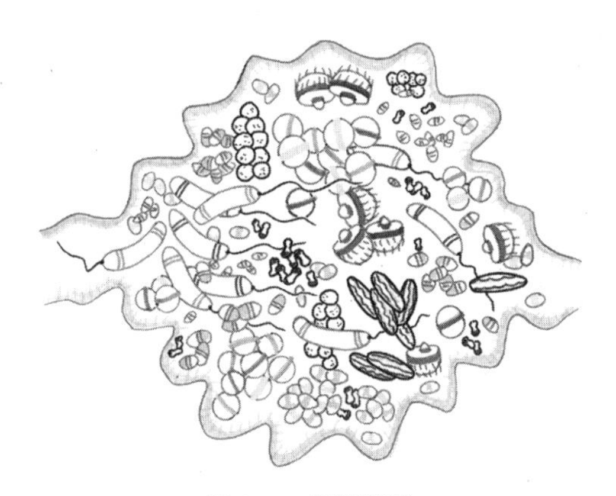

图 9-2　肠道菌群

然而，肠道微生物组最吸引人的地方在于它的组成与多种复杂疾病相关，这使得“肠道细菌”成为一个家喻户晓的词语，甚至是报纸文章和广告的主题。与健康人相比，糖尿病、炎症性肠病、胃肠道癌症甚至多发性硬化症和帕金森病等神经系统疾病似乎都与患者肠道微生物群落组成的改变有关。这些差异并不是由区区一两个物种的存在与否决定的。与由结核分枝杆菌引起的结核病或由鼠疫耶尔森菌（*Yersinia pestis*）引起的黑死病等“经典”疾病不同，在这些更为神秘的疾病过程中，似乎有数十种乃至数百种物种的数量发生了巨大变化。

当然，相关性不是因果关系。很难确定异常的微生物群落结构是疾病的症状还是引发疾病的病因，当然这两种可能性并不相互排斥。尽管如此，微生物群和灾难性疾病究竟谁是因、谁是果，其中的可能性仍促使人们付出了大量努力以阐明这些联系，并希望可以有意识地管理肠道生态系统以促进健康和防治疾病。

至少对于某些疾病来说，似乎确实存在一个从肠道细菌指向健康的箭头。例如，由通常有毒的艰难梭菌（*Clostridium difficile*）引起的恶性复发性感染，已经被证明可以通过移植粪便微生物群进行治疗。顾名思义，这一流程包括将粪便微生物群从健康捐赠者移植到患者身上，用新的微生物“移民”淹没患者体内异常的原生菌群。粪便微生物群移植对炎症性肠病和其他疾病也显示出了诱人的疗效，尽管结果可能有很大的差异。流程中的“移植”一词与器官移植相呼应，这是经过深思熟虑的。从某种意义上说，肠道微生物组是一个器官，在宿主体内发挥生理作用，尽管它不是由宿主自身的细胞组成的。

这些健康和疾病问题引发了许多疑问。我们是否可以将精心挑选的细菌放置到一个药丸中，并用它来代替粪便移植的“粪便”部分，以降低移植过程中有害微生物意外感染患者的概率，并使这种移植在美学上不那么令人生厌？这种药丸究竟是需要细菌，还是仅仅需要我们想促进的微生物所喜欢的营养素？这些问题使益生菌行业应运而生。细菌究竟在做什么，它会影响宿主健康还是受宿主健康的影响？我们如何干扰甚至“重启”肠道微生物组？

我们能理解肠道微生物组吗

我们不知道上述问题的答案。微生物组的研究令人兴奋，充满活力。但是这个领域也是一片混乱的。伴随着许多宝贵的发现，那些矛盾的、不确定的和过度炒作的研究比比皆是。就像狂野西部[①]一样，探险家和寻财者无论好坏都

① 1865—1924 年的西部边境是美国向西扩张得到的新领土，当时政府鼓励向西部移民，但当地缺乏政治法律基础。——译者注

会抢先蜂拥而至，而法律和理智却姗姗来迟。造成这种混乱的因素有很多。

首先，如上所述，肠道微生物组具有高度多样性。托尔斯泰曾说过：“幸福的家庭都是相似的；不幸的家庭各有各的不幸。”这一说法也很适用于常规的器官。例如，健康的心脏在解剖结构和节奏性收缩方面都彼此相似。事实上，我们就是利用心脏结构畸变或心律失常电信号作为判断疾病的可靠指标的。相比之下，肠道微生物组并没有固定的成员名单。不同的健康人，其肠道微生物组的差异也很大，这就给我们带来了一个挑战：如何辨别健康和疾病的细微统计特征？

其次，粪便样本可以间接报告肠道中存在的物质，从这一点来说，它起到了很大的作用。严格地说，它们是指示肠道中原本不存在的东西的一个指标，将粪便样本视为遗留物的代表是一个相当有力的假设。以色列魏茨曼科学研究所（Weizmann Institute of Science）的计算生物学教授埃兰·西格尔（Eran Segal）和免疫学家埃兰·埃利纳夫（Eran Elinav）领导的一个研究小组开展了一项精妙绝伦的实验，他们将粪便样本的微生物群与直接从肠道采样获得的微生物群进行了比较，发现前者与后者显著不同，在人类和小鼠中都是如此。在同一项研究中，科学家们给小鼠和人喂食含有常用市售益生菌的补充剂，而结果表明，这些“理想”微生物在肠道中极少定植且其定植情况高度可变。检查进入或离开肠道的东西相对容易，但这些东西可能无法告诉我们肠道内的实际情况，我们也很难借此来了解肠道内的微生物群。

最后，能解开因果关系，或能清楚区分有意义的变化和随机变化的对照实验很难实现。我们食用的每一种食物都是营养素的来源，这些营养素对某些微生物的影响不同于其他微生物；而且我们走进的每个房间都可能是新微生物的潜在来源。这些持续不断的干扰很难消除。我们无法培养出除了肠道微生物以外在各个方面都相同的人群，并观察他们如何发展出不同的疾病和紊乱。我们也无法轻易地比较现有人群，如来自不同地区的人群，并保证他们出现的健康差异是由肠道微生物而不是许多其他混杂的变量造成的。

对于其他动物，我们可以实现更大程度的控制。老鼠、斑马鱼和其他动物可以实现“无菌”饲养，没有任何微生物，之后要么保持在这种原始状态，要么引进特定的微生物种类。这些研究表明，无菌动物会表现出多种异常；常驻微生物似乎对免疫细胞的训练和刺激，以及对肠道细胞的增殖等至关重要。这些实验所提供的控制变量在一些情况下能够帮助我们发现微生物影响宿主的特定化学因素。我在俄勒冈大学的同事卡伦·吉耶曼（Karen Guillemin）是无菌斑马鱼研究的先驱，她发现无菌鱼类幼体的胰腺中缺乏产生胰岛素的 β 细胞，这种缺陷可以通过细菌定植或使用某些肠道原生细菌分泌的特定蛋白质来逆转。在人体中，1 型糖尿病的特点是胰岛 β 细胞受损。在斑马鱼身上的发现可能指出了一条以前无法想象的 β 细胞再生途径。在其他一些器官和组织中，我们也观察到了微生物组辅助发育的现象，如幼鼠的骨骼生长。肠道细菌似乎已经找到了将它们与宿主联系起来的各种交流途径。反过来，动物宿主也会倾听其微生物的声音，尤其是它在生命早期应该如何发育的信息。从某种意义上说，这是令人惊讶的。动物的发育居然依赖非动物伴侣，尤其是像细菌这样轻浮多变的生物，这似乎很危险。另外，动物是在一个已经被微生物占据的世界中进化的。微生物的存在是无法避免的，因此依赖微生物可能与依赖物理定律一样几乎没有风险。最后一个说法是有争议的，就连我自己都不确定是否应该相信它。可以说，我们对动物发育的观念似乎正在随着对微生物群落的进一步认识而发生改变。

然而，在悲观主义的驱使下，我不得不指出饲养无菌动物是相当困难的。小鼠可以保持无菌状态到成年，但这需要付出相当大的努力和相当高的费用。斑马鱼比小鼠容易饲养一些，但仍然不简单；我和同事的实验室经常为了解决这个问题而努力，因为细菌和真菌会利用一切可能的机会侵入无菌的斑马鱼中。此外，斑马鱼不能保持无菌状态到成年，至少目前还不能，因为它们需要活食来获得足够的营养，而这些食物会带有自己的微生物。因此，大量备受吹捧的研究，尤其是在老鼠身上的研究，都是基于对个位数动物的分析。这有点像是利用个位数的选民进行投票来预测全国选举的结果，而系统的多样性和复杂性要求进行更广泛的抽样。

由于我们所看到的及其他更多的原因，许多与微生物组相关的发现并不像人们所希望的那样有力。例如，研究人员在 10 年前首次公布了人类肥胖与肠道微生物群之间存在联系，但这种理论的效力已逐渐减弱。并不是说二者之间的联系已经消失，而是因为肠道微生物肯定会参与许多消化过程，并影响与肥胖密切相关的脂肪吸收等功能。但各种微生物的作用并不像人们希望的那样简单。健康人群和患病人群的微生物组的其他特征也存在类似缺陷。科学容易犯这样的错误，这似乎很奇怪。然而，这些再现性问题已经越来越多地受到许多领域科学家的重视。

肠道微生物组和我

然而，我们的目标并不是彻底调查人类对肠道微生物组的了解程度，也不是研究当代科学的结构性问题，尽管这两个主题都很吸引人。相反，我是想问通过生物物理视角能否帮助我们了解肠道微生物群。例如，我们想知道，细菌菌落的结构是否可以通过自组装的概念来阐明，细菌导航的一般策略是否能够出现在狭窄、翻腾的肠道景观中。

与本书中的其他主题不同，这个问题的答案是未知的；了解人类的肠道生态系统在很大程度上仍是一项正在进行的工作。事实上，对这个问题进行探索是我在俄勒冈大学研究实验室的重点工作。因此，除了解释一些一般原则外，我还将具体描述近年来我是如何几乎放弃了其他一切研究，而只专注于肠道微生物组中可能存在的物理现象的。

这个决定的确很奇怪。我是一名受过训练的物理学家，同时还是一名物理系的教授。正如我们所知道的，物理学不仅限于磁铁、夸克和激光。生命世界中有很多物理现象，但即使是生物物理学家也搞不清楚为什么人们会认为物理学与肠道的混乱环境相关，而不是与蛋白质折叠的精确编排或DNA包装的力学规则有关。虽然人数不多，但我和越来越多的生物物理学家为什么会愿意去探索微生物组的生物物理学呢？

想象一下，有一片热带森林，里面到处都是动植物。如果你知道在这片森林里有猴子、豹子、大象和树木等生物存在，但出于某种原因，你却不知道树木是静止的，不知道猴子会爬树而大象不会爬树，也不知道豹子会捕猎猴子而远离大象。如果你不了解森林生物的行为、位置、大小和流动性等特征，那么试图构建一幅精准的森林生态系统运作图简直是天方夜谭。如果你不知道在岩石海岸上每天会迎来两次潮汐，海星是移动的食肉动物，海狮会通过在海中游泳来快速捕食，那么无论你从岩石上或海水中提取了多少生物的DNA，都很难理解潮汐带的生态系统。这对于宏观生态系统来说似乎是显而易见的，结构和动力学问题是一个非常普遍的教训。

然而，如前所述，我们关于肠道微生物组的大部分信息来自DNA测序法，但采用这些方法无法观察到肠道微生物组的布局和活动。大约在10年前，我开始逐渐关注这种缺乏生物物理学解释的现象，并与我前面提到的同事卡伦·吉耶曼进行了多次对话；与此同时，人们对肠道微生物群的兴趣在全球范围内激增。大约在同一时间，我注意到显微镜的发展也在突飞猛进，特别是一种被称为光片荧光显微镜（light sheet fluorescence microscopy）的设备，它可以对大视场进行快速的三维成像。按照显微镜的标准，大视场指的是1/10毫米。因此，我的研究小组建立了自己的光片荧光显微镜，并将其对准活斑马鱼幼虫的肠道，从而实现了跨越整个肠道的图像摄影，同时显微镜的成像分辨率仍能保持足够精确，可以看到单个细菌。在这之前，从来没有人在任何脊椎动物身上做过这种成像。我们利用幼鱼的光学清晰度及其对无菌繁殖的适应能力，将没有任何肠道微生物的鱼类暴露于一种或者两种类型的细菌中，以了解在没有混淆其他复杂性因素的情况下，这些微生物的组织和行为将会如何。

据我推断，如果不够走运，我们极有可能会发现无特征的细菌群，无论细菌的类型如何，其特征都是一样的，就像我们在烧杯或试管中看到的一样。我们可能会忙于测量肠道细菌的生长速度，或者做一些枯燥但可能有用的工作。

谢天谢地，大自然对我们很友好。一开始我们就观察到了多种奇妙的形式。有些细菌自由游动，有些聚在一起；有些细菌更喜欢肠道的前部，有些则更倾向于聚焦到肠道后部。其中明显存在一些细菌类型的候选者，它们的物理特征可能会影响肠道生态系统的运作方式，这也许有助于我们弄清楚如何修补肠道微生物物种之间的竞争与合作。

我的实验室对斑马鱼幼体的所有研究几乎都涉及在斑马鱼肠道中发现的原生细菌。不过，首先，我要为大家介绍一段小插曲，以展示微生物群落的动力学物理背景。那是一个使用非原生菌种霍乱弧菌（*Vibrio cholerae*）的实验。霍乱弧菌是一种引起霍乱的细菌，已经被深入研究了一个多世纪，虽然霍乱不再像一百年前那样是全球毁灭性的灾难，但每年仍有大约 10 万人死于霍乱。此前我几乎从未注意过霍乱，直到 20 世纪 90 年代初参加了在生物圈 2 号（Biosphere 2）举行的一次不寻常的会议，那是一次失败的尝试，科学家们试图运行一个封闭的、自给自足的实验生态系统。在那里，我遇到了佐治亚理工学院的微生物学家布莱恩·哈默（Brian Hammer）和纽约市纪念斯隆－凯特林癌症中心的微生物组学专家若昂·泽维尔（Joao Xavier）。我们不是被封闭在一栋混凝土建筑中被迫自己种植粮食，而是参加了由一家小型私人资助机构——科学促进研究公司（Research Corporation for Science Advancement）组织的研讨会。生物圈 2 号现在是亚利桑那大学管理的旅游景点和会议地点，该大学还在该项目的玻璃穹顶和不再密封的建筑物中进行实验。通过彼此间的交流与沟通，我们意识到霍乱弧菌侵入人体肠道的方式根本不为人所知。肠道不是细菌随意游荡就可以进入的一个空白区域，肠道内充满了数万亿常驻微生物，霍乱弧菌必须在其中找到立足点。

多年来，布莱恩一直在研究霍乱弧菌和许多其他微生物拥有的一种类似注射器的秘密武器，这种秘密武器被称为VI型分泌系统。细菌通过该系统刺伤邻近细胞并向其中注入毒素。我们想知道霍乱弧菌是否会利用这一系统来帮助自己入侵肠道，而且我们也很好奇结合光片荧光显微镜和斑马鱼幼体是否能够对此进行评估。此外，从来没有人看到过霍乱弧菌在活的动物肠道内定植和传播，谁又能知道我们会发现什么激动人心的事情呢？布莱恩的团队设计了几种霍乱弧菌菌株，其中包括一种VI型分泌系统基因始终处于开启状态的变异体，它时刻准备刺伤细胞（见图9-3a）；还包括另一种注射器装置存在缺陷的变异体，这种细菌无法刺伤细胞（见图9-3b）。泽维尔的团队进行了皮氏培养皿[①]实验，以检查和可视化细菌与细菌之间的杀伤过程，这个过程本身就很美。接下来让我们继续观察鱼的内部。

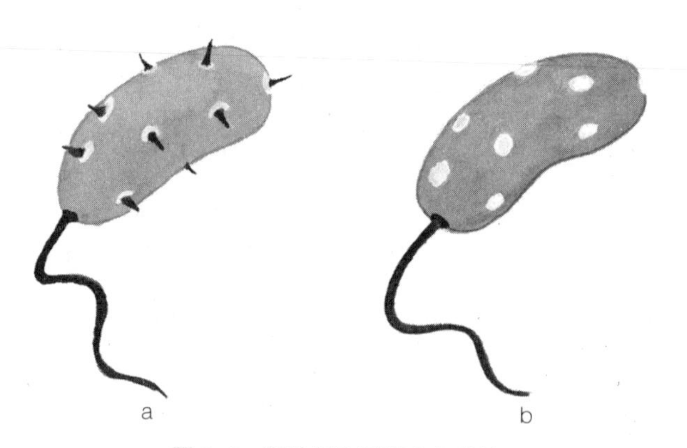

图9-3　两种霍乱弧菌突变菌株

作为最简单的肠道入侵实验，我们用一种原生细菌对最初无菌的鱼进行预

① 常见的圆形上下盖玻璃培养皿，可以高温消毒清洁后反复使用。——编者注

接种，并在 24 小时后将一种霍乱弧菌菌株添加到周围的水中。当被有缺陷的霍乱弧菌潜在地入侵时，原生细菌看起来就像只有它们自己存在时一样，它们大量富集并形成密集的菌落。相比之下，在引入了注射装置持续表达的入侵者之后，原生细菌就被消灭了。在一天之内，菌落数会平均降至 1% 以下，并且通常会完全消失。通过成像，我们可以观察到细菌菌落失去控制权，沿着肠道步步后退，直到最终从鱼体内排出。在这一点上，我们很兴奋地看到 VI 型装置发挥了明显的作用。我们推测，经过武装的霍乱弧菌正在杀死原生细菌以将其赶走。然而，让我们继续将注意力转向斑马鱼本身，会发现就像人类的肠道一样，斑马鱼幼体的肠道也会周期性地脉动，挤压、搅拌并移动其内容物。领导这项实验的研究生萨凡纳·洛根（Savannah Logan）观察到，被注射装置持续表达的霍乱弧菌定植的鱼的肠道比无菌鱼或其他菌株定植的鱼表现出更强的收缩反应。对图像的分析表明，在携带含活性 VI 型装置细菌的鱼类中，肠道收缩的幅度几乎要增大 100%。因此，细菌看上去不是在刺伤竞争对手，而是在刺伤宿主。

想要证明这一点，还需要实施更多的基因工程和采用更多的显微镜。已知构成细菌注射器的其中一种蛋白质含有对变形虫等真核微生物有毒的成分，该片段会破坏所有在真核细胞中存在，但在细菌中不存在的丝状支架。布莱恩的团队设计了另一种霍乱弧菌菌株，该菌株将缺少这一片段，但会形成一个具有其他功能的注射器。在对鱼类进行定植入侵实验时，我们发现肠道收缩水平正常，原生肠道细菌种类正常、稳健。因此，霍乱弧菌并不是通过杀死其细菌竞争对手来击败它们的，而是通过使用注射器刺穿宿主，刺激鱼类以增强其肠道收缩反应，从而驱逐聚集的原生微生物。因为霍乱弧菌本身是非聚集的、可移动的个体，所以非常便于实验。这标志着人类首次发现任何细菌都可以利用其注射器装置来操纵动物生理学。更广泛地说，它强调了肠道的物理运动对于控制肠道微生物群至关重要，而如果只看 DNA 序列或试管实验是无法得知这种机制的。

我们的发现有助于治愈霍乱吗？我对此表示怀疑。当然，传统的答案，以及任何新闻稿或头条报道中的必要答案都是肯定的，他们甚至会在文章中暗示治愈每一种甚至是与此完全无关的疾病都指日可待。将基础实验室科学与实际治疗联系起来是一个漫长而不可预测的过程。然而，对于霍乱来说，还有一个更重要的问题：其实霍乱已经很容易治愈了。除了最严重的情况外，霍乱都可以用含盐和糖的水来治疗，但每年死于该疾病的患者数量仍十分惊人。这是全世界卫生和公共卫生系统匮乏的可悲证明。那么，我们为什么要关心霍乱弧菌的VI型分泌系统呢？除了其本身很有趣之外，更让我兴奋的是，霍乱弧菌只是具有这种机制的许多细菌中的一种。肠道微生物群中有数十种甚至数百种物种都具有VI型分泌系统，因此了解其在肠道中的作用可能有助于我们了解决定微生物群组成的因素。在一系列细菌中，操纵VI型分泌系统可能会通过改变和重塑肠道微生物组为人类提供一条梦寐以求的健康之路。

我们在斑马鱼肠道中观察到的几乎所有东西都在某种程度上显示出了强烈的生物物理特征。如在行为或反应的物理方面，无论是游泳、导航、三维菌落的形成，还是肠道力的操纵，都是其结果的主要决定因素。在另一个例子中，我们发现弱剂量的普通抗生素会诱导正常运动的细菌伸长和纠缠，并且通常情况下，聚集起来的细菌会形成数量更少但体积更大的簇。这两种情况都会导致肠道菌的族群数量严重下降，因为过度凝聚的微生物会被肠道力量推来推去。基于DNA测序揭示了抗生素会引起人体肠道内微生物组发生巨大而神秘的变化，我们猜想这背后可能存在着某种机制，这非常令人担忧，因为低水平的抗生素通常被认为是环境污染物。这个项目和我们的许多其他项目一样，是我的实验室和我的同事卡伦·吉耶曼的合作成果，主要由物理学博士研究生布兰登·施勒曼（Brandon Schlomann）和生物学博士后研究员特拉维斯·怀尔斯（Travis Wiles）执行，他们两人都很乐于忽视学科之间的界限。

观察细菌的行为很重要，但控制它们可能更重要。关于调节回路的普遍主题又再次出现。在第4章中，我们遇到了可以激活或停用特定基因回路的工具。回忆一下变色的小鼠。怀尔斯将这种控制开关植入斑马鱼原生肠道细菌物种的基因组中，从而可以控制它们的游动和化学感应。这些细菌上有一根从细胞一端延伸出来的螺旋尾状鞭毛，它们通过旋转鞭毛来实现在液体中移动。鞭毛及其马达是由许多不同的蛋白质自组装而成的，其中包括一对被称为 PomA 和 PomB 的蛋白质（见图 9-4b 深灰色部分），它们构成了马达的一部分。没有 PomA 和 PomB，鞭毛也能正常形成，但马达无法产生任何扭矩来旋转鞭毛并推动自身运动。因此，响应外部化学信号的开关会关闭细菌中通常表达的 PomA 基因和 PomB 基因，或者打开通常不表达这些的基因，以此来控制这些微生物在肠道中是否游动。在实验过程中，外部化学信号必须一直存在，就像一个必须始终按住开关才能维持灯亮的按钮。因此，它不是有记忆力的开关，而是工程师所说的瞬时开关。

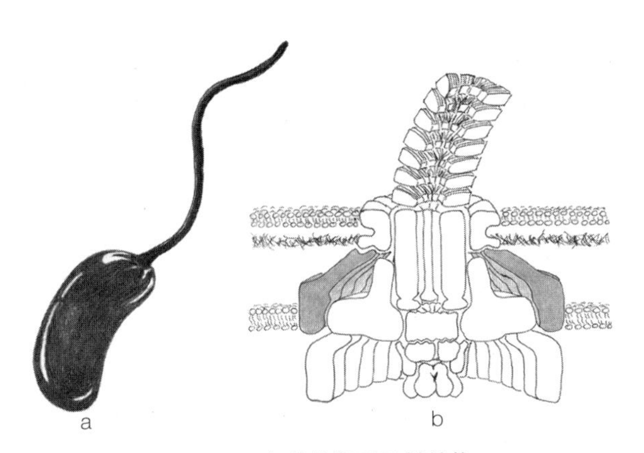

图 9-4　细菌的鞭毛及其结构

与基因的简单删除或持续激活相比，一个基因的开关为肠道微生物组提供了更多的见解。例如，如果我们在一种细菌中删除了与运动有关的基因，并且在肠道中没有发现这些细菌，这可能是因为游泳是细菌在肠道中持续存在的必要条件，或者是因为游泳才能使细菌定植到其首次接触的位置。细菌定植后可能会停止游泳或产生其他行为，这可以让我们描述生活在肠道特定环境中的菌群所承担的角色。我们发现，关闭运动会导致这些微生物的数量大幅下降，因为它们无法抵抗将它们从斑马鱼体内排出的肠道脉动，并且无法快速生长、繁殖，以抵消其自身的损失。更令人惊讶的是，动物本身能够感觉到这些行为变化。经过工程改造的斑马鱼可以在免疫回路的基因表达时产生绿色荧光蛋白，当斑马鱼被正常的活动细菌定植时，我们会看到它的大量免疫反应，正如我们通过早期观察所预期的那样；但当细菌不能游泳时，斑马鱼产生的免疫反应非常弱。教科书上认为，免疫细胞只是简单地与细菌表面的蛋白质结合了起来，但这种描述无法解释实验现象，因为细菌的外观并没有发生变化。我们怀疑，运动之所以重要，是因为它使细菌能够靠近肠道边界，并与感觉细胞接触。这种观点仍有待证实，但不管怎样，我们推测肠道中细菌的行为与森林中动物的行为对于控制生态系统活动同样重要。

我并不是唯一一个对基因回路工程的潜力感兴趣的人。许多研究人员已经意识到，具有记忆的微生物可以记录肠道状况，它们通过肠道后的状态可以表明在这一过程中它们有没有暴露于特定的毒素、营养素或其他化学物质中。将基因开关与合成特定生化试剂的回路相耦合，可以实现在只有某些刺激存在时才能递送治疗药物的过程，即利用细胞的决策能力，从而用更复杂的试剂来取代传统药丸。

回到微生物组的物理观点：其他实验室也一直在致力于揭示肠道微生物种群动力学的生物物理学驱动因素。例如，加利福尼亚大学圣迭戈分校物理系教授华泰立（Terence Hwa）的实验室已经建立了模拟人体肠道脉动流的人工装置，重现了天然比率的特征细菌物种丰度。得克萨斯大学奥斯汀分校的金贤正（Hyun Jung Kim）制造了可拉伸的“芯片上的肠道”设备，它类似于第8章中介绍的“芯片上的肺”平台，用于研究与培养肠道细胞的机械耦合。其他研究小组则研究了被抗体连接在一起的细菌纤维，以及这种纤维的机械作用和渗透应力等。我想强调的是，探讨肠道微生物的生化和遗传特性的研究比探讨其物理属性的研究要多得多，这类研究特别适合于揭示微生物彼此之间及与宿主之间的交流方式。细菌可以合成独特的蛋白质、脂肪、激素、维生素，甚至神经递质。毫无疑问，生物、化学和物理原理在肠道微生物群中同时在起着作用。

自组装的生态系统

我们可以将细菌结构和肠道力学相互作用产生的动力学视为自组装主题的另一种表现形式。在与生态系统的一般特性相关的微生物群落中，有更多不寻常和抽象的自组装方式会出现。我之前提到过，人类的肠道是许多不同种类微生物的家园，其数量甚至达到了上百种。我们也可以在一桶海水或一勺土壤中发现丰富的微生物物种。这种多样性令人费解。事实上，这是一个经典的生态学难题，美国动物学家伊夫林·哈钦森（Evelyn Hutchinson）在 1961 年将这个问题命名为“浮游生物悖论”。问题是这样的：想象一下，在一个环境中存在许多物种，其中却只有一种可用的食物。总会有一个物种在消耗食物和繁殖方面比其他物种做得更好，从而将在数量上变得更加庞大，其幅度只会随着时间的推移而增长。最终，我们将得到一个完全由该物种主宰的环境。与其说是多样性，不如说是单一性。有几种不同类型的食物，就可以有几个共存的物种，因此，**除非食物种类繁多且刚好与特定物种的偏好完美匹配，否则高度多样的生态系统是不可能存在的**。

然而，大自然对这一论点嗤之以鼻，而且不管在何种理论下，它通常都会产生并保持着不和谐的多样性。而且就算单从理论出发，针对浮游生物悖论也有许多解决方案。一是空间结构。如果不同的生物生活在不同的区域，即使它们的营养偏好相同，它们也可以共存。二是时间结构。例如，种群可能会有不同步的周期性生活节律，因此一个种群在某个时间占主导地位，而另一个种群会在另一个时间占主导地位。其他解决方案可能会涉及新陈代谢。在我们先前的简单描述中，生物体只是摄取食物并繁殖。然而实际上在这个过程中还存在许多中间步骤。当分子被消耗时会被分解或结合，从而转化为其他分子。特别是对于细菌来说，有一些中间分子会被分泌到环境中或从环境中被吸收。因此，分子营养素的种类比我们仅从代谢起点到终点的推测要多得多。微生物通过这种化学交叉对话方式相互滋养。因此，只含有一种营养素的液体培养基可以稳定地让数十种细菌保持生长。几年前，耶鲁大学的阿尔瓦罗·桑切斯（Alvaro Sanchez）和同事们从土壤和植物叶片样本中收集了数百个微生物群落，每个微生物群落仅以一种营养素为食，这证明了不仅几个物种可以正常地共存，而且由此所产生的群落组成是可预测和可复制的。

我们对生态多样性的理论理解也在不断进步，对微生物共存的普遍性有了更为深刻的理解。人们可以写出数学方程式来描述生态系统中物种的生长、死亡和相互作用；还可以对大量随机参数产生的结果加以评估，而无须考虑这些模型中参数的特定值，以了解可能或不可能出现的属性类型。此时，可预测的随机性主题再一次出现了。不过这次我们评估的是随机生态系统模型的平均属性，而不是随机步行者的平均属性，如可以通过评估得出所有物种存在或某些物种灭绝的频率。这一方法是由生态学家罗伯特·梅（Robert May）开创的，他在 20 世纪 70 年代时通过一些经典且极具影响力的研究得出结论，认为生态系统的多样性和稳定性并不是相辅相成的。相反，向生态系统中添加物种会降低物种共存的可能性。后来的许多理论学家都继续沿着这条研究路径前进，如波士顿大学的潘卡吉·梅塔（Pankaj Mehta）及其同事表明，在罗伯特所提出的理论之外，物种共存的情况有可能会出现，但只能出现在物种相互作用的特定子集中，而不能存在于所有物种中。

其他理论方法更明确地将营养素的使用与种群的增减联系了起来。这些模型通常被称为消费者资源模型，相关领域可以追溯到 20 世纪六七十年代美国生态学家罗伯特·麦克阿瑟（Robert MacArthur）和其他生态学家的经典研究，这些研究也引发了前文所述的浮游生物悖论。我们现在认识到，解决这一矛盾的办法可以来自许多方面。单纯地增加对营养素使用的限制，即使没有交叉喂养，也足以让具有类似营养偏好的物种共存。限制条件并不复杂，想象一下，我们可以吃土豆、胡萝卜和豌豆，但食物总量受到盘子空间的限制，因此土豆任何数量的增加都必须用胡萝卜和豌豆所占的面积来抵消。映射到新陈代谢方面，此时蔬菜代表根据不同营养素而量身定制的各种消化酶，而盘子是生物体产生酶的总速率。普林斯顿大学的内德·温格林（Ned Wingreen）及其同事发现，这种使用受限资源产生共存的数学描述展现出了一大组惊人的参数集，其本质上是因为生物有很多方法可以慢慢消耗多种食物，而这些食物的总摄入量相当于贪婪地食用一种食物的总量。

理论生态学的领域是广阔的，上面几段内容肯定不能将其完全涵盖。我之所以会选择这几个例子，部分原因是它们可以说明最近的一些重要见解，同时也再次说明了物理学和生物学之间存在交叉对话。罗伯特·梅的方法使用无规矩阵理论（random matrix theory）作为数学依据，这一理论是物理学家尤金·维格纳（Eugene Wigner）在 20 世纪 50 年代提出来的，目的是通过控制量子力学方程的随机参数集来理解重原子的能级，而不是难以处理的精确解。梅意识到，形式化可以被应用到生态系统中。潘卡吉·梅塔和内德·温格林都是物理学家，他们在研究工作中借鉴相变理论和其他物理系统来揭示生态学的奥秘。

回到我自己的工作领域，我的实验室对斑马鱼的观察结果让我确信，物理结构和机械力在肠道微生物群的动力学中起着重要作用。在皮氏培养皿中进行测量无法使我们预测霍乱弧菌入侵或抗生素反应会造成什么样的结果。肠道的物理环境对于整个生态系统来说就像岩石和潮汐对于海岸一样重要。当然，有可能我们所看到的一切都只是斑马鱼的一种特质，因为这项实验并没有告诉我们任何关于人类或其他动物的事情。不过，我认为这不太可能，不仅是因为我们之前的评论，即大自然的方法总是很简单，更是因为这种核心基础机制在整个动物王国中都很普遍。每个物种的肠道都通过机械收缩推动物质。在肠道或其他地方聚集是最常见的细菌行为之一。因此，很难想象这种动力学应用到人类肠道群落时会以某种方式突然消失。

当然，幼鱼和人类的肠道尺寸、存在物种的数量和流量大小都有很大的不同。这些属性如何取决于动物的尺寸？我们能把人的胃肠道想象成鱼的放大版或大象的缩小版吗？这一点我们尚未可知。尽管人们对人类肠道微生物组非常感兴趣，并且已经对某些模式的动物物种进行了大量研究，但我们对不同动物肠道微生物群的研究还少得可怜。不过上面的问题将引导我们思考一个更普遍的问题，即“按比例缩放”实际上意味着什么。事实证明，控制物理力随生物的大小和形状而变化存在着一般规则，并且对不同尺寸的生物体产生了巨大的影响，我们接下来要关注的正是这些规则。

第 10 章

感受尺度：尺度推绎的魔力

生物有着令人吃惊的尺寸范围。蓝鲸从头到尾长达数十米，大约是蚂蚁的 10 000 倍。自 17 世纪荷兰生物学家列文虎克发明显微镜以来，我们就知道蚂蚁和类似蚂蚁的动物并不是大自然尺度的极端，而是其中点。蚂蚁的尺寸与最小的细菌之间也相差了 10 000 倍。同样令人感到震撼的是，各种尺寸的生物，其形状也各不相同。大型生物并不仅仅是小型生物的放大版而已。

我们绝不会把犀牛甲虫细长的腿和犀牛粗短的四肢混淆，即使前者被拉伸到与后者相同的尺寸（见图 10-1）。光合藻类是球茎状且紧凑的，尽管树木和藻类的共同目标都是捕捉阳光和二氧化碳，但藻类没有树木喜欢的那种繁茂的树枝。这些差异也延伸到了行为和形状上：尾鳍左右摆动是鲨鱼的典型特征，但我们在观察细菌游动时从未看到过这种现象。接下来，我们很快就会明白为什么会这样。

图 10-1　犀牛甲虫（a）与犀牛（b）的对比

正如前几章所述，我们可以问：生命惊人的多样性是否与基本规则共存？答案依然是肯定的。动物的大小、形状和行为都是相互交织在一起的，它们之间的关系取决于其遇到的物理力和所居住的环境。有一个可以指导我们理解这种现象的强大概念，那就是尺度推绎。力、能量和物质流、材料特性及几何特性都对尺寸有着特殊的依赖性，它们会以特定的方式随尺寸按比例变化。这种关系决定了生命可以利用的形式和行为。

一匹马有多大

为了将大小、几何和其他特征与动植物的工作方式联系起来，我们将利用一些数学技巧。其中一种是非常自由的不精确性。

一匹马有多大？相信你已经知道答案了。我们不必查阅马的身高数据或马的解剖学书籍，也不必担心我所指的是从蹄到肩的距离，还是从头到尾的距离，或是其他任何东西。我们都知道一匹马一般有 1 米多高。无论我们在脑海中想象的是什么类型的马，它的尺寸均大于 0.1 米，小于 10 米。如果我们正在为假设中的马织毛衣，那么它的身高是 1.0 米、1.5 米还是 2.53 米就会变得很重要；但如果我们想了解的是与 0.1 米大的小鼠相比，马的骨头为什么比小鼠的骨头厚，新陈代谢为什么比小鼠慢，那么马的具体身高就不重要了。生命跨越了巨大的尺寸极限，并且尺寸和功能之间的关系并不是由微小的细节决定的。

让我们想象几种不同的生物，并注意它们的尺寸。首先，蚂蚁大约有 1 毫米长，即 0.001 米；典型的病毒直径约为 0.0 000 001 米。

把所有的 0 都写在这些数字中是很乏味的，而且很难数清到底应该有多少个 0。因此，我们使用科学记数法，即采用 10 的幂次来表示我们正在思考的数字。如数字 100，它等于 10×10，换句话说就是 10^2。数字 10 000 是

$10 \times 10 \times 10 \times 10$，即 10^4。同样，1 000 000=10^6，而 10=10^1。10 的 0 次方或 10^0 是多少？它是 10^1 的 1/10，所以它相当于 10 除以 10，也就是 1。因此，10^0=1。通过类似的逻辑可以得到，任何非 0 数的零次方都是 1。那么 10^{-1} 是多少？我们需要用 10^0 再除以 10，因此 10^{-1}=10^0/10=1/10，即 0.1。类似地，10^{-2}=0.01，10^{-6}=0.000 001，以此类推。

你肯定知道科学记数法。我之所以在这里把它解释一遍是为了内容的完整性，也是为了强调我们可以构建数字之间的关系模式。在为非理科专业的大学生授课时，我经常会问："10^0 是多少？"几乎每个人都回答"1"。然而，很少有人能解释为什么。你可以想象一下，如果你给一个朋友打电话告诉他 10^0=1，但那个朋友却回答说"我不相信你！"，那么你该如何说服他相信这种数学关系呢？仅仅告诉他"这是规则"？这不是一个令人信服的论点，描述数字之间的模式则更有说服力。更棒的是，通过理解这些模式，我们也可以在需要的时候为自己构建规则，而无须死记硬背。这是一种解放。

回到我们的生物列表（见表 10-1），下面我列出了一些比较有代表性的尺寸"数量级"（用 10 的次方来表示）。

表 10-1　不同生物的尺寸分布

对象	尺寸 / 米
1 个 DNA 分子（宽）	10^{-9}
1 个抗体分子	10^{-8}
1 个流感病毒	10^{-7}
1 个大肠杆菌	10^{-6}
1 个红细胞	10^{-5}
1 个人卵细胞	10^{-4}
1 只蚂蚁	10^{-3}
1 颗蓝莓	10^{-2}
1 只大鼠	0.1
1 匹马或 1 个人	1
1 头蓝鲸（长）	10
1 棵红杉树（高）	10^2

你也可以制作一份自己的列表，用 10 的次方生成一个较大范围的尺寸表。当我们仔细观察生物尺寸分布的阶梯时，动植物所承受的物理力是如何对应变化的呢？让我们从游泳这种行为开始思考。

为什么细菌不能像鲸鱼一样游泳

鲸鱼优雅地上下摆动着尾巴，从而在海洋中滑行。而鲨鱼和许多其他鱼类也同样利用尾巴的往复运动在海洋中游动，只不过因为它们的尾鳍是垂直的，因此摆动的方向是从左到右，而不是从上到下，但其摆动的方式仍然是交互的，这意味着在一个方向上的行程会回溯到相反的方向。如果我们通过显微镜观察游动的细菌、草履虫或其他微生物，我们永远不会看到上述游动方式，映入眼帘的只会是各种各样令人眼花缭乱的运动，如鞭毛的螺旋旋转、沿着细胞体传播的突起，等等，但从来都不会是前后往复的交互运动。接下来，让我们探究这是为什么。

每一种在水中游泳的生物都会在移动时推动液体。推动液体的困难有两个。一个是惯性：就像踢一个静止的足球时需要一个力来使它加速一样，游泳也需要一个力来带动少量静止的水从而提高前进的速度。另一个是黏度：用勺子推蜂蜜时，蜂蜜之间会产生摩擦，需要用力才能克服这种阻力。惯性力和黏滞力的比率被称为雷诺数（Reynolds number），它是以流体动力学先驱奥斯鲍恩·雷诺（Osborne Reynolds）的名字命名的。雷诺于 1868 年成为英国第二位“工程学教授”。每种涉及流体的情况都有一个雷诺数，雷诺数给出了描述流动的精确方法。高雷诺数的流动是湍急的，惯性力主导的流体产生涡流和旋涡，导致所有的水滴像小足球一样相互碰撞；相比之下，低雷诺数的流动是平滑的，以黏滞力为主的流动在运动物体周围缓慢衰减。数值的“高”和“低”都是相较于 1 而言的，雷诺数为 1 是指惯性力和黏滞力大小相等。我们可以根据运动物体的属性和它所在的流体来计算雷诺数。高速、大尺寸和低黏度会导致较高的雷诺数；低速、小尺寸和高黏度会导致较低的雷诺数。

水中的细菌大小约为 10^{-6} 米，速度约为 10^{-5} 米 / 秒，相关雷诺数约为 10^{-5}，或 0.00 001，这个数值非常低。一条游弋的鲸鱼，其雷诺数约为 10^{8}，非常大，是细菌的 10 000 000 000 000 倍。相信现在你可以理解为什么我们只关心数量级了；考虑到雷诺数相差 10^{13}，我们根本无须担心细菌是 1×10^{-6} 米长还是 2.61×10^{-6} 米长。可见，细菌和鲸鱼生活在完全不同的流体世界中：细菌生活的流体是平滑的，而鲸鱼生活的流体是湍急的。

物理学家爱德华·珀塞尔在其 1977 年发表的经典论文《低雷诺数下的生命》（*Life at Low Reynolds Number*）中解释说，这一事实对水生生物如何能移动和不能移动有着惊人的深刻影响。**在高雷诺数下，流动是不可逆的，这意味着如果我们让一个物体在流体中单向移动，然后回溯路径使其回到起点，则流体不能回到其原始形状。**换句话说，如果我们将奶油倒入咖啡中，并移动勺子将咖啡和奶油混合在一起，这时即使再沿着相同的路径把勺子移回到起点，奶油也不会从咖啡中分离开来。作为一种大型、快速移动的动物，我们非常熟悉高雷诺数的世界；这种不可逆转的行为太普遍了，我们几乎没有思考过这个现象为什么会发生。顺便说一句，汤匙和咖啡的雷诺数约为 1 000，它们的运动使水和油分子、奶油和咖啡微粒形成混乱、湍急的旋涡。

在低雷诺数下，流动是可逆的。如果我们有一杯和上述一模一样的咖啡，然后神奇地将它的黏度增加 100 万倍，这时它的行为将由黏滞力主导，因此是可逆的。当我们以一种方式搅动勺子时，似乎暂时将奶油和咖啡混合到了一起，但如果将勺子沿着相反的路径回溯，则每一滴液体也会沿着相同的路径回溯，随着勺子返回到起点，杯中的液体也不再处于混合状态。最终，我们会看到咖啡里有一团紧实的奶油，就像刚把奶油倒进去一样。演示这个现象是我最喜欢的课堂活动之一，我会在一个旋转的圆筒里装上非常黏稠的玉米糖浆和染料来进行演示，然后就像施了魔法一样使它们混合和分离。流体动力学家杰弗里·英格拉姆·泰勒（G. I. Taylor）提供了一段关于这种效果的经典视频，大家可在线观看。这与细菌有什么关系呢？黏度增加会导致雷诺数降低，而减小尺寸或降低速度也会降低雷诺数。我们注意到，水中的细菌生活在雷诺数非常低的世界中。

珀塞尔意识到，由于低雷诺数流体具有可逆性，因此微生物根本无法通过往复运动来游泳。这并不是因为它们没有找到使之成为可能的基因，也不是因为没有开发出正确的生化反应，而是因为如果它们的个头很小，在物理定律的作用下，它们不可能通过往复运动到达任何地方。如果一种细菌以某种方式挥动某种坚硬的附属物，那么就可以使自身向前移动（见图 10–2）。

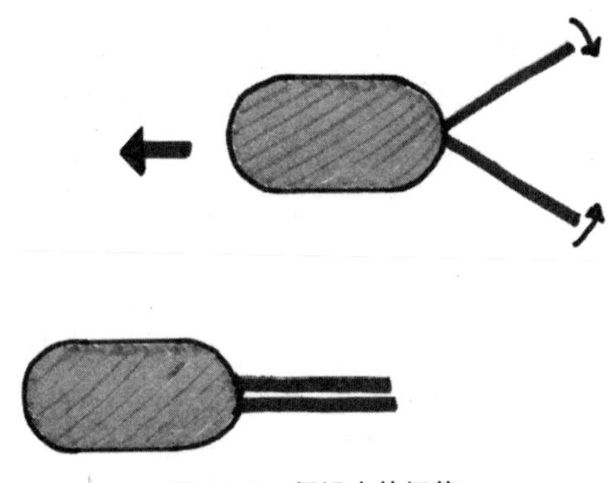

图 10–2　假设中的细菌

当细菌将附属物移动到原来的位置时，它将向后移动完全相同的距离（见图 10–3）。

即使往复运动的速度不同，只要附属物行走的路径相同，上述观点也是适用的。珀塞尔将其命名为扇贝定理（scallop theorem），因为软体动物是通过扇动它们的两瓣壳，使其打开和闭合来移动的。如果是微生物，那么这种运动就是徒劳的。

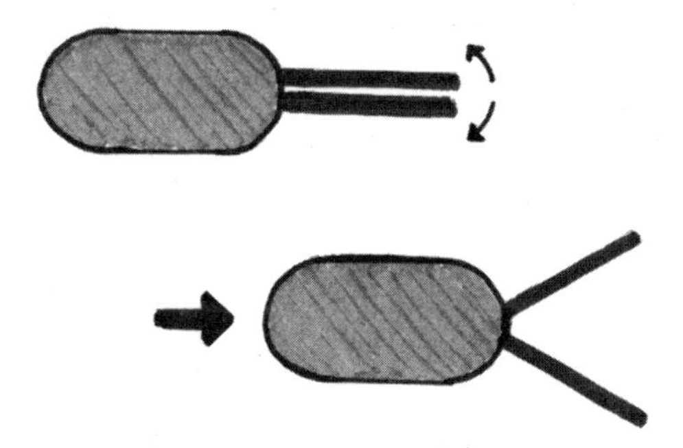

图 10-3　当细菌将附属物移动到原来的位置时，它将向后移动完全相同的距离

那么，微生物是如何游泳的呢？它们可以以任何姿势来游泳，只是不涉及往复运动。一种常见的策略是旋转单个或多个螺旋状的鞭毛（见图 10-4）。

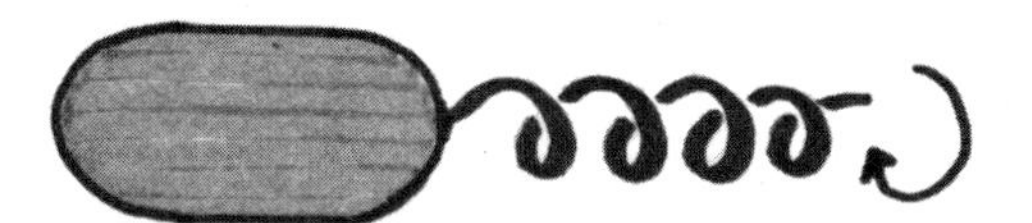

图 10-4　细菌可以通过旋转螺旋状鞭毛实现移动

只要马达不反转，鞭毛的移动就永远不会沿着原路返回，生物从而得以稳定地游动。一些微生物会沿着它们的身体传导隆起或扭结，这同样可以确保这种扭曲不会自行回溯。

另一种策略是挥动附着在表面上的毛发状纤毛，确保向后的力与向前的力不在相反的方向上。纤毛向一个方向运动时会保持同一个形态进行摆动（见图 10-5）。

图 10-5　细菌可以通过挥动附着在表面上的毛发状纤毛实现移动

然后，当纤毛返回到原来位置时会保持弯曲形态（见图10–6）。

图10–6　纤毛在返回原来的位置时会保持弯曲形态

虽然我们不是微观生物，但也经常会使用这种运动：纤毛就排列在我们的呼吸系统的气道上，它们的运动会推动捕获微生物的黏液从而将之运走。

因此，鲸鱼所看到的世界与细菌所看到的世界有着根本的不同。想要跨越二者尺寸之间的巨大鸿沟，不仅需要缩小或增大，还需要改变生物的行为模式。

形状和尺度推绎

正如我们所看到的，尺寸的差异会影响动物的功能。形状上的差异也是如此，这两个问题是紧密相连的。我们可以首先通过几何学上一些看似简单的原理来深入了解动物的复杂形状。假设有一个正方形，我们把它的边长增加1倍。则正方形的面积会增大为原本的4倍，如图10–7所示。

图10–7　假设把一个正方形（左图）的边长均增加1倍，那么它的面积将增大为原本的4倍（右图）

或者从数学的角度来讲，原始正方形的面积是 $L \times L=L^2$，其中 L 是边长。新正方形的面积是（$2L$）^{2}，即 $4L^2$。如果有一个三角形，它的每个边都长度相同，我们把这个边长增加 1 倍，则三角形的面积又增大为原本的 4 倍；将边的长度增加为 3 倍，则面积将增大为 3^2 倍。换句话说，是 3×3，即 9 倍（见图 10-8）。

图 10-8　假设中的等边三角形的变化

这种规律也适用于不等边三角形，前提是我们以相同的倍数增大三角形每个边的长度（见图 10-9）。

图 10-9　假设中的不等边三角形的变化

在上述所有情况下，面积与边长的平方成正比。另一种表述方法是，面积（A）与 L^2 成正比，我们可以将其符号化，写为 $A \propto L^2$。将边长增加为 2 倍，意味着将面积增加为 2^2 倍或 4 倍。将 L 替换为 $3L$，意味着将面积增大为 3^2=9 倍。将 L 增加为 $4L$，即面积增大为 4×4=16 倍。

这看起来可能很基础。毕竟我们在小学就学会了简单形状的面积计算方法。然而，这里有一个不经常被提到的巧妙经验。我们不需要知道某个形状的面积数学公式。任何形状只要边长加倍，形状不变，则其面积将增加为原来的 4 倍。这就是面积的性质，是一种按 L^2 缩放的几何特性。半径增加为 5 倍后，圆的面积是原来的 $5^2=25$ 倍，根本不需要用到圆的面积公式。半径增加为 10 倍的球体，其表面积增加为原本的 100 倍。图 10-10a 的斑点面积为图 10-10b 的斑点面积的 1/4，对应的右图斑点的横向长度比左图的长 1 倍。

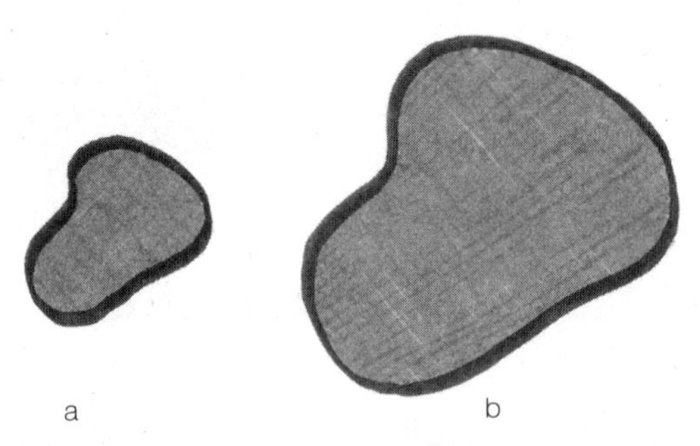

图 10-10　横向长度加倍后，面积增加为原来的 4 倍

一个物体的体积按长度的立方，即 $L \times L \times L$ 或 L^3 缩放。你可以在纸上画一个盒子来演示这种情况，并证明所有形状的边长加倍都会使体积增加为 $2^3=8$ 倍，长度增加为 3 倍会使体积增加为 $3^3=27$ 倍，以此类推。同样，这与形状无关。如果我们把一个球体的半径乘以 4，那么它的体积就会增加为 $4^3=4 \times 4 \times 4=64$ 倍。将三维斑点的长度减半，但保持斑点形状相同，将得到一个体积为 1/8 的新斑点。

最后，我们注意到，如果我们拉伸或收缩一个物品而不改变其形状，则任何长度之间的比例都不会改变。将三角形放大使其高度加倍，则其宽度也会加倍。所有长度都以 L 表示，写起来似乎很奇怪，但方便记忆。同样，所有面积也都与其他面积成正比。如果我们将形状展开，使其横截面积增加 4.7 倍，则其表面积也会增加 4.7 倍。

尺度推绎的所有这些方面都具有普遍性，无论是长度、面积还是体积，这意味着我们可以将它们应用于最复杂的有机体形状的尺寸和形式问题，正如我们马上就会看到的那样。首先，让我们先简要地回顾一下细菌。我们在第 9 章中了解到，人体内的细菌细胞至少与人体细胞一样多。从统计的角度来看，这可能会令人感到不安，但从空间的角度来看就不会有这样的感觉了。一个典型的细菌宽度大约是一个典型的人类细胞宽度的 1/10。因此，它的体积大约只有人类细胞的 1/1 000。尽管微生物数量众多，但其在体积上却比人体细胞小得多。

大动物的形状和小动物相似吗？我们可以用比视觉观察更严格、更量化的方式对它们进行评估。正如我们所看到的，如果形状相似，那么它们的体积将按长度的立方进行缩放，面积将按长度的平方进行缩放。我们可以将这种说法反过来：如果一组动物的体积与长度的立方成比例，或者面积与长度的平方成比例，那么这表示它们的形状在大体上是相似的。用专业术语表述，就是它们表现出等距缩放（isometric scaling）。例如，如果动物的体积与它们身高的立方不成比例，可能在体积增大的时候变成不成比例的矮胖形状，或者根本没有表现出任何相关的联系，那么我们就可以明白大自然已经抛弃了等距缩放，这暗示着有其他关系正在起作用。因此，目前的挑战在于评估现实生活中动物形态的尺度推绎行为。我们可以用方程来实现这一点，但最简单、最有见地的方法是使用可视化工具，形成我们的第二个数学技巧：对数图。

假设我们为立方体绘制体积与边长的关系图。绘制此图的常用方法类似于图 10-11a，以立方形式向上猛冲。

但是，如果我们采用不同类型的图纸来绘制相同的数字，且这种图纸上等距的间隔是 10 的幂次（见图 10-11b），则会发现一些显著的现象：所有点都位于一条直线上。更重要的是，直线的斜率，也就是用 10 的“垂直”幂数（纵轴）除以 10 的“水平”幂数（横轴），得到的结果是 3。如果我们绘制的是表面积而不是体积，则会再次得到一条直线，但斜率为 2。一般来说，如果 y 与 x^p 成比例，其中 p 是某个指数，那么在对数轴上绘制 y 与 x 的关系图时可以得

到斜率为 p 的直线。我们可以简单地从图中读取标度指数（scaling exponent）。这种从一个适当构图上的倾斜趋势来实现视觉上辨别尺度推绎关系的能力，提供了对动物形状和形态的各种见解。

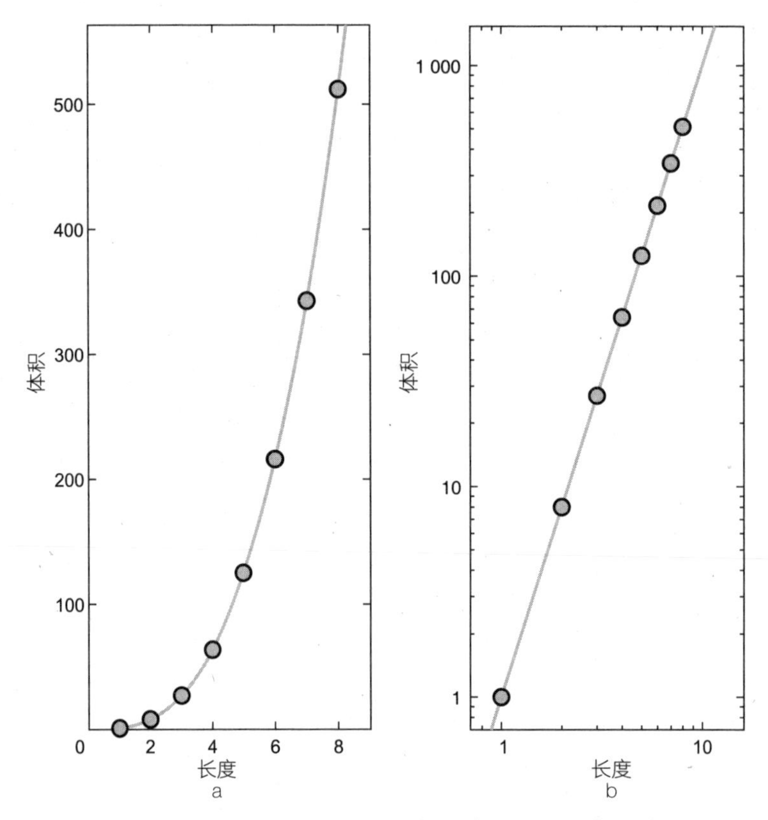

图 10-11 立方体的边长与体积在线性轴（左图）和对数轴（右图）上的关系

蟑螂是等距的

回到动物身上并用上述方法作图，我们可以提出一个紧迫的问题：所绘制的蟑螂是等距的吗？这个问题似乎很愚蠢，但它的答案可以揭示出塑造了成长中的动物的发育机制是什么，力学应力如何影响同一物种的不同成员，甚至如何影响新物种的进化。研究人员通常不考虑动物的体积，而是考虑其质量，而质量很容易通过称重来测量。大多数动物具有相似的组成细胞和组织密度，因此质量与体积大致成比例。我在这里为几种不同大小的蟑螂重新绘制了质量与腿长的关系图（见图 10-12）。

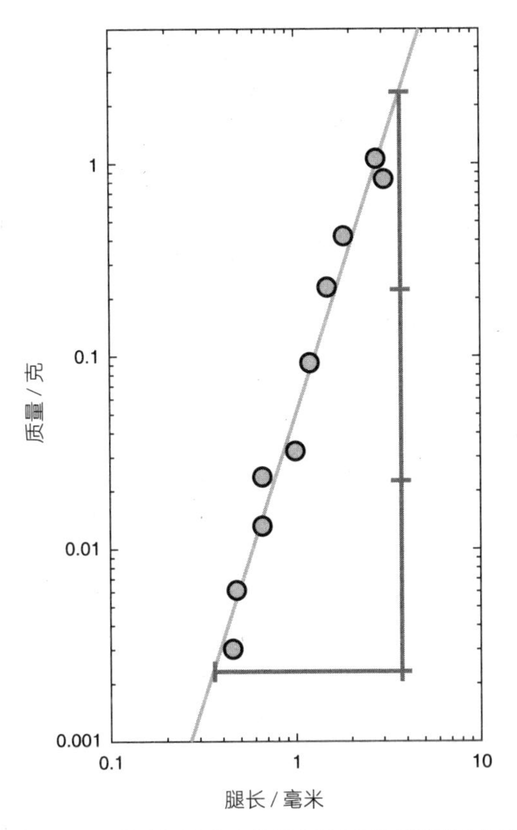

图 10-12　几种不同大小的蟑螂的质量与腿长的关系

这些数据不是我测量的，而是来自生物学家亨利 · 普兰格（Henry Prange）于 1977 年发表的一篇研究外骨骼力学的论文。虽然我喜欢大自然，但我无法忍受蟑螂。图 10-12 中的这些点可以非常好地拟合成一条直线。当然，动物表现得不如立方体或球体那样好，这些数据大都分散在一条线的周围，而不是完美地落在线上。尽管如此，我们得出了蟑螂的最佳拟合斜率是 2.95，几乎正好等于 3，这表明质量缩放为长度的立方，正如我们对等距物体的预期一样。我已经在图 10-12 中展示了带有等距记号的水平线和垂直线，以使坡度为 3 表现得更加明显。大蟑螂就像小蟑螂的放大版；体型大小会改变，但形状基本相同。换句话说，蟑螂是等距的。

我还有另一个等距的例子，这一次体现在许多不同的动物身上。所有哺乳动物都有肺，肺可以将新鲜、富含氧气的空气带入体内。我们的问题是，肺的大小如何取决于动物的整体大小。“尺寸”可以表示表面积，也可以表示体积。在第 11 章中，我们将探讨这两种测量方法中最有趣的一种，即表面积，以及它如何与肺的工作方式或有时无法工作的原因密切相关。而在本章中，我们主要针对没那么有意思的衡量标准，即体积，作为后续内容的前奏。

假设每个细胞在每次呼吸时都需要相似体积的氧气，我们有理由认为哺乳动物肺的体积是等距的，因此空气的总体积与体内细胞的总体积成正比；换句话说，肺的体积与动物体积成比例。或者我们可以猜测，大型动物每个细胞需要的氧气量会不成比例地增加或减少，在这种情况下，肺的体积与动物身体的体积不成比例。在第一种情况下，将一个体积与另一个体积绘制在对数图上，得到的斜率为 1；在第二种情况下，斜率则不为 1。我们从 1963 年的一篇关于肺生理学的论文中选取一些值来绘制对数图。与之前一样，我们绘制的是每只动物的质量，而不是体积。在小鼠、猴子、海牛等动物身上，我们发现对数图的斜率为 1，准确地说是 1.02，这表明肺是等距缩放的（见图 10-13）。随着哺乳动物的体型变大，它们肺的体积也会以同样的比例变大。如上所述，我们很容易得出这样的结论，即每只动物的典型细胞所需的空气量大致相同。然而，肺容量可能并不是决定氧气供应的唯一因素。事实上，我们将在接下来的两章中看到控制氧气运输和新陈代谢的非等距缩放。值得牢记的是，对数图和标度指数本身并不能提供解释，更不用说正确的解释了。

然而，正如下一个例子所示，它们可以为我们指出一些在其他方面可能不明显的见解。

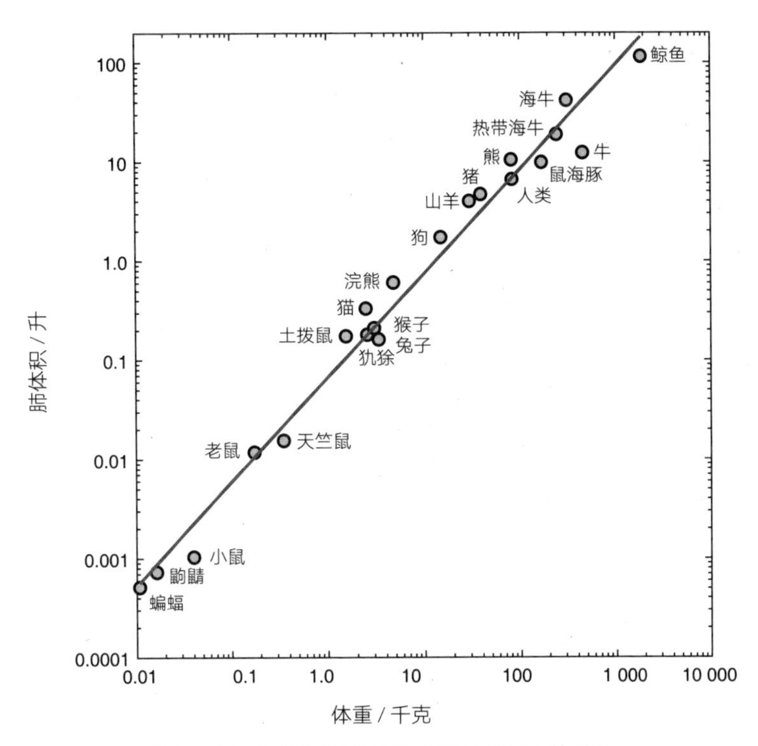

图 10-13　不同哺乳动物的体重与肺体积的对数

为什么大象不能跳跃

正如我们所看到的，大自然有时会遵循等距原则，但并不是一贯如此！大象和象鼩虽然都有一个长鼻子，但它们看起来却很不一样。许多测量结果未能通过等距的测试，有时这也揭示出了一些其他规则。为了说明这一点，让我们对牛科这种大型偶蹄食草哺乳动物家族展开研究，牛科包括大型水牛、中型山羊和绵羊，以及仅 30 厘米高的迪克小羚羊。在托马斯·麦克马洪（Thomas

McMahon）[①] 和约翰·泰勒·邦纳（John Tyler Bonner）[②] 的《关于尺寸和寿命》（*On Size and Life*）这部优秀著作中，他们在对数轴上绘制了许多牛科动物肱骨的直径与端距长度的关系。我在这里再现了这个图表。如果这些动物骨骼是等距的，这些数据点将拥有一条斜率为1的最佳拟合线。直径和端距都是长度的度量，若想要形状保持不变，这两个度量应该彼此成比例。然而，该图有两个显著特征（见图10-14）。

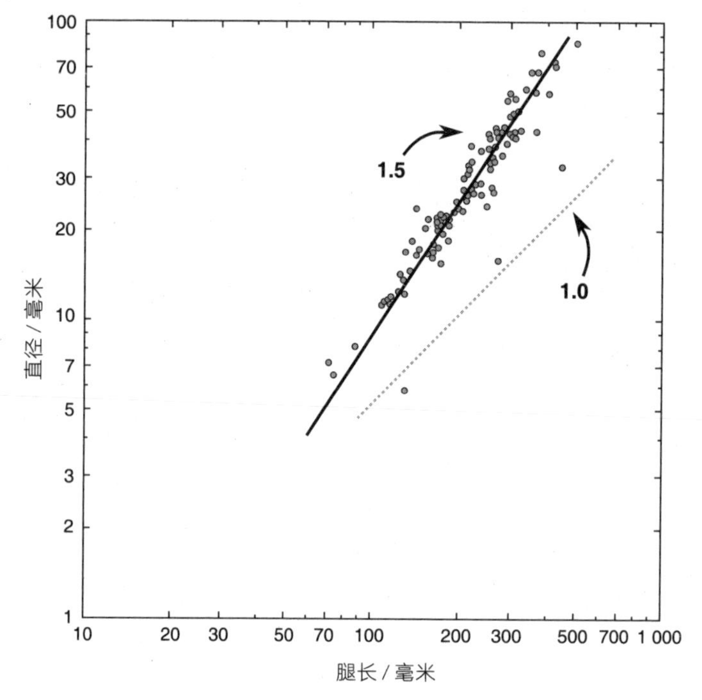

图10-14 不同牛科动物肱骨的直径与端距长度的对数

首先，直径和端距之间的确存在关系，这些点不是随机排列在页面上的；其次，这种关系不是等距的。最佳拟合线的斜率为1.5，与1.0明显不同。我

① 发现生物学结构和功能基本原理的生物力学家。——编者注

② 世界领先的生物学家之一，其主要工作是利用细胞黏液霉菌来了解进化。——编者注

已经画出了一条斜率为 1 的虚线来与之进行比较。因此，牛科动物放弃了等距，与较小的近亲相比，较大的牛科动物的骨头粗得不成比例。如果我们把牛骨头的长度增加 1 倍，就必须把它的直径增加 1 倍以上；事实上，直径必须增加为 $2^{1.5}$ 倍，约为 2.8。牛科动物的骨骼并不是表现为彼此相似的形状样式，而是有一些其他规则来控制它们的形式。

这条规则是什么？为什么指数是 1.5？它背后的物理原理与重力有关，重力将动物和其他一切东西向下拉，而骨骼的力量则将动物托起。重力与物体的质量成正比。如果质量增加 10 倍，则重力也会增加 10 倍。骨骼的强度，特别是它能承受的最大力，取决于它的横截面积。这不是骨骼的特性，而是关于任何类型的横梁力学的一般陈述。鉴于这些规律，如果牛科动物是等距的，那么它们将面临一个可怕的问题。例如，如果我们将羚羊的解剖结构长度加倍，同时保持其形状不变，其体积将增加为 2^3 倍，即 8 倍。这意味着它的体重，以及作用在它身上的重力也会增加为 8 倍。然而，等距动物的骨骼横截面积和其他任何面积一样，只会增加为 2^2 倍，即 4 倍。骨骼增加的强度小于其必须支撑的重量。对此，会产生两种可能的应对方法。一种方法是大型动物放弃拥有与小型动物相似的骨骼强度，并相应采取不同的生活方式。另一种方法是拥有不成比例的厚骨头，放弃等距的相似形状，取而代之的是足够宽的骨头，使其强度能够满足重力需求。牛科动物选择的是后者。麦克马洪和邦纳等人认为是弹性相似性支配了牛科动物的骨骼，而不是形状相似性，即骨骼应对重力应力能弯曲的量在不同物种之间大致恒定。结果表明，牛肱骨直径－端距的标度指数为 1.5，这对应于弹性相似性；如果骨头变得超级厚，那么当它们应对使其弯曲的力时，其抵抗力将与较小的骨头一样。换言之，如果小的牛可以行走、奔跑和吃草，那么大牛也可以以类似的方式行走、奔跑和吃草，这要归功于它们的骨骼结构是根据弹性相似性而不是等距性进行缩放。在这里我省略了其中许多复杂的原理，也没有解释为什么弯曲是骨骼形成的关键因素。当然，牛科动物不会制作对数图或进行力学计算。相反，成为一只牛科动物的进化需求选择了那些骨骼服从上述几何关系的动物。那些骨骼直径较小的牛太虚弱，以至于无法承受重力；而那些骨骼直径放大尺寸远远大于端距长度 1.5 倍的牛，可能在长出粗壮骨头时消耗了太多的能量，甚至远远超过了一头牛正常生活所需的能量。牛科动物在不知不觉中走上了一条受生物学和物理学限制的道路，到达了非等距缩放的完美终点。

然而我刚刚也提到了，大型动物在考虑骨骼强度和重力之间的平衡时，可以采取另一种方式：放弃采用与小型动物相同的行为。事实上，很多大型动物通常都会这样做。我们在对数轴上绘制各种动物，如猫、狗、马、大象等的直径与腿骨长度的关系图，可以得到斜率比等距值 1.0 更陡的散点图，但这还没有陡峭到斜率为 1.5 的程度。其中，大象的骨头给人留下了深刻的印象：我和我的学生怀着敬畏的心情聚集在一头名叫图斯科的大象的股骨周围，我把这根股骨运到了课堂上。它很大，有 1 米长，像一棵小棕榈树那样粗。顺便说一句，在 20 世纪早期，图斯科在马戏团中过着极其悲惨的生活，但最终在西雅图伍德兰公园的动物园得到了更加悉心的照顾。图斯科死后，它的骨架被捐赠给俄勒冈州立大学，现在这头大象就留存在那里，用于教授学生们关于骨头的知识。除了图斯科的腿骨外，我还向学生们展示了一根郊狼的股骨，它的股骨比大象的要小得多，只有 1 厘米宽、12 厘米长。大象的股骨比郊狼的长 9 倍、宽 16 倍。图斯科的骨骼比等距缩放所得到的骨骼要厚，如果是等距的，应该只有郊狼的 9 倍宽，但它没有达到弹性相似性所要求的厚度。如果是等距的，应该是 $9^{1.5}$ 倍，即 27 倍宽。我们不能责怪大象没有与较小的动物保持相似的弹性。如果它们这样做了，骨骼的质量将占据它们体重的 3/4，而这可能会导致各种各样的解剖学并发症。然而我们得到的结论是，相对于动物的体重，大型动物的骨骼不如小型动物的骨骼强壮。郊狼会跳跃，而大象不能。额外的压力会使大象的骨头碎裂。正因如此，动物园里的大象围栏通常被简单、狭窄的壕沟所包围，而许多动物都可以轻易地跳过这些壕沟，只有大象除外。

很早以前人们就发现了较大的动物拥有不成比例的骨骼厚度，并且发现它们的骨骼厚度不足以与小型动物的相对强度相匹配。事实上，伽利略在 1638

年出版的《关于两门新科学的对话》（*Two New Sciences*）一书中就提到了骨骼的尺度推绎问题。为这本书制作动画的人推测："我相信一只小狗可能背得起两三只同样大小的狗，但我怀疑一匹马是否能背负起一匹与它同样大小的马。"虽然伽利略的实验极富洞察力，但我认为他这一次并没有进行真正的尝试。

通过本章的内容，我们认识到动物的大小、形态和活动都是相互关联的，而这些关系往往是由环境中表现出来的物理力决定的，这让我们对自然界有了深刻的了解。例如，所有牛科动物的弹性相似性都具有统一性，这比它们表面的相似性还要深刻。鲨鱼尾巴的左右摆动证明它摆脱了适用于较小鲨鱼的流体限制。当我们研究各种尺寸的生命世界时，尺度推绎关系的反复出现将这个概念提升为一个广泛的指导主题。**尺度推绎的概念提供了统一动物形状和行为多样性的连贯性，也解释了为什么存在这种多样性，因为生物体是在物理力中进化的，而物理力的表现形式和大小因尺寸不同而不同。**在第 11 章中，我们将重点讨论与表面相关的尺度推绎问题，尤其是呼吸这一极具挑战性的问题。

第11章

在表面的生命：与呼吸相关的尺度推绎

人有肺，但是蚂蚁没有。为什么？

蚂蚁的细胞和人的一样，都需要氧气。蚂蚁不依靠肺部或任何类似器官，而是通过身体两侧的几个小孔进行呼吸，这些小孔在它们的每个体节上都有一对，并与身体内部的管道相连。小昆虫可以绕过对肺的需求并不是因为细胞工程的奇迹，相反，这是因为尺度推绎，以及生物表面的物理和几何特征。在本章中，我们将探讨内部和外部，或者说一个空间和另一个空间之间的界面，这些界面的普遍特征决定了大象耳朵的形状，以及婴儿在第一次呼吸中所面对的挑战，等等。

放弃等距

每个生物都需要通过某些表面交换氧气和二氧化碳。气体交换的速度受到可利用的表面积的限制，这背后没有什么复杂的原因。气体分子从一个环境流向另一个环境，如从空气中流向血管内部，就必须穿过它们之间的边界，因此分子的流动与该边界的表面积成正比。氧气需求总量是由生物的体积决定的，因为生物的每个细胞都需要消耗氧气来完成呼吸这一化学过程。至于一些复杂情况我们将在第 12 章中介绍。对于像蚂蚁这样的小生物来说，其内部管道的表面积足以满足与其组织进行气体交换的需求，同时它们的外表面积足以捕获其体积所需的氧气。

想象一下，如果我们把蚂蚁的所有长度加倍，使其长度达到 6 毫米而不是 3 毫米，正如我们在第 10 章中所了解到的那样，它的体积会增加到 8 倍。细胞的数量也会增加到 8 倍，同时所需的氧气总量也会增加到 8 倍。然而，它的表面积却只增加到一个较小的倍数，即 4 倍。随着我们将蚂蚁的体积进一步增大，或想象有一只更大的动物，这种差异也会变得更大。如果将一只蚂蚁放大到 1 000 倍，让它变得跟人类差不多大，那么它需要的氧气就会变成 $1\,000^3$，即 10 亿（10^9）倍的氧气，但现在只有 $1\,000^2$ 或 100 万（10^6）倍的表面积来为它供应氧气。在人类大小的情况下，一个人无法通过简单等距地放大内部管道表面积而交换到足够的氧气和二氧化碳，也无法通过被动的外表面吸收得到所需的空气量。对小尺寸生物来说轻而易举的事，到了大尺寸生物这里就成为不可能的任务，这仅仅是因为几何学的关系（见图 11-1）。

图 11-1　较大的生物体采用具有更大表面积的气体运输形式

包括人类在内的所有大型动植物都放弃了等距以应对这一挑战。较大的生物体不是保持形状相似，而是采用具有更大表面积的气体运输形式，以满足体积和细胞质量的增加带来的更高的氧气需求。

小型光合细菌光滑圆润。与之相反，树木枝繁叶茂，分支上具有丰富的树叶表面用于交换二氧化碳和氧气。你也有分支，只不过存在于你的身体内部：你有肺，肺的气道会分成越来越小的气道，形成一连串更精细的特征，从而获得巨大的内部表面积。人们经常说，一个人的肺只有和几个网球差不多大的体积，却拥有和一个网球场一样大的面积。

人类的器官行为也依赖尺度推绎。人的肺部会膨胀和收缩，从而使气体进出身体。相比之下，蚂蚁可以仅仅依靠其表面的洞来运输气体。尽管蚂蚁和其他较大的昆虫也可以通过扩张和收缩身体的一部分来主动泵送空气，然而它们运输气体的主要模式是被动扩散，这也是较小昆虫中唯一存在的模式。可是这种模式无法满足较大生物的氧气需求。正如我们在第 6 章中看到的，长距离扩散非常缓慢，所以如果你停止泵送空气，就会窒息。同样，你的心脏会通过另一个遍布全身的分支网络有力地驱动含氧血液。蚂蚁则不必烦恼这些问题，其内部气体交换也因为它的小个头而变得简单。当进入表面的洞的空气蜿蜒地穿过遍布身体的通道时，体型较小的生物可以利用布朗运动的可预测的随机性来实现气体交换。援引第 6 章的见解：**氧分子等粒子随机行走的平均移动距离与移动时间的平方根成正比**。将这种关系倒置，并使用尺度推绎的表达方式，即行程时间的平方与长度成正比，则比蚂蚁大 1 000 倍的生物需要增加 $1\ 000^2$ 倍的扩散时间，换言之，需要额外增加 100 万倍的时间。像我们这样的大型生物没有耐心忍受这种放慢了百万倍的方式来为组织供氧；相反，我们是将氧气带进血液中，迫使血液通过循环系统，使氧气足够靠近每个细胞，以便通过扩散来携带氧气从而完成剩下的过程。

顺便说一句，有一种方法可以使身体变大后还能拥有足够的氧气，而不需要建立具有大表面积的呼吸器官，那就是生活在一个氧气含量很高的环境中。这种地方现在并不存在，但在远古时期曾非常普遍。例如，在大约 3 亿年前的石炭纪，空气中的氧浓度比现在高出 50%，我们在化石记录中发现了大量关于巨型昆虫的证据。一只翼展为 60 厘米的史前蜻蜓在如今这种氧气相对贫乏的空气中可能会遇到麻烦。

表面积会影响动物形态的许多方面。寒冷地区的驼鹿体型较大，熊的体型也更大；与棕熊有着密切亲缘关系的北极熊比它们这些南部近亲的体型都要大。几个世纪以来，人们注意到一种普遍关系，那就是属于同一个物种的动物在较低纬度往往体型较大。这一现象最可能的解释就是因为表面积。如果你是生活在寒冷地区的温血动物，那么身体表面积对你而言将会是一个负担，因为这是散失热量的地方。由于表面积正比于长度的平方，体积正比于长度的立方，所以表面积与体积之比会随着尺寸的增加而减少。如果一只动物内部产生的热量与其通过皮肤损失的热量相匹配，此时，若我们将动物的体型等距增加 1 倍，那么它的体重会变成原来的 8 倍，产生的热量也是原来的 8 倍，但其热量损失率只会增加到原来的 4 倍。因此，动物这时可能会过热，或者更现实地说，它需要消耗更少的卡路里来维持体温。因此，体型较大的动物在寒冷地区更容易生存，从而为体型增大带来进化优势。在其他条件相同的情况下，大体型有利于动物生存在寒冷的地方。

反过来说，处于炎热气候中的动物需要担心的则是体温过高，并且会受益于拥有更多可散热的表面积。体积越小，表面积与体积的比率就越大，所以在同等条件下，小体型更有利于动物生存在温暖的地方。当然，生物也可以放弃等距，就像大象的耳朵拥有巨大的表面积一样；但在物种内部，形态的变化往往不那么剧烈。这种关于动物尺寸和纬度的普遍规律，以 19 世纪生物学家的名字命名为伯格曼法则（Bergmann’s rule）。

到目前为止，关于表面相关原理的例子都与动物的形态有关。表面也会影响行为，包括生物能做什么和不能做什么。

水上漫步

在一个宁静的池塘表面，水黾和许多其他昆虫在水面上轻松地跳舞，就像你在草坪上漫步一样轻松。为什么人类不能在水上行走呢？水黾的魔力不在于它腿部的构造，而在于它的尺寸。昆虫的能力是尺度推绎的结果，尤其是与一种被称为表面张力（surface tension）的作用力相关的尺度推绎。

任何液体表面都会产生表面张力。无论是什么液体，组成它的分子都会相互吸引。这是液体固有的特性，如果分子不能相互吸引，它们很可能会形成气体。每个水分子都希望与其他水分子相邻，每个油分子都想紧挨着其他油分子。任何还在表面上的液体分子，如池塘表面的水分子，其相邻分子的数量大约是水面下水分子的相邻分子的一半。暂时将其拟人化，则可以认为，表面分子是不快乐的，而液体作为一个整体会将其表面积最小化，以确保不快乐的分子尽可能少。此外，液体会抵抗任何增加其表面积的过程，此时产生的力称为表面张力。对于肥皂泡，或飘浮在空间中的液体，或油和水组成的调味汁中的液滴，其表面张力会将液体拉成球体，因为球体是在给定体积下的三维形状中表面积最小的一种形态。水桶中的水或池塘中的水具有重力和容器壁作为额外约束，它与空气之间的平坦界面可以使接触空气的表面积最小化。无论在何种情况下，我们都可以认为每一个液体表面都在不断地拉伸，在其体积及其他条件的约束下收缩自身，以获得尽可能小的表面积。

现在我们可以理解为什么水黾能够在水上行走了。在自身重力的牵引下，水黾的腿会被向下拉扯，从而推动水面。而水黾的腿是疏水的，水分子对它们没有任何特定亲和力；相反，水分子更喜欢彼此靠近，从而尽可能减小总的表面积。水黾细长的腿使水面变形，水以表面张力的力量做出反应，试图将界面推回平坦的形状。我们想象一下，水黾的腿在重力的拉动下降落在池塘表面，并向下移动，水面逐渐变形，而向上的表面张力也会随之增加（见图 11-2）。

图 11-2　液体表面的表面张力示意图

然后会发生以下两种情况中的一种：当水面达到某种程度的变形时，表面张力与重力平衡，水黾就会停留在水面上，液体表面不会被破坏，而是通过水分子之间的亲和力将水黾支撑起来；或者，如果重力超过了表面张力所能提供的最大作用力，则液体表面破裂，水黾就会被淹没。谢天谢地，对于水黾来说，进化使它们取得了第一种结果。顺便告诉大家，这种基于流体的支架很容易演示，将一个金属回形针轻轻地放在水面上即可。只要两者都非常干净，回形针就会被水面支撑起来，尽管回形针的密度要比水大得多。然而，如果你把回形针推到水面下，它就会沉下去，因为表面张力只适用于液体表面。

到目前为止，表面张力的论点很好地解释了为什么水黾可以在水上行走，但我们还不清楚为什么这个原理不适用于人类。尽管作用在人类身上的重力要远远大于水黾的重力，但我们接触的液体表面也比水黾接触到的要大，向上的力不是也应该更大吗？是的，但这还不足以让你站在游泳池的水面上。原因同样在于尺度推绎。正如我们在第 10 章中所指出的，重力与物体的质量成正比，因此与体积或长度的立方成正比。而表面张力的大小并不与长度的立方成正比，甚至不与长度的平方成正比，而是仅与长度本身成正比。一个边长为 1 英寸[①] 的立方体位于水面上时会产生一个周长为 4 英寸的接触区（见图 11-3）。

一个 2 英寸的立方体的周长为 8 英寸，比原来的立方体大 1 倍。与平坦的水面相比，此时水的表面是沿着这个接触区域的周长弯曲和延伸的，因此边缘长度的比例决定了表面张力的比例。在所有其他条件相同的情况下，当一个生

① 1 英寸为 2.54 厘米。——编者注

物的长度是另一个生物的 10 倍，则会有 1 000 倍的引力将其向下拉动，但其只能从流体中获得 10 倍的向上作用力。一个小型生物有可能维持在液体表面，但如果它不断生长，重力就会越来越大，直到表面张力无法抵抗。这个临界点只存在于几毫米的尺寸范围内。低于这个尺寸，生物通过水的表面张力来支撑自己并不困难；而一旦超过这个尺寸，就没有希望了。

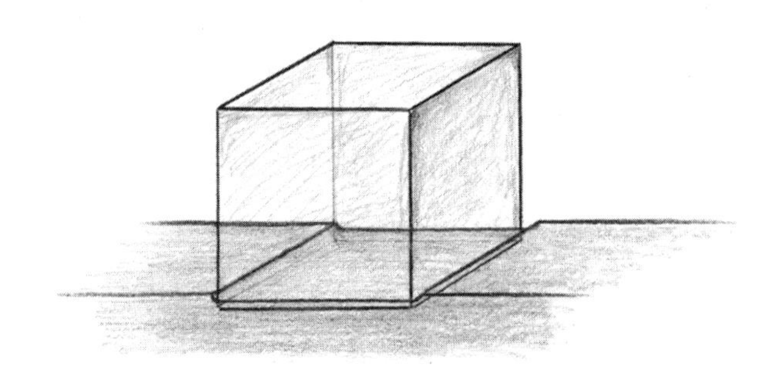

图 11-3　一个立方体置于水面上会产生一个周长为 4 倍边长的接触区

某些蚂蚁为表面张力的重要性提供了另一个例证。火蚁是一种攻击性很强的物种，有着会令人感到痛苦、灼热的刺，并因此而得名。它们原产于雨水充沛的热带地区，频繁的大雨常常淹没它们的栖息地，此时它们需要整群一起待在水面上。虽然蚂蚁的密度比水大，但单个蚂蚁很小，像水黾一样，它可以利用表面张力停留在水面上。然而，一群相互依附在一起的蚂蚁却面临着一个问题，那就是随着这个群体的增大，通过我们刚才看到的尺度推绎的结果，其质量的增加比支撑其向上的表面张力的增加更加剧烈。如果几十只以上的蚂蚁聚在一起，它们的重力就会压倒表面张力，从而导致这群蚂蚁开始下沉。这时有人可能会建议这些小家伙聚焦成一个二维的木筏形状，而不是三维的水滴形状，但这对蚂蚁们的帮助微乎其微。木筏是平面的，它的质量与长度的平方成正比，但这仍然迅速超过了与长度的一次幂成正比的表面张力的缩放程度。蚂蚁似乎注定会被尺度推绎的物理现象所影响，要么相互分散，要么溺死。然而，它们为应对这个困境设计出了一个巧妙的解决方案：气泡。蚂蚁的表面是疏水性的，一只蚂蚁可以在身体上挂一个泡泡，就像母亲抱着婴儿一样。一群蚂蚁紧紧抓住一个大气泡，漂浮的气泡抵消了将昆虫向下拉的重力。由于表面张力根本无法托起一群蚂蚁，所以它们利用低密度的空气来操纵力学方程式的重力侧。

其他生物则选择更直接地操纵表面张力。事实上，人类就是其中之一。下一个例子就发生在你的体内，发生在你每次呼吸的时候。

呼吸是一项困难的工作

1963年8月7日，美国总统约翰·F. 肯尼迪（John F. Kennedy）和第一夫人杰奎琳·肯尼迪（Jacqueline Kennedy）的孩子——帕特里克·布维尔·肯尼迪（Patrick Bouvier Kennedy）提前5周半出生了。在遭受了呼吸困难的短短两天之后，他就去世了。

数百万人对这场悲剧表示哀悼，虽然身为美国总统的孩子，他的背景很特殊，但婴儿的死亡原因却极其常见。小帕特里克死于婴儿呼吸窘迫综合征（infant respiratory distress syndrome, IRDS），这是早产儿死亡的主要原因。IRDS是一个关于"表面"的问题。

你每呼吸一次，都要花费大量的工作来给肺充气。肺常被描绘成由肌肉拉伸的弹性气囊，就像橡胶气球一样。然而，你的肺不仅仅是气球，还是湿气球。肺部由数亿个微小的气囊构成，每一个气囊上都排列着一层薄薄的液体黏液（图11-4中黑色区域）。

吸气会拉伸弹性组织，也会增加液体的表面积，即吸入的空气和液体黏膜之间的界面面积。一如往常，液体"希望"将这个面积保持最小化，因此会阻碍面积的增加（见图11-4）。

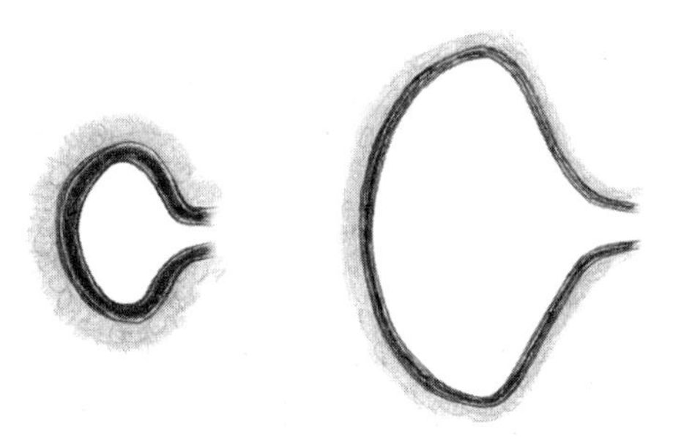

图 11-4　肺部微小气囊的工作过程

肺组织的拉伸和液体表面的扩张都需要为此付出努力，事实上，两者所需的能量是相当的。人们可以通过给新鲜解剖的肺泵送空气或水来测量这一点。当肺部充满水的时候，在其中就不存在空气 - 水界面，因此不需要抵抗表面张力，在这种情况下，吸气所需的工作量完全来自拉伸肺组织。当肺部充满空气时，我们需要拉伸肺组织并扩展空气 - 水界面，这需要大约 2 倍于肺部充满水时的工作量。换句话说，我们为呼吸付出的努力中有大约一半是用来克服表面张力的。这并不奇怪。正如我们所注意到的，人类的肺有着巨大的表面积。

如果肺部表面铺满纯净水，那么呼吸的代价将会高上加高。所有液体都存在拉力，但有些液体的拉力比其他液体更强。在常见液体中，水的表面张力属于最大的表面张力之一，大约是油或酒精的两倍，这是水分子之间强大的吸引力造成的。我们可以通过添加少量肥皂来降低水界面的表面张力。你可以用前文中放在水面上的回形针来证明这一点，只需要添加一点儿肥皂，它就会下沉。这是因为它的质量超过了肥皂界面所能聚集的力量。肥皂凭借其分子结构实现了这一壮举。如第 5 章所述，每个肥皂分子的一端是疏水的，另一端是亲水的，就像脂质一样。因此，肥皂很乐意进入水的表面。在水中，肥皂的疏水性尾巴会伸到空气中去。这样，水分子就不愿意继续待在表面了，这里也就不再是水分子的天下了。表面积不再需要如此大的能量消耗，因此表面张力也会大大降低。

回到我们的肺部，大自然只是简单地添加了一点儿“肥皂”就巧妙地降低了肺部的扩张成本。用专业术语来表达，肺部内衬细胞的分泌物有一个更令人印象深刻的名字，即肺表面活性剂（pulmonary surfactants），其主要成分是脂质，但用“肥皂”来称呼它似乎更加贴切。这是自组装的另一种表现形式：在没有任何外部指导的情况下，分泌的“肥皂”会在液－气界面自组装，形成一层分子来辅助整个器官的运作。

这种可以显著降低肺部表面张力的关键能力并不是与生俱来的：**肺表面活性物质是在胚胎发育后期产生的**。某些早产儿在进入这个世界时缺乏，甚至根本不具备修饰肺表面的分泌物；呼吸对他们而言可能是一种挣扎，甚至是不可能完成的任务，因为肌肉会努力克服表面张力。

帕特里克·肯尼迪不是他那个时代唯一一个死于婴儿呼吸窘迫综合征的孩子。在20世纪60年代，仅在美国，每年就有25 000名婴儿死于IRDS。然而，截至2005年，IRDS的年死亡病例降到了900例以下。就像以前一样，IRDS仍然会发生，但治疗起来却已经很简单了：我们向婴儿的肺部喷射“肥皂”。当然，用专业术语来说，“肥皂”就是肺表面活性剂。这种活性剂要么是从动物身上提取的，要么是化学合成的，其中的细节并不重要。我们需要注意的是，这种治疗方法是如此简单，却又完美、有效。它不是基于复杂的生物化学或遗传学的方法，而是基于呼吸的物理学现象。自组装是这种简单性的基础：**表面活性剂分子将自己放置在适当的位置，每个分子都位于液体和气体之间的二维界面上**。了解表面张力可以挽救生命。

表面和与之相关的尺度推绎掌控着生命世界的许多方面，这也说明了尺度推绎如何连接了微观（如脂质分子的结构）和宏观现象（如肺部扩张的机制）。和第10章一样，我们看到了尺度推绎如何帮助我们理解发生在人类自身和其他生物体中的现象。然而，尺度推绎并不是万能的，接下来让我们看一个时至今日仍让人难以理解的例子。

第 12 章

尺寸和形状的秘密：尺度推绎的局限性

在前面的章节中，我们已经看到了一个关于尺度推绎关系的示例，那就是骨骼强度等属性与总体尺寸度量之间的关系。这种关系往往会超越简单的比例关系。令人惊讶的是，在许多情况下，它们都可以通过一个度量值对另一个度量值的幂或指数依赖性来描述，这通常被称为幂次定律（power law）。

尺度推绎显示了生命世界的许多特征。除了我们目前所看到的以外，还有许多跨越海洋、陆地和天空的例子。通过测量大量水生生物的游泳速度和划水频率，我们发现二者之间有一个指数关系，这个指数可以用流体动力学来解释。在从蟑螂到马匹这类会奔跑的动物中，运动的能量消耗与体重之间存在幂次定律的比例关系，这不是因为它们特殊的步态，而是由更深层的物理机制决定的。飞行速度、功率和质量由空气动力学比例定律控制，这些定律不仅适用于飞行生物，还适用于喷气式飞机。我们原本可以去探索所有这些及更多的规律，但恰恰相反，我们将这些成功的机制视为理所当然，而把更多的目光投向了那些令人感到困惑的东西上。

现在让我们思考一个与尺度推绎相关的谜团，如果能够解开这个谜团，可能会有助于解释是什么决定了心跳的节奏、森林生物的多样性，甚至寿命的极限。

能量和大小

我们面对的这个谜团是古老而有争议的，但其实描述起来又格外简单。每个生物体都会从化学键中提取能量。这些化学键存在于动物食用的食物、细菌吸收的营养分子，以及光合生物利用阳光制造的糖类中。化学键中释放的能量被用于与生命相关的所有任务：生长、发育、运动、繁殖，等等。能量使用率被称为代谢率，代谢（metabolism）一词是指细胞在活动过程中进行的所有不同的化学反应。代谢的速度不是恒定的。短跑时，我们消耗能量的速度比睡觉时要快得多。而且代谢率从来不为 0，即使在静止状态下，每个生物都在以一种被称为基础代谢率（basal metabolic rate）的速率使用化学能。不同的生物有不同的基础代谢率。例如，休息的大象每分钟消耗的卡路里比休息的小鼠多。会多出多少呢？就普遍现象而言，动物的基础代谢率如何与其体重成比例呢？

我们可能会认为，不存在任何一种合理的关系可以涵盖所有生物多样性，每种生物的代谢率都是由其独特的解剖结构决定的。或者我们可能会认为基础代谢率与体重成正比。如果一只动物体内的物质含量增加 1 倍，那么其每分钟消耗的能量也会增加 1 倍。

事实上，这两种想法都不正确。基础代谢率与体重之间有一定的关系，但不是简单的比例关系。对于第 10 章中涉及的骨骼形状而言，我们看到了大型动物具有不成比例的骨骼增厚趋势。而对于基础代谢率，我们发现大型动物的能量消耗率有不成比例地降低的趋势。基础代谢率通常表示为耗氧率，因为驱动代谢的化学反应需要氧气。一只休息的小鼠以大约 40 毫升每小时的速度消耗氧气。1 头大象的体重是小鼠的 100 000 倍，但其耗氧量并不是老鼠的 100 000 倍，而是只有不到 10 000 倍。处于休息状态的大象，其每克体重消耗能量的速度平均只有小鼠的 1/20 左右。生物化学家兼作家尼克·莱恩（Nick Lane）曾说过一句令人印象深刻的话："一堆大象大小的小鼠每分钟消耗的食物和氧气是大象本身的 20 倍。"这不是老鼠或大象的特点。一般来说，生物体越大，其每克体重的代谢率越低。

那么会低多少呢？在 1932 年发表的一篇论文中，瑞士裔美国生理学家马克斯・克莱伯（Max Kleiber）对从鸽子到牛等一系列动物进行了研究，并将它们的代谢率和体重绘制在对数轴上。正如我们在第 10 章中所看到的，这种作图形式使我们能够清楚地看到指数所描述的关系。假设基础代谢率与体重成正比，即是体重的 1 次幂，图中将显示出一条斜率恰好为 1 的直线。克莱伯发现这些点既没有随机分散，也没有显示出斜率为 1。相反，代谢率随着体重的增加而上升，且具有明确的斜率，即标度指数，这个数值为 0.75。例如，将一只动物的体重增加 100 000 倍，其能量消耗会增加 $100\,000^{0.75}$ 倍，约为 5 600 倍。

后续有许多研究人员添加了更多动物的数据点，扩展了克莱伯原本的 13 组数据。为了说明这一点，我在 2003 年从 600 多种哺乳动物的数据集里选取绘制了大约 50 个点，这些哺乳动物都是随机选择的，但大致均匀地分布在广泛的体重范围中，如灰鬣蝠的体重只有 5 克，大约是一张纸的重量，而普通的牛羚重达 200 千克。这些点的线性关系揭示了一些简单的基本定律（见图 12-1）。

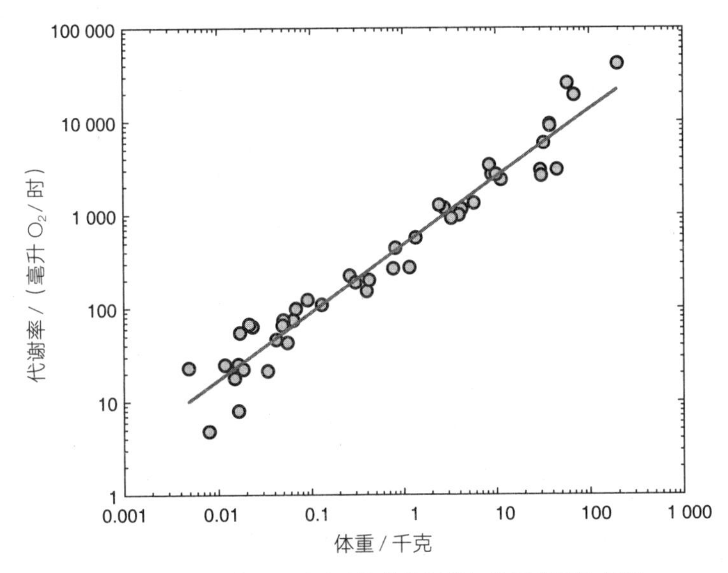

图 12-1　50 种不同尺寸动物的代谢率与体重的对数关系

然而，没有人知道这个定律是什么。克莱伯的观察结果在 90 年的时间里被无数教科书和研究论文誉为“克莱伯定律”，那些文献中不乏多种解释、讨论和论证。然而，在种种努力之下，研究人员就推动这种关系的因素依然没有达成任何共识。

除了与质量成正比外，人们构思的最简单的模型可能就是基础代谢率与动物的表面积成正比。与第 11 章相呼应，我们可能会认为能量作为热量的流出取决于外表面，这必须由身体的整体能量消耗率来平衡。毕竟，几乎所有细胞、组织和整个生物体的活动最终都会以热量的形式耗散能量，这是热力学普遍规律的结果。新陈代谢和表面积之间可能存在某种等价关系，这预示着基础代谢率与质量的比例为 2/3 次方或 0.67 次方。这个数字从何而来呢？如果你对代数很熟悉，就会知道这是因为表面积的比例为长度的平方，质量的比例为长度的 3 次方。反过来，长度的比例为质量的 1/3 次方，因此表面积与质量的 1/3 次方的平方或质量的 2/3 次方成比例。如果你对代数不太熟悉，就可以假装没有读过这段文字。正如我们所看到的，这个表面积模型与数据不匹配，0.67 与 0.75 有着显著差异。然而，在对同一物种内的几种动物所进行的研究确实显示了基础代谢率与质量的比例为 2/3 次方。事实上，早在克莱伯发现这个现象的 50 年前，德国科学家马克斯·鲁布纳（Max Rubner）就对 7 种狗的能量消耗进行了研究，并发现它们的能量消耗量与质量的 2/3 次方成比例。豚鼠的耗氧量也表现出相同的行为。如第 10 章所述，有关数据表明，如果研究相同物种中的不同个体，那么等距将是一个粗略但便利的指南；而不同物种的分化则需要更显著的变化。

如果表面积不能解释克莱伯定律，那什么能解释呢？一种可能性是克莱伯定律实际上并不是什么定律。基础代谢率本身是很难测量的，所以我们也许不应该对数据点太有信心。此外，这些点不是整齐排列的，而是分散在最合适的直线上下，因此它的斜率可信度并不高。事实上，前面提到的 600 种哺乳动物的最佳拟合指数是 0.73，并不完全等于那个完美的精确指数 3/4（0.75）。对数据的多次扩展和重新评估，引起科研工作者对这个简单的结论产生了额外的怀疑。2001 年，麻省理工学院的彼得・多兹（Peter Dodds）、丹・罗斯曼（Dan Rothman）和约书亚・韦茨（Joshua Weitz）对多个数据集进行评估后得出结论，体重小于 10 千克的小动物的数值与 0.67 的比例指数非常吻合，这个体重大致相当于一只山猫的体重。较大的动物则偏离了这一趋势。如果坚持用一条直线拟合所有数据点，那么它的比例指数大约是 0.71，通过评估大部分的大型哺乳动物，可以将该指数推近至 3/4。就鸟类而言，彼得・贝内特（Peter Bennett）和保罗・H. 哈维（Paul H. Harvey）在 20 世纪 80 年代发现其标度指数为 0.67，与由表面积确定的基础代谢率一致。然而，对爬行动物进行的研究给出的指数为 0.80。

不同种类的生物会产生不同的代谢比例关系，这让人不禁质疑是否存在一种普遍原则支配着所有的生物。另外，有人可能会争辩说，生物体的自然特性导致它们具有不同的行为和生活史，因此这些变化是可以预料的，而这正代表了总体斜率。如果我们将所有数据点都放在一张图上，眯着眼睛模糊差异，就会看到这种斜率。这对于深入了解一般原则至关重要。如果我们能够对这种一般原则进行说明，那么后一种观点将更有说服力。

几十年来，关于克莱伯定律的争论一直不温不火。但在 1997 年，洛斯阿拉莫斯国家实验室的物理学家杰弗里・韦斯特（Geoffrey West）[①] 和新墨西哥大学的生态学家詹姆斯・布朗（James Brown）、布莱恩・恩奎斯特（Brian Enquist）使争论沸腾了起来，他们 3 人都与跨学科的圣塔菲研究所（Santa Fe Institute）有关联。韦斯特、布朗和恩奎斯特对代谢标度提出了创造性的解释，而且他们声称这一解释必然会导致 3/4 标度指数。在他们的描述中，代谢的关键决定因素不是生物体细胞的能量需求，而是供应细胞的循环和呼吸系统的物理限制。与表面积参数及其相关的 2/3 比例一样，几何是该理论的核心。然而，与熟悉的表面积几何不同，韦斯特、布朗和恩奎斯特的模型使用了另一种

① 世界顶级理论物理学家，是全球复杂性科学研究中心、“没有围墙的”学术圣地——圣塔菲研究所前所长。——编者注

被称为分形几何的数学模式。

分形生物学

我们可以感觉到，人行道上的裂缝、树叶上的纹理或窗户上的霜冻形状似乎具有某种复杂的规律，而这在我们小时候所学的标准形状中并不存在。如果我们改变观察的比例，那些简单的几何形状看起来就大不相同了。接下来让我们以一个圆为例进行说明。随着我们将圆的边缘不断放大，它的边看起来会越来越直（见图12-2）。

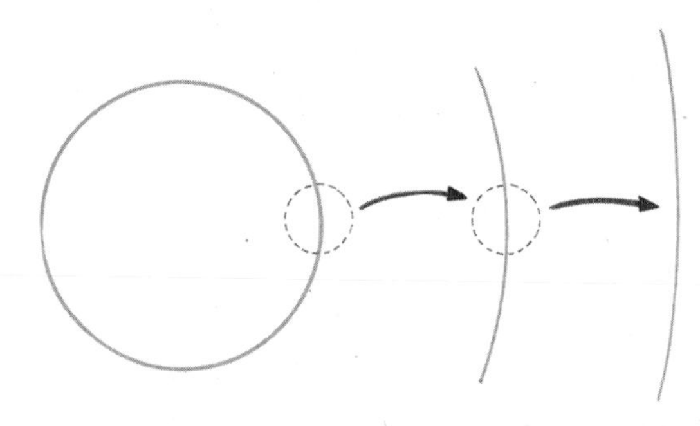

图 12-2　不断放大一个圆的边缘会让它的边看起来越来越直

现在让我们仔细观察一个由多次分支迭代形成的形状，意思就是将一条直线拆分为两条，然后将这两条直线分别再拆分为两条，以此类推（见图12-3）。

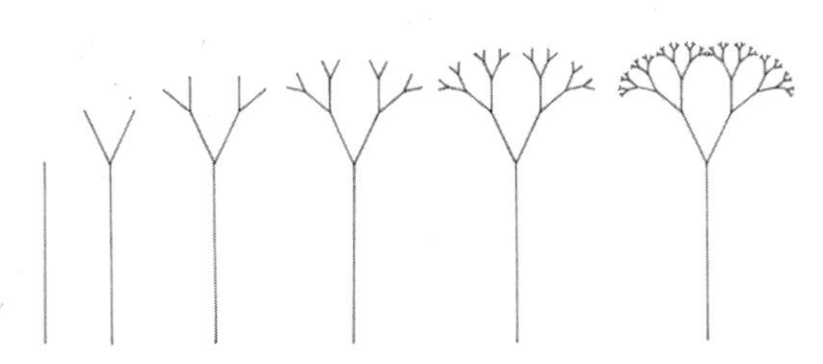

图 12-3　如何得到一个分支迭代的形状

经过无数级分支后得到的最终形状，无论放大多少倍，看起来跟整体形状都是一样的。它是“自相似的”（见图 12-4）。

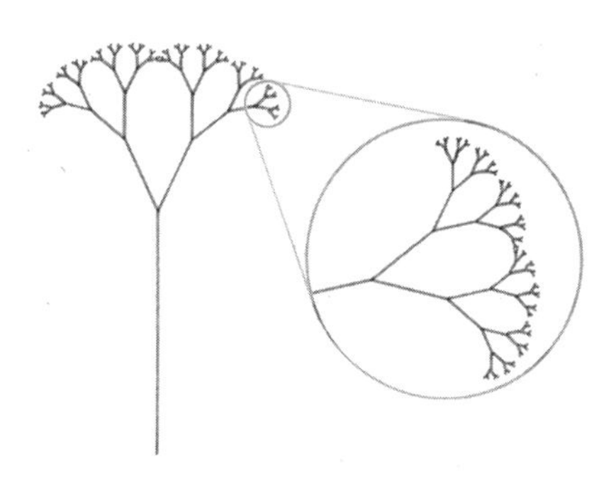

图 12-4 经过无数级分支后得到的形状

分支只是创建自相似性的众多方法之一。一个被称为分形几何的丰富数学领域规定了自相似形状的属性。例如，它们如何通过类似扩散的过程生成；如何在物质稀疏的情况下填充给定空间，以及如何能表现得不像一个一维、二维或三维物体，而是具有分维的对象，这也是它们被称作分形的原因。分形很好地描述了自然界的许多特征。比如，从细枝长出的嫩枝，形似从粗枝长出的细枝，也像从树干长出的粗枝；一种近似的自相似性连接了不同尺度的特征（见图 12-5）。正如数学家本华·B. 曼德博（Benoit B. Mandelbrot）所说：“云不是球体，山不是圆锥体，海岸线不是圆形。”换句话说，许多自然界中典型的形状与简单、标准的几何形状有着根本的不同。它们的自相似性不仅是对球体、圆锥体或圆形的微小修改，更是它们自身不可避免的本质。曼德博率先分析了这种形状，并创造了分形（fractal）一词。他曾开玩笑说，他的中间名首字母 B 代表了他的全名。[①] 虽然现实系统的自相似性并不会发展到无限小的尺度，但分形仍然为理解自然提供了一个强大的框架。血管的确切路径可能在细节上因动物而异，但都可以抽象地认为是分形分支网络。

① 这是一个分形的玩笑，他的名字 Benoit B. Mandelbrot 的第一个单词的缩写也是 B。——译者注

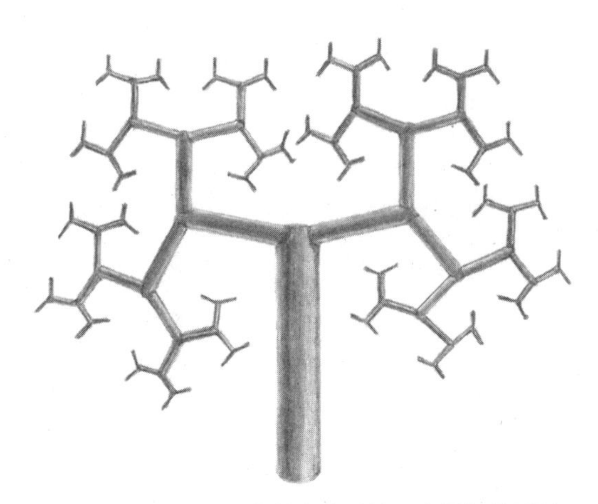

图 12-5 树枝是大自然中分形的一个很好的例子

韦斯特、布朗和恩奎斯特将代谢标度的奥秘重新定义为一个关于分形管道网络的问题。这些网络可以提供氧气、血液、营养物质和其他一切。韦斯特及其同事并没有关注动物或植物需要多大的代谢率，而是大胆地询问其供应网络可以维持什么样的流量。这又是一个物理学和几何学的问题。我们知道，把液体推过窄管道比推过宽管道更难。更准确地说，一根横截面积只有大管道一半粗的管道需要 4 倍的压力才能在相同的流速下驱动流体。正如在血管网络中那样，分支越细，越会给生物体带来更高的“能量税”，且能量大小取决于管道阵列的几何形状。更大的动物需要更多的分支来连接细胞尺度和全身尺度。韦斯特、布朗和恩奎斯特从数学上表达了这一点，并认为最有效的自相似网络会随着身体大小而自行扩展，因此自然会出现一个指数为 3/4 的代谢率与质量的比例关系，即克莱伯定律。

1997 年，韦斯特、布朗和恩奎斯特在著名杂志《科学》上发表的论文引起了巨大轰动。自发表以来，这篇论文已被 4 000 多篇研究论文引用。看起来我们似乎已经揭示了克莱伯定律背后的生物物理学原理。

然而，令人遗憾的是，故事的结局并不那么简单。确定能量最优的网络几何结构在数学上极具挑战性，一些研究人员发现韦斯特及其同事的证据中有着微妙但重大的缺陷。同时还有另外一个问题不容忽视，分形供应模型依赖几个基本假设。例如，与分支架构细节相关的假设。但这些假设不一定是真的。虽然不知道它是真是假，但我们仍然保留了这个令人着迷的模型，即便它并不能证明克莱伯定律源于众所周知的基本原理，它只是告诉我们克莱伯定律或许等同于其他可能的自然定律的集合，并鼓励我们继续对它们进行相关探索。

韦斯特、布朗和恩奎斯特的工作带来的最大贡献可能就是它重新激发了我们对新陈代谢的思考，并促使许多生物学家、物理学家和数学家将注意力转向这个话题。随后而来的数千篇论文中，有一些是可喜可贺的；有些文章是值得批判的；有一些文章将分形模型应用到了其他系统中，这部分我们稍后再详细介绍；还有一些文章则将这一理论推向了令人惊讶的方向。例如，在 1999 年，贾亚特·巴纳瓦尔（Jayanth Banavar，目前是我在俄勒冈大学的同事）、埃默·马里灿（Amos Maritan）和安德烈埃·里纳尔多（Andrea Rinaldo）开发了一个完全不需要自相似性的数学模型。他们研究了分支输送网络递送材料的速率与网络本身所占体积之间的关系，并认为最紧凑的网络是递送速率按动物总体积或质量的 3/4 次方缩放的网络。因此，我们的想法是，动物进化的目的是使其循环系统所需的体积最小化，从而得出了克莱伯定律。将该模型再次应用于动物代谢仍需要做一些假设，可这些假设的有效性已经受到一些研究人员的质疑，不过总的来说，这些想法仍然很有趣。

我们该怎么办？我们该如何理解克莱伯定律，以及更广泛地理解新陈代谢？如前所述，一种可能性是克莱伯定律并不是真正的定律，3/4 指数只是我们的一厢情愿。不过研究人员也提到了另一种可能性，那就是这个粗略的 3/4 法则可能代表了某种形状和形式方面的特征，只是我们目前对此尚不理解。还有一种可能性是，克莱伯定律并不是规定新陈代谢必须如何工作的基本定律，而是生物体遵循许多其他生物物理定律的结果。例如，假设动物只由肌肉和骨骼组成，1 千克肌肉和 1 千克骨骼都分别有各自的特点和恒定的燃料需求，但肌肉的燃料消耗率大于骨骼。忽略整体尺寸，如果肌肉和骨骼的比例保持不变，那么动物的整体代谢率将与其总体重成正比。然而，我们在第10章中看到，较大的动物有较大的骨骼。体型较大的动物的总骨量比例更大，这有助于弥补骨骼强度与体重相比时的弱势。因此，动物的总代谢率将比质量的一次方更弱，从而使得指数低于1.0，这是出于骨骼力学的原因，而与任何能量消耗或营养使用都毫无关联。

当然，动物不仅是由肌肉和骨骼组成的。每个器官和组织都有自己的大小和形状特征，而且目前都在不同程度上被人们所理解。总之，这一切可能都相互交织在一起，共同体现出生物体的代谢特征，并且这些代谢特征可以用简单的指数或更复杂的关系来描述。生物化学家兼作家尼克·莱恩对这一观点进行了很好的描述，加拿大不列颠哥伦比亚大学教授彼得·霍克其卡（Peter Hochachka）的研究小组也对这一观点进行了精确的模拟。不幸的是，霍查卡及其同事的初始模型存在严重的数学缺陷，这种方法是否能被塑造成一种严谨而令人信服的理论还有待观察。

谁在乎代谢标度呢

我们在这一章中得出的结论是，我们无法得出任何结论。亲爱的读者，你可能会有些好奇，如果没有一个令人满意的结局，我为什么要把你拖入这个谜题中呢？或者你可能会问，为什么有人会关心一个根本无法解决的谜题。在某种程度上是因为这个问题很单纯，只关乎代谢率如何取决于质量。另外，最主要的是这其中包含了来自普遍规律的数据提示。然而，除此之外，如何解决这个问题要比动物能量学的问题本身更重要。

一头大象需要多大的森林？这个问题的答案部分取决于大象为了维持正常代谢而必须吃掉的树叶量。物种丰富度的变化和可用空间的变化，例如，由疾病、偷猎或森林砍伐引起的变化可能会改变更大型或更小型生物代谢的需求方式，从而波及整个生态系统。从更宏大的视角来看，人们可以关注整个生态系统的代谢是什么样的，是否有超越特定组成生物细节的规则。布朗、韦斯特和其他人已经按照这些思路论证了“生态代谢理论”。人们可能希望，更好地理解代谢标度将有利于制定更好的保护策略和土地利用策略。

新陈代谢会影响我们生存的基本特征，如寿命。在本章前面内容中提到，大象要比小鼠的寿命长得多，典型的非洲象的预期寿命超过 60 岁，而每只小鼠，即使逃脱了被吃掉的命运，平均也只能活 2.5 年左右。这种对比代表了一种普遍趋势：在整个动物王国中，平均寿命随着体重的增加而增加。哺乳动物的寿命与质量的关系图展示出了一个粗略的幂次定律，其标度指数约为 1/4，至于其中的原因仍无人知晓。克莱伯定律指数 3/4 正好是 1/4 的整数倍，这一事实可能反映了一个共同的起源，正如网络模型所暗示的那样，当然也可能只是个巧合。大象和小鼠的心率也不同，大象的心脏每分钟跳动约 30 次，小鼠的心脏每分钟跳动约 600 次。这再一次说明了心率随体型增大而减慢的一般趋势。而且我们又发现了一个标度指数，-1/4，这也是 1/4 的倍数。负指数表示关系在对数轴上向下倾斜。心率和寿命相反的指数结合在一起可以得到一个有趣的结果。将心率和寿命相乘，即每分钟心跳次数乘以总寿命，可以得到动物生存期间其心脏跳动的总次数。+1/4 和 -1/4 抵消后，无论动物的体重是多少，它的心跳次数都是恒定的。更准确地说，质量 $^{+1/4}$ × 质量 $^{-1/4}$= 质量 ^{0}，由此我们会得到一条完全没有斜率的平坦直线。小鼠、大象及所有大小不一的哺乳动物都有大约 10 亿次的心跳。顺便说一句，人类是一种特例。我们的寿命大约是相同体重动物的正常寿命的两倍。一种典型的 100 千克级哺乳动物的寿命大约为 30 年。因此我们可以支配大约 20 亿次心跳。这些与心率、寿命、新陈代谢等相关的关系可能都是偶然的，也有可能指向某些联系，如果我们能搞清楚其中的联系，就可以深入了解生活中的一些基本方面。

最令人惊讶的也许是，了解自然界的代谢标度规律可能有助于我们了解非自然的标度，如城市活动。杰弗里·韦斯特和其他人在上述分形模型的基础上提出城市就像生物体一样，受网络特性的支配。这些网络可能是公路、道路和车道的网格，也可能是输送液体和电流的管道与电线阵列，还可能是金融交易网，或者是连接人们的社交网络。数据表明，**预料之外的尺度推绎定律可能会影响收入、道路覆盖率、专利申请等对城市规模的依赖性**。然而，这些数据是杂乱无章的，而且它们的趋势甚至比动物新陈代谢的趋势更具争议性。尽管如此，城市生活背后具有深层次规律的可能性还是很吸引人的，特别是因为地球人口的持续城市化需要更好的城市设计和管理来支撑。

尽管理解代谢标度是个很吸引人的课题，但你可能仍然会对目前的混乱状态感到沮丧。没关系，我也是。一个根本原因是丰富的理论和稀疏的数据之间存在的巨大不平衡。关于克莱伯定律的论文数量已经远远超过了测量的数据点！科学不仅仅是理论。事实上，科学之所以成为科学，是因为想法是通过预测现实世界的能力来检验的。实际上也不乏一些在数学上合理、巧妙，但其实是错误的理论。我管理着一个研究实验室，在实验室里，我们不仅使用方程式和计算机，也需要通过实验来验证。这在很大程度上是因为我想了解大自然的实际行为方式，并为这种方式感到震惊。

想要通过实验来测试代谢标度是很难的。虽然到目前为止，我们多次假设动物变得越来越小或越来越大，但真正的大象和小鼠身上并没有可以控制体重的旋钮。不过有一些聪明的方法可以间接地做到这一点。例如，德国德累斯顿的弗兰克·于利歇尔（Frank Jülicher）、约亨·林克（Jochen Rink）及其同事最近研究了扁形虫，扁形虫的生长或缩小取决于食物的供应情况，其质量的变化范围可以超过 1 000 倍。令人震惊的是，他们测得的扁形虫的代谢率随着其体重的增加而增加为原来的 3/4 次方倍，正如克莱伯定律所预测的那样，这与前面提到的表征同一物种的指数通常为 2/3 相矛盾。研究人员将变形虫的这种缩放形式归因于动物细胞在储存脂肪和糖的方式上存在质量依赖性的变化。这是一条通向克莱伯定律的一般途径，还是扁形虫的一种特性，这一点仍有待确定。我们的谜团依然神秘。它的解决仍有待于出现新的数据，或者也可能是新的动物。

我们在过去几章中遇到的尺度推绎关系，反映了基因组中负责编码的细胞机器与物理定律的大尺度约束之间存在联系。在第三部分中，我们将了解为什么，以及如何读取和编写基因组，从而在小尺度和大尺度下影响基因组的功能，并重新设计生物体。我们可以想象，理解生物物理的尺度推绎关系会提高我们进行遗传预测的能力。或者说，基因工程的结果会揭示出我们对尺度推绎定律的理解是否正确。这两种说法可能都是正确的。

塑造生命的 4 大物理原理 ——►

更大尺度下的生命

So Simple a Beginning

- 动物的大小、形状和行为都是相互交织在一起的，它们之间的关系取决于其遇到的物理力和所居住的环境。有一个可以指导我们理解这种现象的强大概念，那就是尺度推绎。力、能量和物质流、材料特性以及几何特性都对尺寸有着特殊的依赖性，它们会以特定的方式随尺寸而按比例变化。这种关系决定了生命可以利用的形式和行为。

- 当我们研究各种尺寸的生命世界时，尺度推绎关系的反复出现将这个概念提升为一个广泛的指导主题。尺度推绎的概念提供了统一动物形状和行为多样性的连贯性，也解释了为什么存在这种多样性，因为生物体是在物理力中进化的，而物理力的表现形式和大小因尺寸不同而不同。

- 最令人惊讶的也许是，了解自然界的代谢标度规律可能有助于我们了解非自然的标度，如城市活动……城市就像生物体一样，受网络特性的支配。这些网络可能是公路、道路和车道的网格；也可能是输送液体和电流的管道和电线阵列；还可能是金融交易网；或者是连接人们的社交网络。数据表明，预料之外的尺度推绎定律可能会影响收入、道路覆盖率、专利申请等对城市规模的依赖性。

第三部分

设计生物体：从读取 DNA 到编辑 DNA

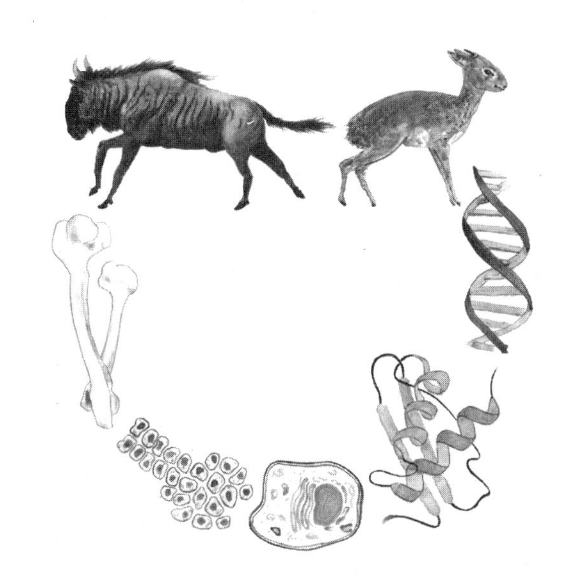

So Simple a Beginning

第 13 章

我们如何读取 DNA

在前面的章节中，我们已经知道了生命涉及物理对象和物理定律的相互作用，包括由自组装、调节、随机性和尺度推绎原则支配的分子、细胞和器官。这两类对象和法则并不是真正独立的。例如，蛋白质之所以是蛋白质，是因为布朗运动驱动其组分氨基酸在不断舞动的过程中进行自组装，以探索三维形状的可能性。生物体的基因组将有形的物质和塑造物质的力量联系在一起，基因组编码的氨基酸序列和调控基序将由物理作用进一步塑造。因此，**改变基因组会改变由此基因组产生的生物体**。

到目前为止，在这本书中，我的目标主要是阐明物理原理和生命自然运作的交集。现在，在第三部分中，我们将深入研究如何应用新发现的知识，以及巧妙又勇敢的方法来改变生物的运作方式。生物物质的物理性质不仅对新技术的实施至关重要，而且对其本身所产生的影响也至关重要。例如，我们从 DNA 序列的差异中可能推断出什么？或者如果我们改变这些序列，能不能产生什么结果？这些都取决于协调基因读出的过程、细胞内形成的蛋白质结构、引导和约束自组装的力、微观环境中固有的随机性及其他生物物理关系。牢记生命的物理背景将有助于我们对当前和未来生物技术的影响形成现实的看法，区分可能或不可能、可行或不太可行。

在第 15 章中，我们将探索重写基因组的方法。然而，在写作基因组之前，我们必须能够阅读基因组，辨别及描述出一套给定 DNA 的 A、C、G 和 T 序列。事实上我们已经拥有了这一能力，利用 DNA 这一重要分子的物理特性及自组装和微观随机性的建设性力量，我们已经创造出了令人眼花缭乱的技术。

为什么 DNA 难以阅读

阅读 DNA 本身让我们获得了对生命的深刻见解，并产生了发人深省的实际后果。某些突变的异常序列可能会增加某种患病风险，如癌症。检测到这些异常序列可能会让我们采取有效的预防措施。与此相关的是，对癌性肿瘤中的细胞进行测序可以揭示特定的基因特征，并提示特定的治疗方法。这些应用和其他许多应用都需要一张 2 纳米宽、1 米长的分子地图。

我们从第 1 章就已经知道，DNA 是一个链状分子，仅由 4 种可能的单元组成。那么，为什么读取其序列却并不简单呢？如果我把“分子”（molecule）这个词写在一张纸上，你会立即看到它的字母顺序是 M-O-L-E-C-U-L-E。但 DNA 的问题在于它的尺寸很小，每个核苷酸的长度约为 1/3 纳米，1 纳米等于 1/1 000 000 000 米，即 10^{-9} 米。这不仅对于人体尺度来说很小，甚至对于任何光学显微镜来说都太小了。与无线电波或 X 射线一样，光是一种电磁波，是电场和磁场的行波。可见光的波长一般是几百纳米，具体值取决于光的颜色。光学定律表明，无论制造什么样的透镜、反光镜或显微镜，人们所能辨别的最小细节特征大约就是用来观察它们的光的波长大小。任何比此更精细的特征都会被模糊在一起。即使我们给每个 A、C、G 和 T 标记不同的颜色或各自的标志，在图像中它们也会与其相邻的上千个核苷酸模糊在一起。试图简单地读出 DNA 序列是不太可能的。

你可能会想，如果使用可见光以外的东西来形成图像，那这个问题不就迎刃而解了吗？事实上这种方法也失败了。当然，世界上存在更小的波长。例如，X 射线的波长在 0.01 ～ 10 纳米；电子也会表现出波的特性，当我们在电子显微镜中引导电子时，其波长仅为 1/10 纳米或更小。DNA 核苷酸在原则上可以用这两种探针中的任何一种进行解析，但在实践中会出现许多问题：X 射线很难聚焦；X 射线和电子束的高能量可能具有破坏性；从 X 射线和电子的角度来看，不同的 DNA 核苷酸几乎是相同的，因此即使我们能够形成图像，也无法确定 DNA 序列。你可能会觉得很奇怪，为什么 X 射线在这里帮不上忙，毕竟我们在第 1 章中曾了解到 X 射线可以被用来确定 DNA 的双螺旋结构。然而，现在我们需要让 X 射线穿过整个 DNA 晶体，而 DNA 晶体是一个由数万亿相同分子组成的网格。波与所有这些 DNA 链的相互作用揭示了它们通用的扭曲阶梯结构，但这种相互作用无法识别任何单一 DNA 链的序列。

将单词拼凑在一起

因此，阅读 DNA 是很困难的。在 1953 年揭示出 DNA 双螺旋结构的 15 年后，吴瑞（Ray Wu）[①] 和戴尔·凯撒（Dale Kaiser）成功破译了病毒基因组的 12 个核苷酸，而其全基因组包含约 48 000 个核苷酸。5 年后，艾伦·马克萨姆（Allan Maxam）和沃尔特·吉尔伯特（Walter Gilbert）确定了构成 lac 阻遏蛋白 DNA 结合位点的 24 个核苷酸序列。这项工作耗费了 2 年的时间，按照这一速度，我们需要 2.5 亿年才能对完整的人类基因组进行测序。显然，人们希望对此有更好的方法。

现在，更好的方法已经出现了，在接下来的内容中，我们将对这些方法进行详细的研究，不仅因为它们对现代世界的重要性，更是因为这些方法本身就足以证明人类有能力研究 DNA 和其他生物分子的物理性。尺寸、刚度和电荷

① 生物化学家，对基因工程技术的发明，以及获取 DNA 序列测定方法有突出贡献。——编者注

等属性，以及自组装和随机性等主题为本章节中涉及的实践内容提供了背景。

1977年前后出现了两种测定DNA序列的巧妙方法，一种是由马克萨姆和吉尔伯特发明的，另一种是由弗雷德里克·桑格（Frederick Sanger）及其同事发明的。桑格的方法是这两种方法中比较简单的那一种，因此很快就在DNA测序中占据了主导地位，成为20多年来的首选方法。接下来我将开始描述如何通过桑格测序法读取DNA。

想象一下，如果你不能一个接一个地读出字母M-O-L-E-C-U-L-E，摆在你面前的是许多单词的截断副本，你只能辨认出这些截断副本的最后一个字母："？？L""？O""？？？？？U"等。你注意到所有3个字母的片段都以L结尾，所有4个字母的片段都以E结尾，以此类推，你可以推断出完整的单词是MOLECULE（分子）。从概念上讲，这就是桑格方法及其他一些方法的精髓，即将阅读任务重新想象为对不同片段的识别，而不是沿着一条完整的线前进。

在第1章中，我们已经接触了该方法中的几个步骤。想象一下，现在有一段DNA，它不是一个完整的基因组，而是一种更容易处理的、可能只有几百个核苷酸长的DNA片段。首先，我们可以通过聚合酶链反应来产生无数的片段拷贝，再通过加热使每个双螺旋的两条链分开。暂时忽略这两条链中的一条；想象它们是数百万个相同的单链DNA。请记住，DNA聚合酶可以将游离核苷酸缝合在一起，合成新的互补链，从而生成任何单链DNA的完美互补物。现在我们又有了一个新的想法：想象一下，研究人员再次使用DNA聚合酶复制DNA，就像正常的PCR一样，但在游离核苷酸的存量中加入一小部分缺陷单元，即略微不同的A、C、G和T，它们仍然可以连接到链上，但新的核苷酸却无法被继续连接到链上。每一个核苷酸的添加都像是在掷骰子：如果DNA聚合酶锁定在一个正常的游离核苷酸上，链的延伸就会继续进行；如果它抓住了一个修饰后的核苷酸，则链的延伸就会终止于最后这个单位。由于末端核苷酸的添加是随机且罕见的，研究人员最终会得到许多具有相同起点但延伸长度不同的 DNA 链（见图 13-1）。

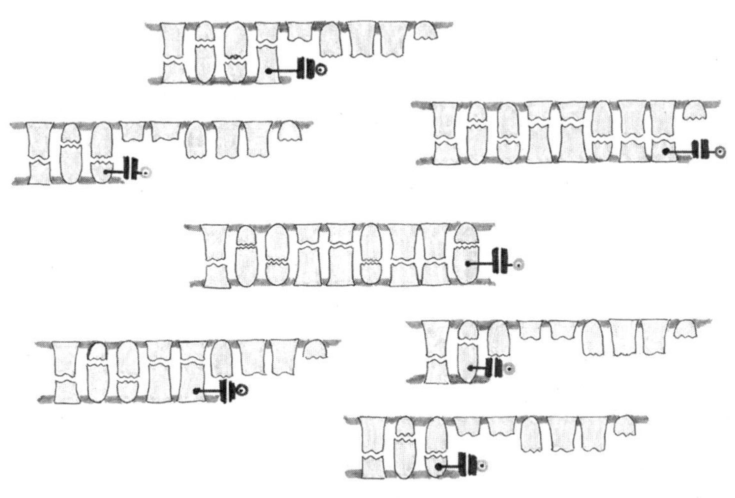

图 13-1　具有相同起点但长度不同的 DNA 链

到目前为止，修饰后的核苷酸造成的结果似乎只是破坏了 PCR，但这些末端单元的设计不仅是为了阻止 DNA 的延伸，更是为了发光：不完全的 A、C、G 和 T 都分别具有不同的灰度（见图 13-1）。除了灰度外，它们还具有其他可能的标记方式。桑格测序法最初使用的是放射性标签，而且因为 PCR 在当时尚未被发明，所以他们使用细菌来克隆 DNA。我们刚才描述的是后来更有效的改进方案，但基本原理是相同的。

接着，最后一个熔化步骤是将每个 DNA 分子分离成单链，并在末端标记不同长度的片段，就像那些只有最后一个字母可见的单词片段一样。然而，研究人员仍然不知道给定的碎片有多长，而且由于这些碎片太小，因此无法用可见光对其进行观察。正如我们在第 1 章中所看到的，PCR 利用了 DNA 的一个重要物理特性：解链，也就是说，DNA 在高于临界温度的条件下会分离成单链。桑格测序法在此基础上又利用了 DNA 的另一个物理特性：电荷。

DNA 带有负电荷，我们在第 3 章中讨论 DNA 包裹组蛋白时曾了解到这一知识。因此，人们可以用电场来移动 DNA，从而将分子拉向正极，远离负极。在清水中，DNA 片段无论大小都以相似的速度移动。更大的碎片带有更多的电荷，因此就会有更强的电力推动它们前进，但同时它们也会受到更多来自流体的阻力。受到物理学的支配，作用力和阻力会随着碎片大小而缩放，这个结果看似微妙又复杂，但最终它近乎完全被消除了，碎片在简单液体中的流动性几乎与长度无关。然而，这种情况在一块凝胶中发生了变化。在一种类似果冻的可食用明胶的凝胶中，长链状分子相互固定，形成了一个可渗透水的多孔三维网状结构。单链 DNA 必须蜿蜒地穿过小孔才能穿过凝胶，这一过程的专业术语是表层蠕动（reptation），这要求 DNA 链进行一系列的扭曲，因而较长的 DNA 链比较短的 DNA 链需要花费更多的时间（见图 13-2）。

图 13-2　DNA 在凝胶中泳动

注：图中深灰色的为单链 DNA 示意图，其他三维网状结构为凝胶示意图。

布朗运动的可预测的随机性对这种前进方式至关重要。没有布朗运动，无论电场有多强，DNA 都会卡在凝胶中；如果一条链的两端落入不同的孔中，分子就会像晾衣绳上的毛巾一样悬垂在屏障上，永远不能自由。然而，由于布朗运动，DNA 会不断地抖动和重新定向，它们会从一个孔中脱身，然后再穿过另一个孔。微观随机性的统计可预测性为分子的运动提供了一个定义明确、数学上易于掌握的速度。

DNA 的复制、末端标记、电场驱动和凝胶拖拽的最终结果就是可以直接读出核苷酸序列。给定长度的所有碎片都有相同的颜色标记在其末端。例如，以 C 结尾的 27 个核苷酸长的链是红色的，它带有一个末端修饰的 C；同样，以 T 结尾的 28 个核苷酸长的链是蓝色的，它带有一个末端修饰的 T。以此类推。其中 27 个核苷酸长的链中没有一条末端是蓝色的，因为该长度的所有片段都是彼此的克隆，都必须以 C 结尾，而所有终止的 C 都是红色的。读到这里，你是不是在担心那个被我们忽视了的另一半原始双链 DNA，担心它会产生另一组分子片段，那么请你放下这种担忧：引物的明智选择可以引导 DNA 聚合酶在桑格测序中只作用于一条单链，因此另一条链根本不会被复制。

此时，所有的 DNA 片段都会一起开始穿过一根薄薄的凝胶管，但它们会以不同的速度分离。观察试管上的一个特定点，研究人员先看到了一个红色的脉冲经过，接着是蓝色的脉冲，然后是另一个蓝色的脉冲，之后是绿色的脉冲，以此类推，我们的原始 DNA 片段具有序列……CTTA……。我们就这样读取了 DNA。

受益于技术的进步及快速增长，到 20 世纪 80 年代中期，桑格测序法及其改进方法每天能够读取约 1 000 个核苷酸，大家常常把它称为第一代测序方法。不过大家更习惯把它写成每天 1 000 个碱基，并用碱基的数量来表示基因组的长度。就我们的目的而言，核苷酸和碱基之间的区别并不重要。如果想要卖弄学问，可以强调一下 A、C、G 和 T 这 4 种核苷酸是由腺嘌呤、胞嘧啶、鸟嘌呤和胸腺嘧啶这 4 种碱基组成的，这些碱基与一种被称为核糖（ribose）的糖及一组被称为磷酸基团（phosphate group）的磷和氧原子共同组成核苷酸。换句话说，核苷酸指的是碱基 + 核糖 + 磷酸，**核糖和磷酸基团连接在一起形**

成了 DNA 链。

将所有序列片段拼接在一起后，就可以揭示整个基因组的序列。1968 年，吴瑞和吉尔伯特只能够观察到感染细菌的病毒的 12 个核苷酸；而到了 1982 年，我们已经获得了完整基因组的 48 000 个碱基对。酿酒酵母（*S. cerevisiae*）完整基因组的 1 200 万个碱基对于 1996 年被绘制了出来，秀丽隐杆线虫（*C. elegans*）完整基因组的 1 亿个碱基对于 1998 年被绘制出来。当然，最诱人的目标是智人（Homo sapiens）基因组。虽然桑格测序在原则上可以解决人类基因组问题，但将其应用于包含数十亿个碱基对的基因组，实际上是一项巨大的技术挑战。这项任务不仅要求改进生物化学方法，如与改造末端核苷酸相关的生物化学，还要求我们改进 DNA 物理操作工具，包括解链、推动、检测发射光，等等，且所有这些都需要被快速、有力地执行。

1988 年，美国国会批准为后来的人类基因组计划（Human Genome Project）项目提供资金，该项目会于 1990 年启动，预计完成时间为 15 年，估计费用为 30 亿美元。就这笔资金的规模而言，1990 年美国联邦非国防相关研究支出总额约为 230 亿美元。就像 20 世纪 60 年代的阿波罗登月计划一样，人类基因组计划引发了探索新领域的思潮，只不过这一次探索的是细胞的内部世界，而不是外层空间。尽管有大量的国际合作，但人类基因组计划是由美国政府资助的，并且主要是由美国国立卫生研究院和能源部组织的。然而在 1998 年，一个由生物技术学家克雷格·文特尔领导的私人资助小组宣布了一项计划，他们要以独立的方式对人类基因组进行测序，而且要比人类基因组计划更快、成本更低。一项比赛开始了！后来这两个小组都取得了成功，并于 2001 年联合宣布了一个完整度达到 90% 的人类遗传代码版本。2003 年，该人类遗传代码的覆盖率达到了 99%，至此他们宣布早于计划两年实现了基本完整的基因组测序。这项工作目前仍在继续，以努力填补那些由于重复序列等困难而未能被破译的少数剩余片段。到 2004 年，他们已经得到了完整度高达 99.7% 的基因组。

你可能想知道，究竟是谁的遗传密码被测序了？事实上这两个项目都使用了复合材料，就是来自多个个体的 DNA，因此一些片段来自一个人，一些来自另一个人，最终得到了一个总的基因图谱。然而在实践中，每个项目中的大多数遗传物质都来自单个个体。在人类基因组计划中，遗传物质可能是一位来自纽约州布法罗市的匿名男子，而在文特尔的研究成果中，这位匿名捐赠者后来被透露为……克雷格·文特尔他自己！这些人当然不能代表整个人类，想要了解我们的物种，则需要一张统计画像，这需要对更多人类基因组进行测序。同样地，如果我患上了癌症，医生需要的是我的恶性细胞的基因组，而不是一般恶性细胞的平均值。想要解决这些局限性，就需要更快、更便宜的技术。幸运的是，这些技术距离我们已经不远了。

一次读很多单词

人类基因组计划耗费 30 亿美元，相当于每个碱基对耗费约 1 美元。这是一项了不起的成就，因为就在不到一代人之前，我们甚至不知道 DNA 的结构。尽管如此，对于常规的应用来说，这项计划的成本实在太高了。在 21 世纪初，一些巧妙的新技术出现了，部分原因是受到用于测序创新的公共基金的激励。这些测序方法统称为下一代、第二代或高通量方法。在桑格测序，即第一代测序中，一次只能测序 1 个重复片段。将片段混合在一起将是灾难性的，因为我们将失去截断的亚片段长度与其末端核苷酸之间的唯一对应关系。第二代方法本质上是平行的，能够一次测定许多片段，并且在大多数情况下能够在 DNA 链扩增时读取 DNA 链。现在，我们来看一下第二代测序方法。虽然在细节上各不相同，但所有这些方法都有一个共同的主题：利用 DNA、DNA 相关材料或两者兼有的物理属性。

焦磷酸测序（pyrosequencing）是一种新一代的测序方法，其成功的部分原因是其利用了萤火虫令人惊叹的能力。我们都知道，DNA 聚合酶会将新的核苷酸缝合到DNA链上。但通过仔细计算，我们发现组成核苷酸的原子和组成DNA链的原子并不完全匹配。将核苷酸连接到DNA链的反应会释放出一种被称为焦磷酸盐（pyrophosphate）的小分子，它由2个磷原子和7个氧原子组成。焦磷酸测序体系中包含的一种蛋白质可以将焦磷酸盐转化为腺苷三磷酸（Adenosine Triphosphate，ATP），即细胞进行多种不同活动时消耗的一种能量分子。其中一项活动是由一种叫作荧光素酶（luciferase）的蛋白质进行的发光化学反应，这种酶使用ATP作为燃料。在拉丁语中，*lucifer* 的意思是"光明的使者"。萤火虫、磕头虫和发光真菌等生物会天然地产生荧光素酶。正如我们在第2章中了解到的水母制造的绿色荧光蛋白一样，生命的多样性提供了多种工具，我们可以创造性地重新利用这些工具。

因此，焦磷酸测序的工作原理如下：与桑格测序一样，焦磷酸测序从DNA片段开始，复制原始DNA从而产生多个拷贝并解链成单链。同样，DNA聚合酶将从给定的单链中生长出第二条互补链。想象一下，现在只有单链DNA的一个分子固定在烧杯上。研究人员向烧杯中倒入含有荧光素酶和其他成分的液体，但其中只含有一种核苷酸，如腺嘌呤A。如果检测到了一个光脉冲，则意味着A一定是通过DNA聚合酶添加到链上的，因此A一定是DNA序列中的下一个核苷酸。相反，黑暗意味着A没有被添加，也就不是下一个核苷酸。之后研究人员取出含A的液体，再用C、G和T重复这个过程3次。4次操作中有且只有一次会发出一束光，那么这个字母就被锁定了。重复该过程会生成下一个字母、再下一个字母，以此类推，DNA会在扩增的过程中一点一点被读取。

我还没有解释这个过程是如何并行化的。此外，它似乎需要完美的灵敏度，因为一个焦磷酸盐的产生必然会导致一个荧光素酶发出一个非常微弱的光脉冲，而这个过程是不可逆的，我们必须完美地检测到它。如果有任何一个步骤失败，我们就会丢失一个遗传代码。并行性（parallelism）和稳健性

(robustness)[①] 这两个问题是通过相同的物理策略解决的，那就是将许多相同的 DNA 片段聚在一起。

与桑格测序法一样，首先将 DNA 片段化为长度小于 1 000 个碱基的小片段。DNA 双链片段被熔化分离成 2 条链，具体做法请参照第 1 章的内容。另一个简短的被化学修饰的碱基序列将每个单链 DNA 连接到一个微球的表面，从而将 DNA 与过量的微球混合在一起，因此任何微球的表面都不太可能有 1 个以上的 DNA 分子（见图 13-3）。

图 13-3 将单链 DNA 固定到微球上

将微球和 DNA 放置在水溶液中。在搅拌或流动下让水溶液与油混合，以产生比微球没大多少的水滴，其中每个水滴中包裹的微球数量不超过一个（见图 13-4）。

① 稳健性是指生物体或一个反应在内源或外源因素的干扰下仍然能保持其自身功能或反应进行的能力，这里指的是测序反应的抗干扰性。——译者注

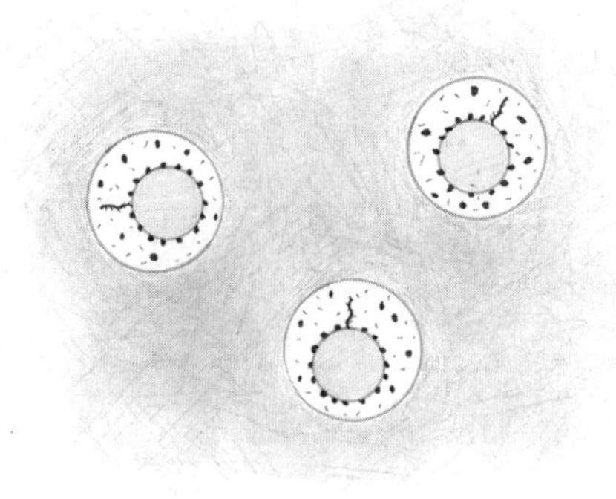

图 13-4　包裹微球的水滴

微球表面用引物修饰，以启动 DNA 聚合酶的 DNA 合成。这种水溶液含有 DNA 聚合酶和核苷酸，以及使单链互补链能够复制的引物。因此，每一滴液滴中都包含所有成分，可以生成大量的起始片段拷贝，通常约为一百万份。复制完成后，研究人员收集液滴并添加肥皂或酒精来降低表面张力，使每一滴液滴在油中保持单独隔离，这部分内容请参考第 11 章。水滴聚集并流过一个盘子，盘子上点缀着恰好比单个微球略大的小凹槽，使每个凹槽都只能放置一个 DNA 包被的微球。此时 DNA 是双链的，其中一条链由表面附着的引物控制。熔化双链 DNA 并洗掉未结合的 DNA 链，会留下一排小球体，每个球体表面都覆盖着相同的单链 DNA 分子构成的森林（见图 13-5）。

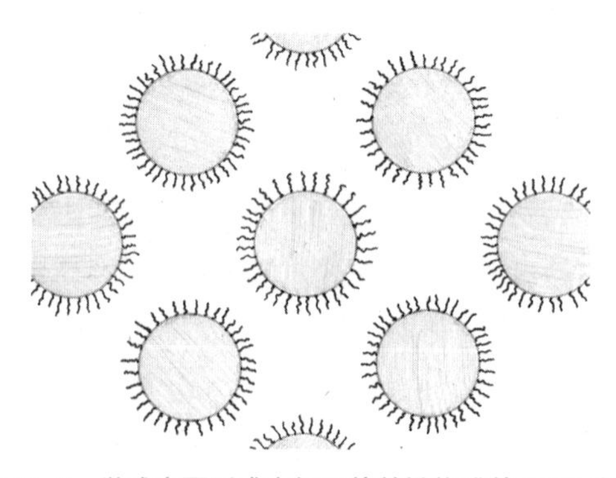

图 13-5　微球表面形成由相同的单链构成的 DNA 森林

现在焦磷酸测序可以开始了，随着百万倍复制的 DNA 的生长，当我们观察每个凹槽中的闪光时，会发现这比测定单个 DNA 分子时要亮一百万倍。如果 DNA 序列中有重复的字母，那么脉冲会变得更亮，例如，两个连续 A 的脉冲亮度是一个 A 脉冲亮度的 2 倍。研究人员，或者更准确地说，是他们的机器，将颜色和强度的序列制成表格，从而读取 DNA。

这一精心设计的方案实际上是可行的，而且足够强大，是 2005 年一家名为 454 生命科学的公司第一个商业化的下一代测序方法。花费大约 50 万美元，你就可以购买一台机器来进行焦磷酸测序，并输出构成目标 DNA 的核苷酸字母。你应该不会花 50 万美元购买一台这样的机器放在客厅，但中等规模的研究机构完全可以这样做。就价格而言，2005 年，美国房价中值约为 24 万美元。然而，焦磷酸测序仪现在已经不再销售了，取而代之的是其他同样令人惊叹的测序技术。

另一种与焦磷酸测序类似的方法利用了将核苷酸缝合到 DNA 链上后留下的另一个片段。这个片段非常小，看似微不足道，因此对它的检测尤其令人震惊。这个片段是一个单质子。我们周围的日常物质都是由质子、中子和电子组成的。最轻的元素氢仅由一个带正电荷的质子和一个带负电荷的电子结合而成。一个单独的质子甚至比氢元素还要小。想要快速而可靠地检测到它需要通过一种非生物技术：晶体管（transistor）。

晶体管构成了手机、计算机和无数其他电子设备的电路。在每个晶体管中，从一个点流向另一个点的电流是由第三个点控制的，这有点像沿河的船只交通由吊桥操作员控制。在所谓的场效应晶体管中，控制因子是电场，如来自晶体管表面附近质子的电场。

与焦磷酸测序一样，涂有克隆 DNA 片段的微球会沉淀到单个凹槽中。凹槽阵列位于半导体芯片的顶部，这样的构造能保证每个凹槽底部都有一个场效应晶体管。这种方法检测到的不是光脉冲，而是电流脉冲。这项技术已被离子激流公司（Ion Torrent）商业化了，离子激流公司是由成果斐然的生物技术学家乔纳森·罗斯伯格（Jonathan Rothberg）创建的，他曾领导454生命科学公司。离子激流公司于2010年推出了个人基因组机器。这台机器可以放在桌面上，售价仅5万美元，不到当年美国新车平均售价的两倍。

然而，**现在占主导地位的是下一代测序技术，它巧妙地利用了DNA化学修饰，而不是复杂的核苷酸添加检测**。回想一下，在桑格测序中，DNA链的生长是被一个非天然的核苷酸终止的。到了20世纪90年代末，人们找到了更灵活的方法：可逆终止、可逆荧光核苷酸。研究人员每次向复制的DNA片段中添加一个经过修饰的A、C、G或T，其中每个片段都带有不同的颜色。冲洗掉游离核苷酸后，会显示出被DNA聚合酶黏附在扩增DNA下一个位置上的核苷酸所对应的颜色。分子的荧光部分和阻断DNA聚合酶活性的部分都通过一条可以被化学切割的原子链与正常核苷酸相连。在切割剂中流动会形成规则的、未修饰的DNA，为下一次核苷酸添加做好准备；该过程需要重复进行。该过程通常在载玻片上进行，上面点缀着复制的DNA片段斑块，研究人员用相机捕捉载玻片上每个点出现和消失时的颜色闪光。

这项技术通常被称为Illumina测序（Illumina sequencing），是根据被收购的其原始开发人员的公司所命名的。从他们那里，人们可以以10万美元到数百万美元的价格购买仪器，而仪器价格取决于每次运行读取多少核苷酸碱基等参数。与所有测序技术一样，准备DNA样本和组装带有芯片的凹槽、带有DNA克隆片段的载玻片或其他平台需要花费时间和金钱。除了购买测序仪器外，使用Illumina测序法对10亿个DNA碱基进行测序的成本从5美元到150美元不等，对比于成本约为10 000美元的半导体测序，这在很大程度上提升了Illumina测序的吸引力。我很快会对价格发表更多评论，但值得注意的是，所有这些数字都远远小于最初在人类基因组计划中读取30亿个碱基所花费的30亿美元！

来自一个分子的一个单词

第二代和第三代测序方法之间的界限比第一代和第二代之间的界限更难确定。新技术的发明并不是以间歇的方式突然出现的，而是通过多个重叠的前沿进行持续活动后产生的。尽管如此，我们依然可以大致按时间顺序给出一个正确的区分方式，第三代测序涉及单个 DNA 分子的测序，而不需要复制品。例如，在一家名为太平洋生物科学公司（Pacific Biosciences）的商业化方法中，单个 DNA 聚合酶分子被固定在金属膜上的微小凹槽中，荧光核苷酸的光学特性决定了只有将其缝合到生长中的 DNA 分子上时才可见。

这种最引人注目的新型 DNA 测序技术不涉及扩增中的 DNA、有颜色的核苷酸，甚至是 DNA 聚合酶。我们可以忽略在以上内容中学到的关于测序与 DNA 合成的所有内容，在新的测序技术中，我们只需要简单地沿着已经形成 DNA 链的碱基逐个前进，并将内容记录下来。如前所述，人们不能用光来区分碱基，但是可以用电。

想象一下，有一层膜将两边的储液器分隔开，膜上有一个孔隙。每一边的水溶液中都含有离子，也就是带电的原子或分子。施加在膜上的电压使离子流过孔隙，人们可以测量这种电流。如果孔隙部分堵塞，电流会变小；电流的大小反映了孔隙对离子的可及性。现在让我们想象有一条 DNA 链穿过这个小孔（见图 13-6）。

图 13-6　一条 DNA 链穿过纳米孔

每个碱基 A、C、G 或 T 都有不同的原子数和不同的物理尺寸，因此，如果不同的碱基位于孔中，那么通过孔隙的电流也是不同的。因此要将其转化为测序方法，则需要将 DNA 拖入孔中。在早期的实验中，电压差异也是 DNA 运动的驱动因素；正如我们所看到的，DNA 本身是带电的。然而，这种方法产生的效果很差，主要是因为 DNA 的传输速度太快，以至于我们无法对经过的每个碱基进行精确的电流测量。这个问题的解决方案是什么？蛋白质。作为其正常功能的一部分，有许多不同的蛋白质会沿着 DNA 链进行棘轮运动，如 DNA 聚合酶。将其中 1 种蛋白质固定在孔中（图 13-7 中 A 区域的浅灰色部分），则这个静止的蛋白质会作为棘轮装置打开 DNA 双链，从而向孔中供给 DNA。我们在第 2 章中了解到，许多蛋白质都是天然的纳米级机器。在这里，蛋白质机器用于在其他机器无法进入的空间中工作。蛋白质也可以自己形成孔隙，使用我们在第 2 章中了解到的分子，这些分子可以折叠成内部有通道穿过的形状。没错，我们又一次看到了自组装的表现。

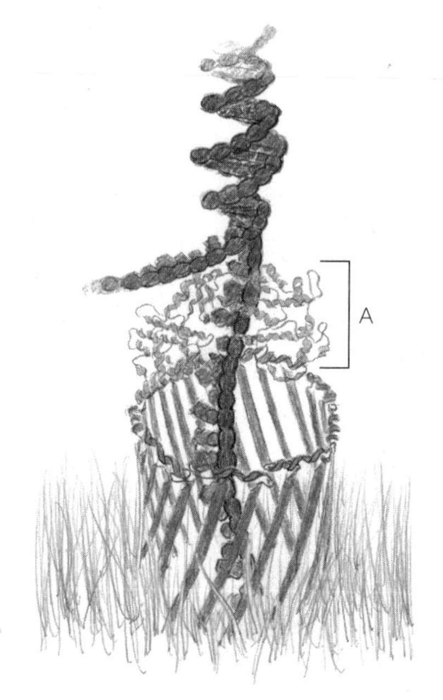

图 13-7　DNA 利用棘轮运动缓慢地通过纳米孔以实现电流的读取

这种纳米孔测序（nanopore sequencing）方案在概念上很简单，而且自 20 世纪 80 年代以来一直被认为是潜在可行的。然而，要真正实现这一点需要做很多工作。

研究人员首先证明了将孔隙插入人工屏障的可靠性，其目的不是 DNA 测序，而仅仅是了解孔的结构并开发膜和蛋白质一起工作的平台。利用电场驱动 DNA 穿过孔隙运动的早期研究有助于研究人员了解在受限空间中传送物质的物理基础。尽管在 21 世纪初，这些原则就已经得到破解，但当时包括我在内的许多马虎的观察者都很难想象纳米孔测序会成为一种强大、可靠的技术。人们必须将孔隙、沿 DNA 做棘轮运动的蛋白、几纳米厚的膜和电极组装在一起，然后必须进行极其灵敏的电流测量，同时确保孔隙不会因污染物或受损蛋白质而堵塞。牛津纳米孔公司（Oxford Nanopore）承担了这项艰巨的工程挑战，正如你从这家公司的名称中猜到的那样，他们专注于纳米孔的分子检测。2014 年，该公司面向研究人员发布了首台仪器，并将之作为评估仪器功效的试点项目。目前，已有数种不同的机器可供商业使用。最小的机器只有拇指大小，就像一个 U 盘一样，事实上它也确实可以插入电脑的 USB 端口，且它的主要吸引力在于便携性和低成本。如在 2014 年，科学家对来自几内亚的 14 名患者体内的埃博拉病毒 DNA 进行了测序。他们在采集样本后的两天内就绘制出了病毒基因组图谱，凸显了这种设备在该领域能够快速测序的潜力，这可能有助于快速确定疫情的起源，或在疫情发生时发现潜在的有害变体。

纳米孔测序的缺点是精确度相对较低，有百分之几的碱基会被错误读取。相反，Illumina 测序错误识别率仅约为 0.1%。测序精确度是不是一个问题取决于应用场景。对于大基因组的详细图谱或小而重要突变的产前检测来说，最大限度地减少错误是至关重要的；而对于潜在有害微生物的监测，或细菌群落成员的调查来说，为了更快速、更便利，较低的准确性可能是一个很好的权衡结果。

越来越便宜的基因组

DNA 测序的进展令人震惊，未来更是有着无限的潜力。在前文中，我已经简要提到了这些技术的价格，现在让我们更仔细地分析一下测序的成本，也就是研究人员将支付多少钱才能测定组成 DNA 样本的核苷酸序列。对每个人类基因组进行测序的成本是一个很好的衡量标准，换句话说，就是对 30 亿个碱基对进行测序的成本。回想一下最初测定人类基因组的成本需要 30 亿美元，相当于每个碱基 1 美元。即使到 2006 年，这一数字已经下降了 99% 以上，但仍达到了 1 300 万美元左右。为此我绘制了一张测序成本随时间变化的图，其包含的内容着实令人惊讶（见图 13-8）。

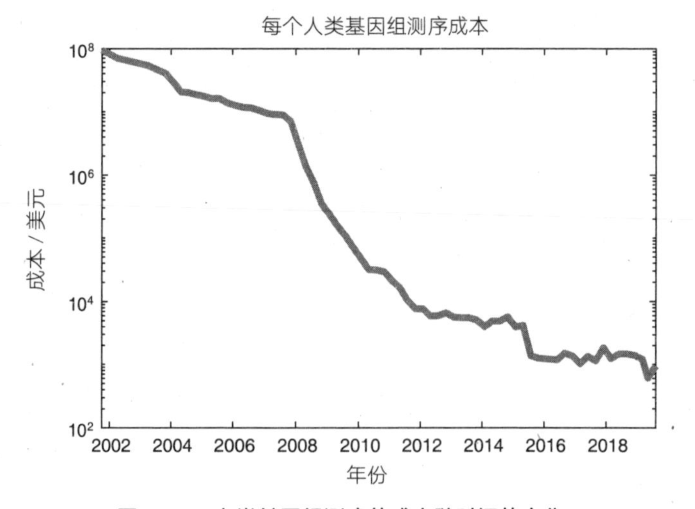

图 13-8 人类基因组测序的成本随时间的变化

图 13-8 中的纵轴是用对数表示的，其间距为 10 的幂次，横轴为年份。从图 13-8 中可以看出，测序成本的下降势头强劲且持续。在 2007 年左右，测序成本在 5 年内下降为原来的千分之一，如此大幅的下降标志着测序方法在向下一代过渡。测序所需的时间也随着成本在一起急剧下降，人类基因组计划从过去需要耗费几年到如今采用现代仪器只需要几天。

与测序方法的发展速度最接近、相对最快速的，大概就是我们制造晶体管的能力了。第一批晶体管体积庞大、烦琐，尺寸为毫米。而现在，我们通常会在厘米见方的芯片上安装数 10 亿个晶体管，而每个芯片却只卖几美元。1965 年，英特尔后来的首席执行官戈登·摩尔（Gordon Moore）指出，芯片上的晶体管数量每年都要翻一番，后来修正为估计每两年翻一番，这一观察结果后来被称为摩尔定律。摩尔定律既是电子技术的描述，也是电子技术的宣言。至少以每个核苷酸的成本来衡量的 DNA 测序，已经以更快的速度发展起来了。恰如其分的是，第一个被离子激流公司的个人基因组机器测序的人类基因组正是戈登·摩尔的基因组。测序革命的驱动因素有很多：人类的创造力、商业化的经济激励、基础研究的公共基金及针对测序创新的具体计划，当然还有我们积累的对生物学、化学和物理学的理解。

DNA 测序仪什么时候不再是 DNA 测序仪

我们可以从 DNA 序列中收集到很多信息：例如，物种之间、个体之间及癌细胞和正常细胞之间的遗传密码差异。不过 DNA 测序技术的最大影响可能并不在于对基因或基因组进行测序，而是在于使用这些工具揭示细胞的内部生命。

以 RNA 为例。如本书第一部分所述，基因能被 RNA 聚合酶的机制读取，RNA 聚合酶将 DNA 序列转录成 RNA 序列，然后翻译成特定的氨基酸链。除去卵细胞、精子细胞和某些免疫细胞，你体内的所有细胞都包含相同的基因组，所以对每个细胞的 DNA 进行测序是多余的。然而，了解每个细胞中存在哪些 RNA 分子将是一件有趣的事情，我们可以看到，当细胞发育成血细胞或神经元时，或者当细胞对饮食或压力的变化做出反应时，某些基因会处于开启或关闭的状态。为此，我们需要对 RNA 分子进行测序，即读取它们的核苷酸序列，以此确定哪个 RNA 来自我们感兴趣的细胞。通过前面的内容，我想你可能已经猜到了方法论的各个方面：利用物理力和属性及自然开发出的生物工具作为辅助。

这次我们的天然助手不是水母或萤火虫，而是病毒。生物学的“中心法则”是DNA编码RNA，RNA编码蛋白质。因此，当戴维·巴尔的摩（David Baltimore）[①]和霍华德·特明（Howard Temin）[②]的实验室在1970年各自独立地发现某些病毒能够进行相反的工作流程时，所有人都为之震惊。这意味着病毒能将RNA基因组“转录”成插入宿主基因组的DNA。病毒使用的蛋白质机器被恰当地称为逆转录酶（reverse transcriptase），就像DNA聚合酶和其他类似的工具一样，我们也可以使用它。

从细胞中提取RNA后，人们可以添加逆转录酶和游离核苷酸来生成与RNA链互补的DNA。例如，如果RNA链是“CAGUUGGA”，那么互补的DNA链则是“GTCAACCT”。大家不要忘了RNA中的U是DNA中T的类似物（见第3章）。随后，DNA测序揭示了它的密码，因此也揭示了RNA的密码。为了解析单个细胞内的RNA文库，研究人员采用了一套类似于我们已经见过的方法，如将单个细胞连同微球和必需的生化成分一起封装在水和油的“油醋汁”中。每个RNA分子都会被转录成DNA，DNA被测序后我们就能读取每个细胞中正在“开启”的基因了。

单细胞RNA测序是一种破坏性的测量方法，因为细胞无法在破裂状态下存活下来，但人们可以将其应用于在某个过程中不同时间收集的类似细胞中，也可以在进行或不进行某些处理的情况下重建细胞轨迹。例如，研究人员探究了暴露或不暴露于某些致病性刺激的生物体的免疫细胞，以了解基因表达如何

① 美国分子生物学家，1975年因发现逆转录酶而获得了诺贝尔生理学或医学奖。——编者注

② 美国遗传学家，与戴维·巴尔的摩、罗纳托·杜尔贝科一起获得1975年的诺贝尔生理学或医学奖。——编者注

在对刺激的反应中发生变化。第二个例子是，在受精后的不同阶段捕获斑马鱼或小鼠胚胎的 RNA，从而揭示了在动物发育过程中引导细胞发挥作用的基因表达模式的过程。

RNA 测序是通过 DNA 测序实现的众多技术之一。研究人员现在还可以评估哪些 DNA 片段包裹在组蛋白周围，哪些 DNA 片段上有甲基化标签，哪些 DNA 片段上结合有转录因子，等等。我们在这一节的标题中问道："DNA 测序仪什么时候不再是 DNA 测序仪？"答案是什么？答案就是当它是 RNA 测序仪或 DNA 包装映射器、基因调控指南或任何其他机器的时候。

生物每天都会处理 DNA 中的信息，然后在细胞复制时进行复制，并将其序列转录和翻译成 RNA 和蛋白质。这些过程的输出取决于 A、C、G 和 T 的序列，因此从某种意义上说，这些过程本身就是在读取 DNA 分子。大约 40 亿年来，这些读取 DNA 的方法一直存在。现在我们已经发明了全新的工具，能够以快速、廉价、几乎堪称神奇的功效将每个生命体中的编码信息都呈现在我们的视野中。这一惊人的技术变革之所以能够发生，是因为我们认真对待生物分子的有形物理特征，在它们与技术的其他表现形式之间建立了接口。接下来，我们要关注的是人们能从 DNA 编码的信息中推断出什么。

第 14 章

基因重组：基因组可能和实际的物理重排

由于我们已经具备了阅读 DNA 的非凡能力，因此现在包括人类在内的各种生物体中的编码信息都摆在了我们面前。它们能告诉我们什么？我们在本书第一部分就提出了这个问题，并一直专注于基因和基因调控的本质。

将生物的遗传密码与其特征联系起来往往很容易让人产生这样的想法：我们只需评估基因的哪些变异与我们感兴趣的特征变异相对应。即使只从第一部分的讨论中，我们也能知道实际情况并不是那么简单。不仅是基因组中的基因决定了生物活性，DNA 编码的调节回路也决定了基因转录的开关。我们将看到大自然的复杂程度远比我们想象的还要高；我们关心的许多性状和疾病都受到基因组中数千个位点的 DNA 的影响，而且这些 DNA 形成了一个我们难以理解的联系网。

感谢前面介绍的随机性主题，是它拯救了我们，并为我们提供了处理遗传信息的概念工具和实用工具。这些工具非常有效，我们常常只需要获取比全基因组更稀疏、成本更低的基因组图谱就可以解决问题。理解随机性和可预测性的含义对于理解那些已经对世界产生巨大影响的技术来说至关重要，接下来我们将讨论这些技术与健康、工业和道德主题是以何种方式相互交叉的。

身高基因在哪里

有许多特征属于“遗传”范畴，这意味着这些特征至少受到某个人的 A、C、G 和 T 序列的影响，也就是我们从父母那里得到的密码。但在某些情况下，这些特征也不是完全由基因决定的，一些涉及使人衰弱的疾病，在身体所做的事情和最终负责的 DNA 片段之间会有一个简单的映射关系，即只涉及 1 个基因。囊性纤维化就是一个很好的例子。

我们的肺部都存在黏液，并且其构成了我们在第 11 章中所讲述的液体涂层。细胞分泌黏液并将其沿气道推向口腔，用以清除液体及我们可能吸入的污垢、花粉、细菌和其他颗粒。囊性纤维化患者的黏液会变得异常黏稠，并常常停滞在肺部而不流动，这使得肺部很容易受到细菌感染。所有这些都是由于编码单个蛋白质的单个基因——囊性纤维化穿膜传导调节蛋白基因出现了缺陷。该基因位于细胞膜中，并促进离子流入或流出细胞。在囊性纤维化患者中，囊性纤维化穿膜传导调节蛋白基因的一个突变改变了蛋白质的结构。因此，膜两侧的离子浓度并不是其应有的浓度，从而导致水从黏液中被吸出，黏液黏度增加，患者因此而感到痛苦。

与囊性纤维化对应的另一个极端是身高等特征。身高主要受非遗传因素的影响，如营养因素等，但从母亲受孕那一刻起所携带的遗传密码会显著影响孩子成年后的身高。可事实上，人体并不存在身高基因。人类基因组中有成千上万个位点，在这些位点上，A、C、G 或 T 的特性会以某种方式影响身高。这些位点并不都位于基因上，许多是调节基因表达或 DNA 包装序列的一部分（见第 3 章），它们牵动着引导基因的绳索。

身高比囊性纤维化更为典型，至少就目前我们关注到的复杂特征和疾病而言是如此。不存在某个单个基因就能决定你患结肠癌的风险，甚至你头发的颜色。相反，这是基因组片段带来的综合作用。对此我们不必感到惊讶。毕竟，人类基因组中只有 20 000 个蛋白质编码基因，但其复杂程度远大于 20 000 个基于蛋白质的指令，因此基因和性状之间的一对一映射不太可能成为常态。**基因编码的蛋白质可以在许多不同的性状中发挥作用；反过来，一个性状也可以由许多不同基因的协同活动控制**。最重要的是，正如我们在第 3 章和第 4 章中看到的那样，99% 的基因组并不是由编码蛋白质的基因构成的，而这部分基因组对基因的工作方式、调节其激活和失活均具有重大影响。

让我们更仔细地讨论一下身高问题，因为我们对它很熟悉，也因为通过它，我们可以知道遗传学究竟能告诉我们些什么，同时又不能告诉我们些什么。身高既受个人环境的影响，也受基因的影响，而由环境因素和遗传因素带来的这两种驱动力实际上并不互斥。

平均而言，过去人们都比较矮。1800 年出生的法国人的平均身高是 164 厘米。如果出生于 1980 年，那么他大概会有 176.5 厘米高。1900 年出生的典型日本女性的身高为 143 厘米；而出生于 1980 年的她的女性后代，身高要比她高 15 厘米。同样的模式在全世界重复出现，尤其是随着各国现代经济的发展。在这一两个世纪的时间里，我们既没有看到消灭矮人的神秘瘟疫，也没有看到人类基因组的惊人突变。相反，身高的增长主要是由营养驱动的。现代的法国人每天可支配的卡路里大约是 19 世纪初的两倍。虽然卡路里并不能代表一切，但丰富的膳食能量与丰富的营养物质相关，这些因素共同使人体充分发挥了潜能。身高还受到其他非遗传因素的影响，如儿童疾病和环境污染物，在过去的几百年中，大部分地区受到这些因素影响的人数都在显著减少。

然而，现在让我们把目光转向现代工业化国家中的人口。即使按性别分类，成年人的身高也不尽相同。更重要的是，我们都知道高个子的父母往往会生下高个子的孩子。儿童的身高往往更接近其亲生父母，而不是随机的成年人或养父母的身高。遗传学很重要。究竟有多重要呢？基因组的哪些区域是负责身高的呢？

在第 13 章中，我们已经接触到了读取 DNA 的精致工具。对于一些罕见的性状、细微的变异或全面的特征来说，对整个基因组进行测序是很有必要的。但是身高和许多其他特征显然足够可靠，因此，我们可以使用一些更简单的方法。你的基因组和我的基因组有 99% 以上是完全相同的，因此我们只需要将注意力集中在那些不同的区域。考虑一个罕见的不同点，假如在基因组中有一个位置，大多数人都有一个 A 核苷酸，但相当一部分人却有一个 C 核苷酸。这种相对常见差异的位点被称为单核苷酸多态性（single nucleotide polymorphisms），缩写为 SNPs，人们生动地把它读作 snips。人类基因组中有数百万个常见的 SNPs，"常见"意味着至少有 1% 的人口拥有罕见的核苷酸。几百万是一个很大的数字，但它与全人类基因组的 30 亿个核苷酸相比要小得多，因此我们很容易找到这些 SNPs。例如，我们可以用短的单链 DNA 将微球包裹起来，其序列包含 SNP 主要形式的互补序列，然后评估受试者的 DNA 片段和复制是否与微球结合。结合则表明测试序列与 SNP 匹配；反之则表示不匹配。在处理细节上还有几种不同的技术可用，不过都是我们在第 13 章中研究过的那些巧妙方法的再现，它们利用荧光核苷酸、DNA 聚合酶，以及大规模生产的盛有数百万个微球的玻璃载玻片（每个微球上又有数百万个 DNA 克隆），等等。最终的结果是，每项测试的费用都远低于 100 美元，甚至比许多人买一双鞋还要便宜。人们可以先确定一个基因组的特征 SNPs 集合，从而表征该个体所代表的大部分遗传变异。

但是了解一个人的 SNPs 似乎并不能提供什么见解，因为这些位点只是基因组的一小部分，而基因组又是如此复杂。起初，情况似乎确实是这样。2008 年报道的第一项将 SNPs 映射到身高的研究，发现了大约 40 种遗传变异，这些变异虽然能被检测到，但作用相当微弱，因此无法用于解释研究对象的身高。可见，即使在 2008 年，我们也需要对更多人员进行检测，其原因不是生物学本身，而是随机性和可预测性之间的关系。

让我们思考一下第 6 章中投掷硬币的例子。想象一枚硬币被掷了 10 次，平均而言，我们预计硬币会落在正面 5 次，反面 5 次；但如果是 6 次正面和 4 次反面，也没什么可惊讶的。事实上，出现这种结果的概率为获得 5 次正面的 83%。但如果你把硬币掷 1 000 次，最有可能得到的结果就是 500 次正面和 500 次反面，因为更大的翻转次数将平滑变化，因此得到 600 次正面和 400 次反面的可能性将大大降低。事实上，出现 500 次正面的可能性将是这种情况的 10 亿倍。假设你怀疑手里的硬币是伪造的、不平衡的，并且有超过 50% 的概率正面朝上。如果你把硬币掷 10 次，这种不平衡都不会表现得很明显。因为就算掷出了 6 次正面，你不一定会得出硬币有 60% 的机会正面朝上的结论。然而，如果 1 000 次投掷中有 600 次正面，这个迹象就会很明显，你的硬币显然是不平衡的。更准确地说，我们对有偏差的硬币的敏感度与硬币投掷次数的平方根成正比。这个平方根可能会让你想起第 6 章中随机游走者的统计特性。这种联系不仅仅是表面的，更是源自非常相似的数学原因。

回到基因组，其实 SNPs 就像硬币一样，我们面临的挑战就是弄清楚每个 SNP 的“正常”或“不正常”程度，也就是说，每个 SNP 对与平均预期值不同的性状做出了多大贡献。研究发现，高个子个体和矮个子个体中发现罕见变异的 SNP 的可能性基本相同，就像一枚正常的硬币，产生正面或反面的可能性是相同的。相比之下，“不正常”的 SNP 会促进个体身高比普通人更高或更矮，就像不正常的硬币会导致出现正面的概率大于或小于 50%。这种推动作用可能非常小。与掷硬币类似的一种做法就是检测很多人的基因组。为了评估任何特定 SNP 的偏差，我们可以查看一个人在 SNP 位置的 DNA 与他的身高之间有什么关联，并尽可能评估更多的人。检测的基因组越多，我们对识别与身高相关的 SNPs 就越敏感。

我们现在正牢牢地扎根于大规模基因组的研究中。密歇根州立大学的斯蒂芬·许（Stephen Hsu）是一名接受过培训的物理学家，他领导的一个小组研究了英国生物银行项目（United Kingdom’s Biobank Project）中收集的近 50 万人的数据，从他们的统计特征中可以检测出与受试者身高相关的任何 SNPs。研究人员发现SNPs的数量远远超过了2008年所研究的40个，事实上，这一数量大约有20 000个。这样的分析很有挑战性，但也很容易被错误的模式误导。有一些数学测试可以对数据的可靠性进行评估，但最好的测试方法还是选定一个确定与身高相关的SNPs，看它是否可以作为不同人群身高的预测因子。换言之，我们检查了大部分生物库数据集，例如，发现SNP编号312在平均水平上对应身高高于均值0.05厘米；SNP编号3092对应均值减少0.02厘米；SNP编号4512对应增加0.08厘米，等等。接下来，在目前尚未检查的数据集里，我们在每个人的基因组中查看以上SNPs，并将推断出的影响相加，以此预测他们的身高应该是多少。然后评估预测身高与实际身高的匹配程度。斯蒂芬·许和他的同事在2018年的论文中进行了这一项操作，他们发现大多数测量的身高与基于SNP的预测值相差仅3厘米。为了更好地了解这种精确度，让我们绘制一些图片来对此进行展示（见图14-1）。

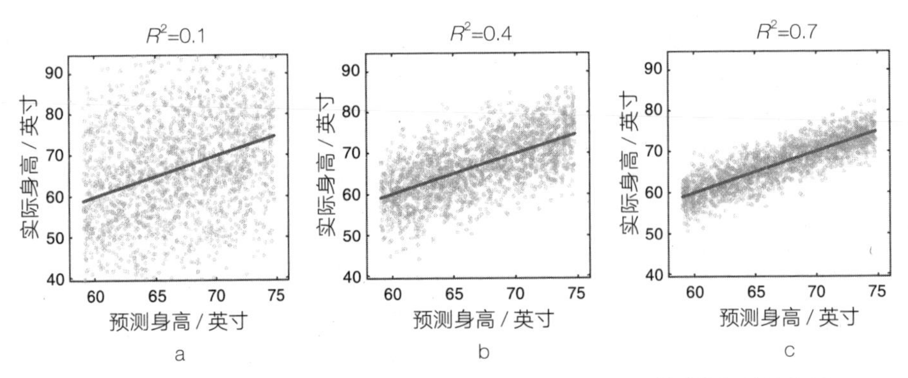

图14-1　实际测量的身高与基于SNP预测身高的三种不同模式的相关性分析

图14-1中的每幅图都显示了一组假设数据点，每个点对应一个人，水平轴代表预测高度，垂直轴代表测量的实际高度。实际高度和预测高度在三幅图中都是相关的。此外，最符合数据点的直线在每幅图中几乎是相同的。然而，在这三种情况下，“最佳拟合”的直线与实际数据的匹配程度明显不同。图14-1a中的数据点云非常分散；在中间的图中，数据点较好地定位在直线附近；

而在右图中，测量值非常紧密地聚集在预测直线周围。这种变化可以通过变异系数（coefficient of variation）的统计特性进行量化，通常用符号 R^2 表示。为了直观地描述 R^2，首先，请大家想象一下图表中间有一条水平的直线，那么直线周围测量点的分散程度是什么样子的呢？如果你了解一些统计学信息，请想象一下测量数据点的方差。接下来，假设测量数据点分布在最佳拟合线周围，此时它们的分散程度又是什么样的呢？这一变化量更小，它考虑的是这条最佳拟合线所揭示的关系后的剩余值。第二个方差与第一个方差的比率介于 0 和 1 之间，这一比率越小，点越靠近最佳拟合线。用 1 减去这个比率就是线性关系“解释”的方差，也就是 R^2。在图 14-1a 中，数据点云的 R^2 为 0.1，这意味着预测值和测量值之间的最佳拟合关系占数据点散布的 10%。在图 14-1c 中，R^2 为 0.7，表明预测值和测量值之间的最佳拟合关系占数据点散布的 70%。

在斯蒂芬·许及其同事对基于 SNP 的身高分析中，R^2 约为 0.42，类似于图 14-1b，既不是一个紧密的分布，也不是一个无序的云，它完全符合前文中提出的 3 厘米预测差值。这 3 厘米的误判看起来可能显得不太精确，但事实证明，这比你通过一个人父母的身高来预测他的身高更准确。当然，基于 SNP 的评估不需要任何身份或血统信息，只需要 DNA 和一次廉价的测试。正如斯蒂芬·许所指出的，现在在犯罪现场留下的碎片足以告诉你一个完全未知的人有多高，同时它还能揭示出许多其他生理特征。

身高的 R^2 能高到什么程度呢？我们研究了有不同亲缘关系水平的家庭成员，甚至包括基因组完全相同的同卵双胞胎，遗传学家早就知道了身高的遗传率约为 80%。换句话说，遗传解释了个体间 80% 的差异。那么，至少 0.4 和 0.8 之间的差距是由在 SNP 研究中无法获得的 DNA 所造成的，还是来自更神秘的生物学机制呢？ 2019 年，澳大利亚遗传学家彼得·菲舍尔（Peter Visscher）及其同事对 20 000 多人的全基因组序列进行了研究，发现 DNA 编码的信息确实解释了人类身高变化的 80%。至少对现代欧洲人来说，饮食、疾病和运动的变幻莫测只占能够导致身高差距的所有因素的 20%。

构建一只更好的鸡

当然，这一切不仅仅适用于人类。与其关注邻居的身高，还不如探讨遗传对豹身上的斑点、玫瑰花瓣或变形虫质量的贡献。控制生物性状的变异对农业至关重要。1930—1970 年，地球上的人口从 20 亿增加到了 40 亿，到现在又翻了一番。人口的惊人增长并没有带来广泛的饥饿现象，这要归功于一系列非凡的创新。例如，20 世纪五六十年代绿色革命的一个核心任务是选择性培育小麦和水稻新品种。20 世纪中期，在墨西哥工作的美国农业学家诺曼·博洛格（Norman Borlaug）培育出了大粒小麦品种。然而，新品种小麦却有倒伏的倾向，正如我们在第 10 章中了解到的，这些植物很难长大。后来，博洛格将这些植株与来自日本的矮化株系突变体杂交，从而产生了健壮、高产的小麦品种。凭借这些类似的创新和进步，博洛格被认为挽救了 10 亿人的生命。

我们想要较矮的小麦，却想要更大的鸡。生活于北美的当代食用鸡，即使是用同样的饲料饲养，它的体重也是 20 世纪 50 年代其祖先的 4 倍。请想象一个人均体重为 320 千克的世界，你就会明白这些鸡的体重变化是多么惊人！鸡的体型多种多样，其中一些是由遗传因素造成的，体型庞大的现代家禽就是不断选择体型较大的鸡进行繁殖的结果。顺便说一句，菲舍尔及其同事在人类基因组的研究中，将造成体重指数变化的 40% 的因素归因于 DNA 序列。体重指数是衡量相对身体大小和质量的指标。

如今，人们可以使用 SNPs 来帮助选择想要交配的动物或植物，而不仅仅依赖易于识别的特征。例如，选择一只大母鸡和一只大公鸡进行交配，它们可能会生出大雏鸡；但人们真正想要的是母鸡基因组中与公鸡不同的体型增强变体，这样雏鸡更有可能拥有两套不同的体型增大的基因推动力，就好比雏鸡的口袋里有两种不同的不正常的硬币。因此，收集 SNP 数据或“SNP 基因分型”的研究越来越普遍。例如，2019 年，美国乳品数据库已经包含了 300 万头奶牛的基因型，而在两年前只有 200 万头。SNP 工具和数据库涵盖了从小麦到西红柿再到向日葵等数十种作物。

西瓜的由来

尽管 SNPs 在整个基因组中都很罕见，但它们提供了预测能力，正如前文中涉及的身高预测，以及我们即将讨论的一些疾病。这是令人惊讶的。我曾说过单核苷酸变异位于基因或调控区域的最低限度，这一说法可能很难令人满意。另一个原因是 SNPs 表达了如此多的含义，让人想起第 1 章的一个关键点：DNA 是一个物理对象，一个长的、链状分子。我们从父母那里获得 DNA，然后又将其结合在孕育我们自己后代的细胞中。在产生精子或卵细胞的细胞中，来自父母其中一方的一条链和来自另一方的一条链紧密相连。蛋白质机器会交换链的片段、切割和粘贴以混合两个基因组，最终产生的链是来自双亲遗传信息的混合物。交换发生的地点和是否发生的随机性确保了每个精子或卵细胞在所有实际用途中都是独一无二的，是大量可能的剪接之一。交换的 DNA 片段可能包括基因、调节区域和 SNPs。父母基因组中的所有区域距离越近，就越有可能在这些 DNA 交换中一起得到传播，当精子和卵子相遇时，就越有可能将之传递给后代。因此，一个 SNP 不仅仅是 SNP，它可能是周围更大范围的、更直接地塑造生命体的 DNA 的标记。对这些单核苷酸变体进行测序可以为我们提供更详细的遗传信息。

西瓜最能说明基因之间物理接近的后果。一万年前，世界上并不存在西瓜。现代植物的祖先是一种沙漠藤蔓植物，它的小果实里含有淡黄色的、苦涩的果肉。然而，它们很容易保留水分，这是一种很有价值的特性。后来古埃及人开始种植和驯化它们，一代又一代地从最不苦的果实中挑选种子，直到果实中产生了我们一直喜爱的甜味。这种果实中有一个对味道最重要的基因，其 DNA 序列的变异会导致水果出现不同程度的苦味或甜味，该基因与编码颜色蛋白质的基因非常接近。因此，选择更甜的变体会带来更红的果肉。在接下来的几千年里，人类持续对果实的大小、味道、颜色、果皮厚度和其他特性进行选择性育种，终于收获了我们今天所熟悉的、又甜又红的西瓜。

基因、疾病和风险

让我们回到人类身上那些比身高和甜度更重要的特性上来。遗传学在当前的许多疾病中起着重要作用，如心血管疾病和癌症，以及糖尿病、阿尔茨海默病和多种精神障碍。其中前两者是造成全球人类死亡的两大主要原因。在某些情况下，有些单一基因在疾病易感性方面发挥了巨大的作用。我们在大约 5% 的乳腺癌患者中发现了名为 BRCA1 和 BRCA2 的基因序列变异，它们是乳腺癌基因 1 和乳腺癌基因 2 的缩写。具有这些变异的女性在其生命中的某个阶段患乳腺癌的风险大约会比普通人群高出 5 倍。然而，更常见的情况是，并非只有几个基因在起作用。相反，就像身高一样，一系列基因变异都会做出微小的贡献。基于 SNP 的研究揭示了个体基因组与疾病之间的联系网，并且这种关联有望通过全基因组测序而得到进一步阐明。与身高一样，这些联系是概率性的：我们现在不能也永远不可能确定一个人是否会患上冠状动脉疾病，因为饮食和锻炼等非遗传因素也是很重要的。然而，我们可以获得可能结果的分布，并根据人群的差异或特定个体的风险来发表意见。

例如，给定一个人的 DNA 序列，其患 2 型糖尿病的可能性比普通人高或低多少？ 2018 年，麻省总医院和哈佛医学院的塞卡尔·凯西雷森（Sekar Kathiresan）领导的一个小组表明，对于一系列疾病，基于 SNP 的评分可以从前文中提到的英国生物银行队列中有力地识别出高风险。例如，其患冠心病的可能性增加了 5 倍。5 倍在量级上已经与临床筛查和诊断相关的罕见单基因变体相当，如 BRCA 突变。研究人员提出：“现在是考虑将多基因风险预测纳入临床护理的时候了。”然而，他们注意到，迄今为止，在他们和其他研究中使用的数据主要基于拥有欧洲血统的人，因此从这些数据中得出的预测结果对于其他种族群体的成员来说不太准确。为了同等地对待更广泛的人群，我们需要在更广泛的种族中进行更大规模的基因组研究，这对个人健康和社会公平都很重要。

当然，通过基因测试发现的高风险只代表了一种风险，不具有确定性，而是一种与某种疾病发展相关的可能性。它的用处在于希望风险识别可以提示生活方式的改变，或指导诊断及预防工具的应用，特别是对于那些可能需要它们的人来说，这种警示作用至关重要。例如，对于各种癌症的早期检测可以提高成功治疗癌症的概率，但检测方法本身也可能给人体带来危害。与其不加选择地对每个人进行测试，不如使用基因评分来筛选患病风险大于检测风险的候选人，平均而言，这对每个人来说都是有益的。

选择一个基因组

如果你发现自己的基因组会使你面临各种高风险的问题，你可能会问自己，这种情况能有所改变吗？你的基因组是父母和祖父母基因的随机组合。但那是很久以前的事了，对你来说现在做任何事都太晚了。然而，你未来孩子的基因组尚未确定，这就提出了一个问题，那就是你是否可以引导下一代的 DNA 序列。在第 15 章中，我们将看到如何重写 DNA 序列，以使其满足我们的想法。在这里，我想为大家介绍一种能力有限但操作简单的方法，这种方法可以帮助我们从一组可能性中选择一个特定基因组。用一个有分量的术语来说，这种选择是非天然的。它基于另一种非天然的手术：体外受精（in vitro fertilization），这种手术一经问世便引起了人们的震惊和愤怒，但现在却已经被广泛接受和赞赏。

1969 年，英国生理学家罗伯特·爱德华兹（Robert Edwards）、巴里·巴维斯特（Barry Bavister）和帕特里克·斯特普托（Patrick Steptoe）宣布，他们已经成功地使人类卵细胞与人类精子细胞在体外（意味着在人体或任何其他身体之外）受精。事实上，In vitro（在体外）的字面意思是“in glass”（在玻璃中），是在人工环境中，如培养皿或试管中进行实验的标准术语。他们在论文中简要的摘要的后半部分直截了当地指出，该手术“可能有一定的临床和科学用途”。正如作者所想，其最明显的用途就是治疗不孕症。事实上，斯特普托是一位妇科医生，与患有生育问题的女性接触密切。后来，在爱德华兹、斯特普托和一位名叫琼·珀迪（Jean Purdy）的护士的领导下，这项工作又花了近 10 年的时间，才把收集卵细胞、体外受精和植入母体的全部步骤准备到位。1978 年，第一个“试管婴儿”路易丝·布朗（Louise Brown）出生于一对不育夫妇的家中，一时间成为世界各地的头条新闻。这项技术和概念的交叉活动在之后的 10 年中受到了大量的讨论，其中人们对此既有兴奋也有恐惧。1969 年，《生活》（*Life*）杂志的封面将一个胎儿的特写放在了一张母亲和孩子的照片旁，封面的配文对“人类繁殖的新方法会导致什么”提出了疑问，包括“孩子和父母仍然彼此相爱吗？”似乎是为了回答这个问题，杂志同期又发表了一项针对美国人的民意调查，结果显示只有约 60% 的受访者认为通过体外受精出生的孩子能“感受到”对家人的爱，这些受访者中包括 55% 的男性、61% 的女性。但调查并没有提到有多少自然受孕的孩子会爱他们的家庭。只有大约 1/3 的人赞成不孕父母实施体外受精。然而，同样在美国进行的一项盖洛普民意调查显示，到 1978 年，60% 的人对体外受精持赞成态度，超过一半的人表示，如果他们不孕，会愿意尝试体外受精。如今，提及技术辅助生殖，几乎不会再有人觉得难以接受了。截至 2018 年，全球共有约 800 万婴儿通过体外受精的方式出生。在美国，每年约有 2% 的新生儿是“试管婴儿”；丹麦试管婴儿的比例最高，约为 9%。据我所知，没有人会认为由试管婴儿诞生的人类与自然受孕的人类存在不同。

或许有人认为这种方法不可理喻，因为受精本来不应该是这样的，而且创造和繁殖的问题是根深蒂固的，往往会涉及隐私和人性的概念。然而，当我们批判地审视它们时，想法也会因此发生变化。在这种情况下，数十年来体外受精表现出的无害性帮助了我们；并且我认为，人们对生物学的物理本质的日益了解也为我们提供了一定的帮助。从 DNA 的结构、功能或编码信息的角度来看，DNA 链在何处聚集并不重要，无论是在体外还是在子宫内，是在培养皿中或是在人体内。

如前所述，体外受精与遗传性状知识之间不存在联系。在实践中，体外受精涉及多个卵细胞的受精，通常是十几个。卵子的收集、处理和植入都可能由于各种原因而失败，因此需要准备多个卵细胞，以最大限度降低最终没有胚胎可选的风险。前文中我们已经讲到精子和卵细胞中的 DNA 会重组，因此这些受精卵具有不同的基因组。如果我们能阅读这些新生的基因组呢？这样是否可以避免选择一个易患衰弱性疾病的高风险胚胎，或者选择一个具有我们想要的孩子特征的特定胚胎，从而让我们生出一个自己想要的孩子呢？事实上，这种阅读是可能的。

受精后 3 天，我们只有 6 ～ 10 个细胞。如果这些细胞中有 1 个被移除也不要紧，即使一个细胞对整体来说算是相当大的一部分。此时我们又一次看到了自组装带来的奇迹，因为剩下的细胞和它们的后代会填补这些空白，并根据它们的位置而不是它们的祖先来获取线索，从而发展成生物体特有的适当的细胞群。如图 14-2 所示，我们可以在显微镜下用细移液管完成细胞的提取，用一根移液管固定住胚胎，然后用另一根移液管轻轻吸走一个单个细胞。或者，我们可以再等几天，直到胚胎大约分裂出 100 个细胞，并分化成两个不同的群体：一个会发育成胎儿的细胞团，另一个最终会形成胎盘的外壳。我们可以从胎儿周边提取 10 个左右的细胞，此时胎儿的祖细胞完全不受干扰，并且仍然可以展示胎儿的基因组。与单细胞提取相比，这一过程到与胚胎被植入母亲体内的时间要短得多，因此基因组分析必须迅速。不管怎样，正如我们所看到的，DNA 读取技术的读取速度已经越来越快。无论采用哪种方法，人们都能收集到胚胎细胞，并通过它们来分析胚胎群体基因的组成。

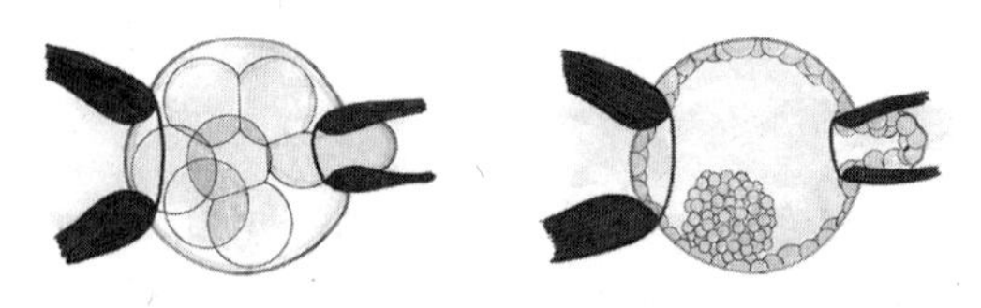

图 14-2 我们可以对胎儿的基因组进行分析

如果有多个可供植入的有活力的胚胎，我们原则上可以使用从胚胎活检和 DNA 表征中收集的信息来帮助我们做出选择，而不是依靠随机的可能性。事实上，这项技术已经广泛用于筛查具有高风险的单基因源性疾病（如囊性纤维化）的胚胎。具体来说，大家可以想象有 3 个胚胎，其中一个胚胎的基因组含有导致囊性纤维化的转运体基因突变；其他两个则没有。从体外受精的角度来看，这三者都是非天然的，但它们都是从父母的基因组中正常产生的组合，从这个角度来看，这三者又都是天然的。它们没有涉及任何基因编辑，也没有发生 DNA 序列的改变。然而，这里有一个选择的因素，我们会故意选择其中的一个基因组，而不是另一个基因组。

有些疾病甚至更容易被诊断。基因组不是单一的、连续的 DNA 链，而是由被称作染色体（chromosome）的片段组成的，如第 3 章所述。人类有 46 条也就是 23 对染色体，但细胞分裂的错误有时会导致染色体缺失或多余。这通常是致命的，在这种情况下，胎儿几乎无法存活。当然，也并非总是如此。例如，唐氏综合征是因为 21 号染色体中有 3 条染色体而不是一对染色体。额外的遗传物质导致 21 号染色体上基因编码的蛋白质过多，这表现在广泛的神经和身体症状中。检测额外或缺失的染色体很容易。事实上，这项检测不需要体外受精或从胚胎中取出任何细胞。在正常妊娠期也可以采集胎儿周围的体液样本，其中含有足够多脱落的胎儿细胞用以评估胎儿的遗传结构。

虽然在体外窥视胚胎的基因组可以而且确实允许我们选择特定性状的遗传特征清晰的胚胎，如单基因决定因素或染色体数目的变化，但它是否适用于更复杂的性状呢？原则上是的。实际上，这个答案很是微妙。

正如我们所看到的，许多疾病的遗传成分都是由数千个基因决定的，这些基因是由当今的图谱研究揭示出来的。我们可以识别出罕见的高风险基因组，假设在一个胚胎中，每 200 个基因组中就有 1 个基因组会使人患冠状动脉疾病的风险增加 5 倍，这一水平对单基因致病因素来讲已经很高了。因此，当今这种极端的风险完全可以通过在胚胎中进行选择而规避，目的不是诊断或治疗，而是完全阻止该病发生。同样，如果有 3 个胚胎，其中一个最终很有可能感染疾病，而另外两个不会，我们就可以选择后者中的一个进行植入。然而请注意，在绝大多数情况下，3 个胚胎中没有一个会显示出高风险。高风险胚胎只会偶尔出现，而且我们会尽可能地阻止这种情况发生。这些数字和方法都不是假设的。与冠心病的患病率和危险因素相关的数据直接来源于前文中提到的 2018 年基于 SNP 的研究。

有人可能会认为，如果针对有害性状进行选择是可行的，那么也同样可以选择理想性状。但事实并非如此。这种对称性被随机性的本质打破了，尽管 SNP 论点适用于头发颜色、智力或任何其他由基因组上大量位点控制的重要遗传特征，让我们再次以身高为例进行讨论。一组中的 3 个胚胎代表着我们从大量基因重排的可能性中选取了 3 个进行采样。这相当于 3 次投掷 10 000 枚硬币，这些硬币代表了身高由大约 10 000 个基因决定。在这 3 次实例中，你可能会发现其中 1 次实例出现了 10 000 个正面，意味着这个特殊的孩子会比平均身高高出 3 厘米，但这几乎是不可能的。你更有可能会得到 4 987 个、4 672 个或 5 115 个正面。的确，在这些变体中，我们可以选择具有最高身高的变体，即假设中的 5 115 个正面，但它的净效应只是所有 10 000 个变体共同影响的一小部分，而且很可能会被非遗传变异性所淹没。筛选并剔除一个罕见的极端基因组，与通过筛选从随机基因组中找到一个极端的例子是完全不同的。

人们通过对基因组进行更加精确的分析得出了类似的结论。2019 年，耶路撒冷希伯来大学的沙伊·卡尔米（Shai Carmi）领导的一项研究发现，根据目前的技术和数据，胚胎选择可能会带来约3厘米的身高优势和2.5分的智商优势，但总体而言，这种效用非常有限。

选择的影响

利用基因工程影响未来孩子的特征是一件既令人敬畏又令人恐惧的事情。因此，“设计婴儿”的概念会吸引公众的注意也就不足为奇了。胚胎选择涉及深刻的伦理问题，想要把这个问题讨论清楚，恐怕写几本书都不够。在这里，我不打算过多地关注生物伦理的领域，我只想从科学基础的角度出发，来评估是否应用，以及该如何应用这项新的生物技术。不过，我还是要概述一些关键问题，否则就是我的失职了。

关于塑造未来人的理念有过一段久远而令人沮丧的历史，最臭名昭著的例子体现在纳粹的种族灭绝哲学中，但也同样适用于20世纪初名义上的自由民主国家。例如，在美国的几个州，被人们公认为“意志薄弱”的人可能会被强制绝育。1927年，最高法院宣布这一程序在美国全国范围内合法。到1939年，美国大约进行了30 000次强制绝育。其他几个国家也有类似的政策。优生学运动的倡导者们乐观地认为，这类活动将广泛地造福社会，有助于人类福祉。最高法院的大法官奥利弗·温德尔·霍姆斯（Oliver Wendell Holmes）曾写道：“我们不止一次看到，公共福利可能会呼吁最优秀的公民献出生命。但奇怪的是，它往往不能呼吁那些正在削弱国家力量的人做一点点牺牲，而相关人员往往不这么认为……维持强制接种的原则太宽泛了，甚至宽泛到要切除输卵管的地步。”然而，无论其支持者援引何种理由，强制绝育的实施往往针对的都是穷人和社会边缘人，一些人随意地用一些反复无常又站不住脚的标准去评估别人的道德或智力品质，并找借口来剥夺那些被认为没有价值的人的权利。纳粹分子将基因淘汰的概念延伸到了更可怕的极端。这些历史的教训应该为我们今天的决策提供信息，因为它们的相似性，也因为它们的差异性。

一个关键的区别在于，至少到目前为止，现代胚胎选择工具不是由国家驱动的，准父母可以在受法律限制的情况下自行决定他们的生育方式。不过，胚胎的获取途径又带来了一个新的问题：胚胎选择技术是否会不成比例地为富人服务。这是包括体外受精在内的所有卫生技术都在关注的问题，目前我们可以通过降低成本和确保广泛的医疗覆盖来改善这一问题。胚胎选择还涉及父母、孩子和社会关系等更普遍的问题。例如，大多数人认为父母给孩子买运动训练课、音乐课或请家教是可以接受的；但在出生前获得的推动因素是否与资源更丰富的父母可以给予孩子的其他好处相似或完全不同，这一点尚不明确，还有待我们进行更加明智的思考。

胚胎选择虽然是个人行为，但它也可以通过减少遗传变异对后代的传播而改变人类群体的整体构成。当然，我们已经通过选择伴侣来影响基因库的构成了，而“选型交配”，即让教育或社会经济背景相似的人配对，其特征在人口的遗传分析中很明显。从某种意义上说，胚胎选择使这一点更加慎重。可以胡乱推断，如果根本没有携带导致高乳腺癌风险的 BRCA1 或 BRCA2 突变的孩子出生，那么这些基因变异将不会构成后代基因库的一部分。胚胎选择的潜在好处是显而易见的，但也可能产生负面影响。虽然这种可能性不大，但这些变异在某些不可预见的情况下也可能是有益的，也许是在未来的瘟疫中，异常的 BRCA1 或 BRCA2 会产生抗药性。更合理的解释是，如果我们选择删除某些特质，可能会造成遗憾。没有人会介意乳腺癌从地球上消失，但唐氏综合征呢？尽管患者会经历重重困难，但它与快乐和充实的生活是相容的。许多光彩夺目的作品都是由抑郁症患者创作的，这种特质部分是遗传的。通过消除类似的疾病，支持一些狭隘的正常概念以减少遗传的多样性，我们可能会失去一些人类的丰富性。社会应该如何定义“正常”及应该由谁来决定，这会使问题变得更复杂。另外，没有人会认为我们应该故意增加唐氏综合征或抑郁症患者，这就引出了为什么现状是最优的问题。最后，即使我们都同意保护人类基因变异很重要，但生殖自主性服从于公共利益的观点又让人回想起 20 世纪的优生学。这些都是非常难以思考的问题。我希望读者不要回避它们，尽管这些问题可能会令人感到不安，但它们与社会的发展息息相关，而且在未来只会更加重要。

胚胎选择的个人主义性质突出了教育的重要性。正如我们所看到的，变异性、不确定性、随机性，以及基因和遗传性状的本质等概念，对于我们了解现代工具的工作范围至关重要。错误的理解可能会导致错误的希望和错误的期许，最终可能影响子孙后代。教育至关重要，这也许是所有生物伦理学中最没有争议的一种说法，但如何及何时实施教育并没有明确的结论。我自己的信念是，对细胞、基因、发育和技术的理解应该是每个受过教育的成年人都具备的知识，而不仅仅是在生育诊所讨论的主题。

上述所有的关注点都是重要、有趣且具有挑战性的。然而，没有一个关注点涉及基因工程，也没有涉及 DNA 本身的改变。我们仅仅是了解了基因组可能和实际上的物理重排，再加上处理细胞和读取 DNA 的工具，这就为我们提供了上一代人无法想象的重塑生命的手段。而重写 DNA 的能力又开辟了进一步的可能性。在第 15 章中，我们将看到这一点是如何实现的。

第 15 章

我们如何编写 DNA：21 世纪的革命性技术 CRISPR

我们经常重塑生命体。我们复位骨折；把树苗绑在柱子上；给牲畜喂食抗生素，让它们长得更大。这些作用会影响蛋白质、细胞和组织，影响基因的开启或关闭，但不会改变组成生物体基因组的 A、C、G 和 T 的序列。然而，现在我们有了改变和重写 DNA 的工具，可以直接修改生命组成部分的指令集。

从第 1 章开始，我们就知道了对于 DNA 和构成生物的所有其他物质来说，生物功能和物理形态是不可分割的。在研究读取 DNA 序列的了不起的工具时，我注意到这些工具得以被发明的前提是把 DNA 作为物理对象来认真对待，从而开发出切割、扩增、移动和监控 DNA 的技术，同时也必须考虑到 DNA 的材料特性及与自组装和随机性相关的总体主题。这一观点也适用于基因编辑，因为我们试图修改 DNA 链。然而，修改 DNA 需要在活细胞中进行，而不是在机器中操纵这些分子，因此我们需要一套不同的方法。在本章中，我们将看到如何使用一种被称为 CRISPR/Cas9 的 21 世纪革命性技术来编辑 DNA。为了理解这个工具的惊人之处，我们首先来看一看在它之前都存在哪些方法，这些方法本身也很了不起。

劫持细菌

基因编辑中最为传奇的英雄是细菌，在过去的章节中，细菌的能力已经多次令我们惊讶了。有许多种类的细菌很容易大量生长，如实验室中强健的大肠埃希菌。一桶温热的营养丰富的液体培养基可以供养数万亿的大肠埃希菌，每个大肠埃希菌都可以生长、分裂和制造大量蛋白质。这些蛋白质是由其基因组编码的，可以消化糖、推动细胞通过液体、构建细胞膜，等等。如果我们给大肠埃希菌一个人类基因，让它制造出人类蛋白质，如胰岛素的话，会怎么样呢？这种细菌将成为一个小型的、有生命的、几乎可以无限复制的制药厂。

胰岛素的例子不是假设。1 型糖尿病患者不能产生胰岛素，这导致他们调节血糖水平的能力减弱，甚至可能致命。自 20 世纪 20 年代以来，糖尿病患者一直使用来自猪和牛的胰岛素进行治疗，但胰岛素的纯化既困难又昂贵。到了 20 世纪 70 年代，即使经过数十年的技术改进，制备 1 磅[①] 胰岛素仍需要消耗 20 000 多只动物的大量胰腺。此外，非人源材料通常会引起患者的过敏反应。与我们在第 7 章中看到的声波刺猬蛋白一样，动物胰岛素的氨基酸序列与人类胰岛素序列非常相似，因此可以为人类所用。但它们并不完全相同，这些细微的差异，以及动物提取物携带的其他物质会触发人类免疫系统产生强烈的反应。综合以上原因，大规模生产人胰岛素的想法是相当诱人的。然而，在 20 世纪 70 年代之前的人类历史中，人类是人源蛋白质的唯一大规模来源。然而当我们从细菌的转化开始，学会了如何在物种之间转移基因时，情况就发生了变化。

我将详细描述人类是如何将细菌变为服务于我们的机器的，因为它背后的哲学与我们的非生物工程方法截然不同。在《卡尔文和霍布斯》（*Calvin and Hobbes*）连环漫画中，6 岁的卡尔文问他的父亲：“爸爸，他们怎么知道桥梁

① 约为 0.4536 千克。——译者注

的荷载极限？”父亲回答道：“他们开着越来越大的卡车过桥，直到桥被压断。然后他们称量最后一辆卡车的重量，再重新建桥。”卡尔文惊呆了，我们也觉得好笑，因为这太荒谬了。这就好比没有人会以不同的排列方式随机连接发动机、车轴、车轮和其他部件，并寻找百万分之一的可能来制造一辆能正常运行的汽车。然而，对生物工程来说，这种做法却是明智的，通过生物材料的自组装能力及它们构建自身所用的模块化、可重复组件，这是可以实现的。

细菌拥有操纵 DNA 的强大工具，包括可以切割双螺旋的一种名为限制性内切酶（restriction enzymes）的蛋白质。切割不是随机的；每个限制性内切酶都只能识别一个特定的 DNA 序列，该序列通常存在于能感染细菌的病毒基因组中。因此，限制性内切酶起到了抵御病毒入侵的作用，这是一个古老的命题，我们将在本章后面进行讨论。大多数限制性内切酶都会使 DNA 的切割端“黏性化”。事实上，这是一个专业术语，意思是随时准备黏附在其他切割末端上。这种黏性并不是来自某种人工黏附，而是由切口的形状造成的：双链 DNA 的一条单链悬垂在另一条链上。因此，悬垂的序列可以与另一条被切割的 DNA 链结合，只要两个悬垂的序列是互补的，即 A 匹配 T，C 匹配 G（见图 15-1）。

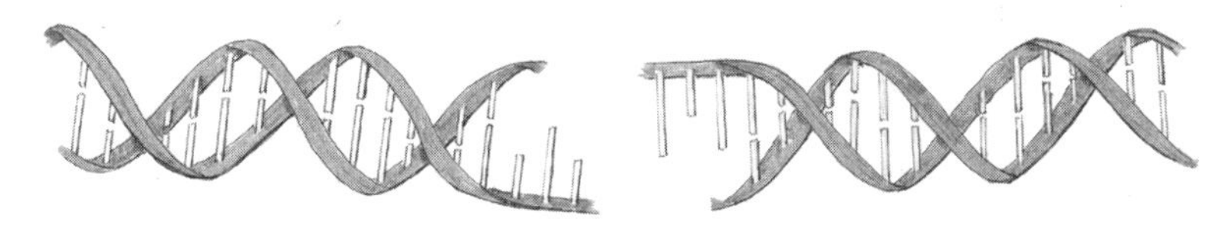

图 15-1　两条经过同一种限制性内切酶切割的 DNA 可以通过互补的黏性末端连接

细菌的另一个特点是其喜欢从周围环境中提取 DNA，有可能是从现已死亡的邻居那里获取有用的特征。一种比全基因组小得多的 DNA 环特别容易被运入或运出细菌细胞。许多细菌都含有这样的环，这种环称为质粒（plasmid）。

这些工具使我们能够将人类基因转移到细菌中。首先，我们要获得与目标基因相对应的DNA片段，如人类胰岛素的片段。这可以从现有的基因组中切除，也可以从头开始合成，即使是在20世纪70年代，想要处理像胰岛素这样的小基因也不是难事。多亏了聚合酶链反应，即使是微量的DNA也可以复制成数百万个相同的拷贝。目标基因序列两侧的限制性内切酶切割位点提供了大量黏性DNA片段。同时，研究人员还从大量生长的细菌中收集到了质粒，并对其进行类似的切割。最后将这些物质混合在一起，使目标基因片段和打开的质粒漫游在液体环境中，通过布朗运动的随机性相互碰撞，一些基因彼此黏着形成新的环，这个环由原始DNA和目标基因组成（后者在图15-2中用曲线段表示）。

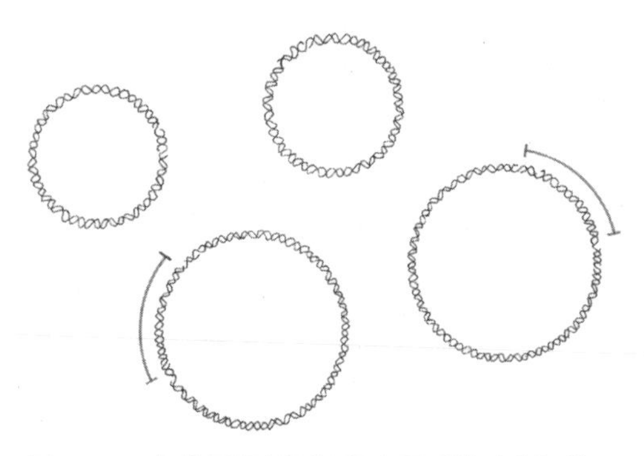

图15-2　有些目标基因片段会跟质粒形成新的环

一些环可能还没来得及抓住目标基因片段就闭合了。这些哑弹无关紧要，原因我们很快就会看到。至少里面有一些环会包含我们想要的序列。如果你仔细观察图15-2，就会发现DNA主干中的黏性末端交汇处存在缺口，而细菌蛋白质将修复这些缺口。

下一个任务是让细菌吞下质粒。细菌在自然条件下很少会吸收质粒，但我们可以通过热脉冲或电脉冲增强其作用，这两者都会在细菌膜上打开瞬时的孔。尽管如此，也只有一小部分细菌能得到1个经过改造的DNA环。不过人们可以将拥有质粒的细菌精选出来，只保留这些微生物，其他的统统消灭掉。

研究人员可以选择或设计质粒，让它拥有其他基因，例如，赋予它抗生素耐药性的蛋白质基因。此时若将细菌暴露于抗生素下，那么就只有那些携带质粒的细菌能够存活。数量很少也没关系，将这些细菌在液体培养基中培育，很快就能得到数十亿个细菌。当然，其中一些细菌中的质粒并没有捕获到我们的目标基因就关闭了，但是不用担心，研究人员只需要运用一些简单的技术就可以确定质粒环的大小，或读取它的序列，从而将无用的细菌排除，并再次培育出数十亿个正确的细菌。

经过切割、黏合和筛选之后，我们得到了一个以前并不存在的生命体：一种能够封装并表达外源基因的细菌。斯坦福大学的斯坦利·科恩（Stanley Cohen）和加利福尼亚大学旧金山分校的赫伯特·伯耶（Herbert Boyer）的实验室携手合作，于 1973 年宣布了第一次成功的细菌转化。这一成果的潜力很快就显现出来了：微生物可以转变成微观的装配线，生产出它们无法天然制造的材料。由于胰岛素是一个特别有吸引力的靶点，于是数个实验室争先恐后地对微生物开展基因工程来生产胰岛素。哈佛大学的沃尔特·吉尔伯特与 DNA 测序先驱沃尔特·吉尔伯特是同一个人（见第 13 章），他带领研究小组使用了来自人类纯化的 DNA 来提供胰岛素基因，这种方法受到严格的处理规定的约束。哈佛大学所在的马萨诸塞州剑桥市的议会也为此召开了一次热烈的会议。在那之后，人们对在物种之间的基因转移普遍持警惕态度，这导致坎布里奇市暂停了所有此类工作。一位议员后来说：“我试图理解科学，但我确定自己无法对风险进行合法的评估。当我无法基于科学理由对暂停实验投赞成票或反对票时，我转向了政治。”他投票赞成暂停此类实验。与此同时，在旧金山以南几千米的一个临时实验室里，一家小型生物技术初创公司使用化学合成的 DNA 构建了胰岛素基因，避免了与人类来源分子相关的监管和社会舆论。无论通过什么方法来制备 DNA，其 A、C、G 和 T 的分子序列都完全相同，每个分子都不例外，但法律和舆论不一定承认这一点。伯耶和风险资本家罗伯特·斯旺森（Robert Swanson）创建了一家名为基因泰克（Genentech）的公司。1978 年 8 月，该公司利用大量微生物创造了有史以来第一个由细菌生产的人类胰岛素蛋白。这家小公司与制药巨头礼来公司（Eli Lilly）合作，解决了这类胰岛素的临床试验、生产和行政审批问题。1983年，基因泰克生产的胰岛素正式上市，它彻底改变了糖尿病的治疗方法，并且成为第一个通过基因工程生产的人类治疗药物。

细菌生产胰岛素的成功打开了生物制药的大门，随后生物制药被设计用于治疗更多类型的疾病，目前已经创造了约2 500亿美元的市场价值。如今，胰岛素本身主要由工程酵母而非细菌产生，其他许多药物也是如此。酵母是单细胞微生物，但与我们一样也是真核生物。我们与酵母共享各种机制来修饰蛋白质，而细菌缺乏这些机制。胰岛素最初是在胰腺中形成一条单一的氨基酸链，随后这条链被切割成三段，其中两段通过新的化学键连接起来，另一段则被丢弃。细菌不能执行这些化学步骤，因此基因泰克的研究人员将最后两个片段设计成了单独的基因，使其产生的蛋白质得以自行连接在一起；而酵母可以提供更直接、更高效的方法。

剪接更好的水稻

我们需要更多的理论支持和发明创造才能将基因插入真核生物。真核生物几乎没有质粒，因此只能插入染色体，使其成为整个基因组的一部分，以便细胞表达它们。这种基因插入也可能与细菌工程有关：为了真正有效地改造细菌，人们更希望将目标基因整合到细菌基因组的主体中，而不是整合到细胞分裂时可能会丢失的质粒中。在过去的几十年里，我们已经找到了修改真核生物基因组的方法，但这些方法都是低效、不精确且耗时耗力的。直到最近，CRISPR/Cas9改变了这一切。所以我就不再过多地谈论其他方法了，我只会为大家解释一下其他方法的一般策略并举例说明为什么使用这些方法可能会遇到麻烦。

如果我们把真核生物基因组想象成一个大型图书馆，里面的书库对我们来说触手可及，就像国会图书馆或私人藏书一样，那么我们的任务就是偷偷地把自己的新书放到书架上。我们可以试着把书放在大楼的公共区域，但图书管理员不太可能会把它放在书架上，就像真核细胞不会吸收和整合随机的 DNA 碎片。但如果图书馆正在翻修或搬迁，我们便更有可能取得成功，在这场由工程施工导致的洗牌中，我们的书也会与其他书一起被分组。新受精的卵细胞在父母 DNA 结合之前的一段时间内提供了这样的机会。我们小心地将 DNA 注入新生胚胎中去，之后就会发现它真的被插入了基因组中。这项技术刚刚开发时，成功率很低，只允许在基因组中的随机位置插入，而这可能会破坏现有的基因；但改良技术使其变得更加强大，甚至实现了一定程度的目标定位。这就是构建转基因小鼠的标准方法，例如，我们可以通过这种方法构建一只具有作为细胞活动报告基因的荧光蛋白基因的小鼠。

另一种方法是招募其他更容易进入图书馆的人，如一个熟练的窃贼。我们通常会使用病毒。病毒可以潜入细胞并复制自身的基因组，然后要么作为独立的片段存在，要么整合到宿主的基因组中。由于体积小、效率高，病毒并不容易被添加新的货物，但这也是可以做到的。经过修饰的病毒可以将基因传递到各种不同生物体的细胞中。与微量注射相比，利用病毒插入 DNA 的优势在于，病毒本身就可以将物质导入细胞，而不需要一个实验室技术人员用细针进行操作，并且细胞类型也不必局限于新受精的卵细胞。不过，这种方式也有类似的缺点，即可靠性不如我们所希望的那样高，而且传递的基因在基因组上的位置也很随意。如果我们正在构建转基因小鼠，那么成功率是否完美就显得没那么重要。我们只需再次筛选，只研究那些转化起了作用的转基因小鼠。然而，如果我们想创造一个人类治疗方案，那么对稳健性和精确度的标准就要高得多。

即使是那些能进入其他细胞并造成伤害的细菌，通常也不能改变真核生物的基因组。然而，也有极少数的例外。土壤微生物根癌农杆菌（*Agrobacterium tumefaciens*）在机会出现时会感染植物。这种微生物会剪断自身 DNA 的某一片段，将其与蛋白质一起注入植物细胞，这些蛋白质将包裹物引导至细胞核，并诱导植物通过DNA修复机制将细菌DNA整合到其基因组中。最终的结果是植物根部出现了促进细菌生长的肿瘤。科学家已经改变了根瘤农杆菌的基因结构，使得其中的致癌基因被我们想要的任何基因所取代，从而使该细菌成为一种用于植物的有效、无害的基因传递工具。

农杆菌介导的基因传递的最有趣的应用之一是改造水稻以对抗维生素A缺乏症。维生素A不足每年会导致25万至50万儿童失明，这是儿童可预防性失明的最大原因。这些儿童中约有一半在失明后的一年内死亡，这些悲剧突显了维生素A对健康的重要性。我们的身体会从各种前体中产生维生素A，最显著的是β-胡萝卜素，它是胡萝卜和红薯等食物的橙色来源。在许多缺乏维生素A的地区，大米是一种廉价而丰富的主食，然而大米中却没有β-胡萝卜素。事实上，水稻植物天生就能够制造β-胡萝卜素，它们在叶子中能制造β-胡萝卜素，而且这种分子在光合作用中也发挥着作用。然而，水稻在我们食用的含淀粉的谷物中并不表达β-胡萝卜素相关基因。因此，由洛桑联邦理工学院的英戈·波特里库斯（Ingo Potrykus）和德国弗赖堡大学的彼得·拜尔（Peter Beyer）领导的研究人员开发出了“黄金大米”，他们在水稻基因组中添加了来自水仙花和一种细菌的两个基因及其启动子，从而使水稻的可食用部分能够合成β-胡萝卜素。经过多年的努力，该项目于2000年宣布取得成功。之后该项目的研究人员与生物技术公司先正达（Syngenta）合作对其进行了进一步的改良，使β-胡萝卜素水平提高了20倍以上。先正达随后向公众捐赠了与黄金大米相关的所有专利、技术和转基因种子。

临床研究表明，这种引人注目的黄橙色大米是安全有效的，它可以提供能够被人体转化为维生素A的β-胡萝卜素。美国营养学会指出，每天“适度食用黄金大米，大概一杯米饭的量就可以提供50%的维生素A推荐膳食允许量（Recommended Dietary Allowance, RDA）”。尽管如此，黄金大米被大众接受的速度非常缓慢；这些植物对反对转基因生物的群体来说是一种诅咒。尤其是在最近几年，人们排斥的不是黄金大米本身（因为其效用很难被否认），而是它的使用为生产其他基因改良食品打开了大门，虽然大家或许还是会认为向穷人提供营养更丰富的饮食来供应维生素 A 对他们来说会更好。不过，仍然有一些人为此采取了积极的行动。孟加拉国有 21% 的儿童患有维生素 A 缺乏症，因此，孟加拉国于 2019 年成为第一个批准种植黄金大米种子的国家；在菲律宾，6 个月至 5 岁之间缺乏维生素 A 的儿童比例在 2008—2013 年从 15% 增加到了 20%，这个数字意味着数千名儿童会失明和死亡。于是在 2019 年，菲律宾承认了黄金大米的安全性，为黄金大米的种植奠定了基础。黄金大米发明 20 年后，围绕它和其他转基因作物的辩论和争议仍在继续。有些则是基于对基础科学的理解，有些是基于复杂的经济和商业问题，而在大多情况下是基于无定形的认知和观点。而且，更新的技术提供了更多的讨论空间。

CRISPR 和基因编辑革命

正如我们所看到的，在过去的几十年里，改变各种生物体的基因组已成为可能。不过，我在前文中概述的方法既困难又不雅观。让生物接受新基因需要反复试验，并且新基因在其基因组中的最终位置要么是随机的，从而对其表达产生随机后果；要么是以更烦琐的工程为代价进行粗略控制。如果我们想要向一只小鼠插入带有胰岛素基因或荧光报告基因的细菌，在得到想要的结果之前，我们可以反复尝试，但这种策略有其局限性，尤其是当我们想要治疗人类遗传病的时候。我们真正想要的是一种简单而精确地编辑基因组的方法，通过这种方法，我们可以识别特定的 DNA 片段并用我们自己的设计替换它们或干净地切除它们。现在我们已经掌握了这种能力。我一直专注于 CRISPR/Cas9 系统，但就像其他技术的常见情况一样，几乎在同一时间出现了不止一种革命性的方法。但其他候选方法，如锌指核酸酶（zinc finger nucleases）和转录激活因子样效应物核酸酶（transcription activator-like effector nucleases，TALENs）等并不像 CRISPR/Cas9 那样快速、便宜和易于操作，我提到它们主要是为了内容的完整性，同时也想要告诉大家21世纪初的空气中充满了基因组编辑的种子，并且它们随时准备着发芽。

CRISPR/Cas9既可以说是一种古老的技术，也可以说是一种非常新的技术。我们可以说它是被发现了，或者说是被发明的。从每个人的角度来看，这些观点都是正确的。我们首先来看基因组操作的原始实践者，然后再转向它们现代的、人类驱动的表现形式。

借用阿尔弗雷德·丁尼生（Alfred Tennyson）[①]的话来说，大自然早在牙齿和爪子存在之前就已经“沾满鲜血了”[②]，甚至微生物之间也会相互争斗。细菌刺伤并毒害同伴；变形虫吞噬细菌；病毒感染细胞并破坏其基因组。除了武器，所有这些生物都发展了防御能力。直到最近，人们还认为细菌防御只在当下发挥作用，它们只在进行防御时侦察线索，而对过去的伤害没有任何记忆。然而，我们现在知道，细菌确实有记忆。就像我们自己的免疫系统一样，它们会记录以前的对抗者，以便再次遇到它们时能够快速做出反应。这种细菌免疫系统的发现本身就是现代生物技术时代的象征：它是通过DNA测序和计算机实现的。

1987年，一个日本团队在研究大肠埃希菌的基因时注意到“一种不寻常的结构”，即重复5次的29个核苷酸序列，每次重复间隔32个核苷酸。它存在的目的是什么，以及它是否存在于其他基因组中，这些都还是个谜团。这一观察结果在当时几乎没有引起注意，毕竟生活中充满了奇怪的事情，而大部分都是无关紧要的。

20世纪90年代，西班牙的弗朗西斯科·莫伊察（Francisco Mojica）及其

① 英国维多利亚时代最受欢迎、最具特色的诗人。——编者注

② 原文为red in tooth and claw，牙齿和爪子都发红。掠食者杀戮时用猎物的鲜血覆盖牙齿和爪子，指野蛮的暴力或残酷的竞争。——译者注

同事在几种古细菌的基因组中发现了类似的重复 DNA 模式。古细菌是没有细胞核或细胞器的单细胞生物。虽然表面上类似于细菌，但它们形成了生命之树的一个独特分支。像我们一样，它们通过几十亿年的进化从细菌中分离出来。莫伊察偶然发现了那个日本研究小组的论文，并意识到在这些不同的生物体中存在着相似的基因结构，这表明这种模式在微生物的生命中可能起着重要作用。20 世纪 90 年代末，随着越来越多的细菌基因组被测序，在计算工具的支持下，人们得以在台式计算机上仔细地研究它们，莫伊察及其同事在细菌和古细菌中发现了更多的间隔重复 DNA。然而，他们的坚持和发现并没有为他们带来名利，伴随着对重复序列缺乏相关性的持续批评，莫伊察的实验室多年来一直在为了获得基金资助而努力奋斗。然而，具有重复序列的基因组数量仍在持续累积增长。2002 年，莫伊察和乌得勒支大学的鲁德・詹森（Ruud Jansen）为基因组实体创造了 CRISPR 一词：它的意思是成簇的、规律间隔的短回文重复序列（clustered regularly interspaced short palindromic repeats）。研究人员还注意到，在间隔重复的序列附近经常会出现一些基因，这些基因被命名为 Cas（CRISPR-associated 的缩写）基因。虽然 CRISPR 现在有了一个名字，但它的功能仍然是个谜。

同样，基因组和计算机为我们提供了相关见解。2005 年有 3 篇相关论文被发表，一篇来自莫伊察的研究小组，一篇来自法国的克里斯汀・普赛尔（Christine Pourcel）及其同事，另一篇来自同样身在法国的亚历山大・博洛坦（Alexander Bolotin）及其同事，论文宣布 DNA 序列的间隔部分与非细菌和非古菌的 DNA 序列相匹配，而其中病毒 DNA 序列的匹配度最高。自古以来，病毒就已经感染了细胞，病毒特征表明 CRISPR 可能是某种尚未认识的防御策略的一部分。虽然在以后的岁月中，人们对 CRISPR 的注意力慢慢建立了起来，但这些论文在当初问世时都没有受到特别的赞赏。莫伊察的论文是最先完成的，但曾多次被权威杂志拒绝，最后他只好找了一个不太起眼的杂志发表。尽管如此，这也意味着 CRISPR 的本质开始被揭开。细胞为什么要对感染你的病毒 DNA 片段进行精心的排列？了解了这些你就可以使用这些大头照来识别和灭活病毒，以防它们再次入侵。

作为一种细菌免疫系统，CRISPR/Cas 通过利用 DNA 和 RNA 的互补性及能够切割 DNA 的蛋白质机器来发挥作用。首先，细胞内遇到的 DNA 片段会被蛋白质 Cas1 和 Cas2 切割并插入基因组的重复单元之间，这些片段可能来自病毒入侵者，而不是细菌或古细菌自身的 DNA。因此，间隔区描绘了过去接触病毒的文库。接下来，细胞采取的下一步策略看上去似乎不太理智，它会将重复序列和间隔序列的部分转录成 RNA，称为 crRNA（CRISPR RNA）。回想一下，转录通常是制造蛋白质的第一步，如果起点是病毒基因，则转录很可能是一种危险的活动。然而，重复片段的 RNA 与从细菌或古细菌基因组 CRISPR 邻域中另一个区域转录的 RNA 部分互补，称为 tracrRNA。crRNA 和 tracrRNA 一起形成了 RNA 双螺旋，而源自病毒的 RNA 片段则悬空未结合（见图 15-3a）。CRISPR 相关蛋白 Cas9 可以识别并结合这种 RNA 组装体（见图 15-3b）。

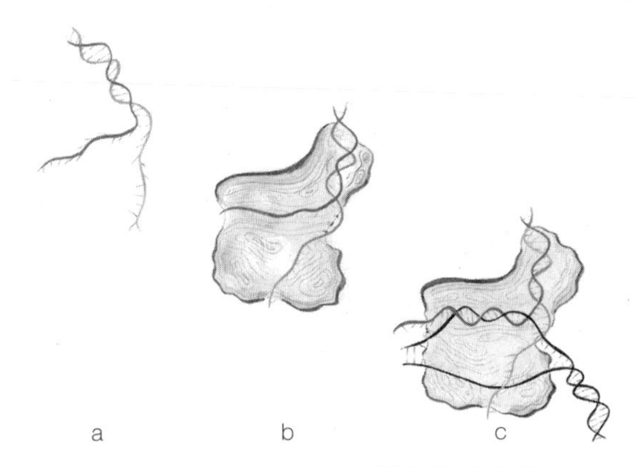

图 15-3　CRISPR/Cas9 系统识别病毒序列

注：图中两条核酸序列分别为整合了病毒序列的回文序列转录得到的 crRNA，以及 CRISPR 邻域中另一个区域转录的 tracrRNA（a 图），其中病毒序列部分转录得到的 RNA 悬空未结合；然后 Cas9 蛋白可以识别这种特定的 RNA 组合形式（b 图）；当遇到同一病毒 DNA 序列（黑色）时，DNA 与病毒 RNA 形成 DNA-RNA 杂交体，并被稳定在特定的位置（c 图）。

由于布朗运动，RNA-Cas9 复合物在细胞周围蜿蜒流动。如果它在碰撞到的分子中遇到一个特定的、短的、相当常见的 DNA 序列，就会附着在上面；这一相同的 DNA 基序构成了 Cas1 和 Cas2 识别功能的一部分，从而确定应该从何处切除 DNA。Cas9 破坏了它所锁定的 DNA 双链之间键的稳定性，基本上在一个小范围内解链了双螺旋。如果 Cas9 携带的单链 RNA 与开放的 DNA 是互补的，而这只有当 DNA 与 crRNA 的来源是相同的病毒时才会出现这种情况，那么这两条链就会形成 DNA-RNA 杂交体。这种奇特但稳定的双螺旋结构位于 Cas9 的凹槽中，凹槽内部带有正电荷，可以将带有高度负电荷的 DNA 和 RNA 固定在适当的位置（见图 15-3c；黑色的 DNA）。

Cas9 还包含两个能够切割 DNA 主干的部分。当蛋白质抓住 DNA-RNA 螺旋时，这些切割器会改变它们的方向，各自与一条病毒 DNA 链接触，其中一条 DNA 链是与 RNA 相结合的，另一条 DNA 链是其前互补链，现在则被留下来了。

CRISPR 序列和 Cas 蛋白之间有多种多样性，在这里我不打算对其进行深入讨论。所有变体的基本机制都是一样的，我关注的是相对简单而巧妙的 Cas9 蛋白，它已成为大多数生物技术应用的主力。

作为一种细菌免疫系统，CRISPR/Cas9 结合了记忆和防御功能，令人叹为观止。在更深层次上，它揭示了大自然在数十亿年前就解决了基因工程的一个重大挑战：在数十亿种可能性中找到一个特定的 DNA 序列，然后改变它。这里的“找到”涉及病毒 DNA 文库，而“改变”仅仅是通过切割来破坏。然而，一些研究人员意识到，大自然的解决方案经过调整后可以变得更具有普适性，甚至建设性。

2012 年，美国加利福尼亚大学伯克利分校的珍妮弗·道德纳（Jennifer Doudna）和瑞典于默奥大学的埃玛纽埃尔·沙尔庞捷（Emmanuelle

Charpentier）[①] 共同合作，发表了一篇极具影响力的论文，巧妙地展示了 CRISPR/Cas9 作为细菌或古细菌之外的 DNA 编辑器的强大功能。沙尔庞捷的研究小组发现了 tracrRNA，并破译了 Cas9 活动的许多方面。道德纳及其同事是 RNA 方面的专家，她们广泛的研究目标涵盖了 CRISPR 相关蛋白的复杂领域。在其所处的自然环境中，tracrRNA 和病毒衍生的 crRNA 一起指导 Cas9。道德纳和沙尔庞捷意识到，用任何你想要的序列替换病毒序列都会将一个新的目的基因编程到 Cas9 中，而且 tracrRNA 和 crRNA 可以用一个单独的、设计适当的 RNA 片段替换，该片段可以自行折叠，称为单链向导 RNA。因此，只需使用一条易于合成的 RNA 链和一种易于生产的蛋白质 Cas9，就可以实现对特定 DNA 序列的简单、全面的靶向。而若要在特定核苷酸序列的位置切割 DNA，方法如下：制作含有该序列的单链向导 RNA 分子，用 U 代替 T，就像 RNA 那样；添加 Cas9，混合到你的目标系统中，这样工作就完成了。这两个研究小组表明，这个系统在试管中起了作用，这超出了我们熟悉的细菌细胞范围。作者在 2012 年的一篇论文中报告了这一结果，指出该系统“高效、通用且可编程”，并补充说它“可以为基因打靶和基因组编辑应用提供相当大的潜力”。

道德纳和沙尔庞捷在2012年发表的论文于6月8日提交给了著名的《科学》杂志，并于 6 月 28 日在线发表，引起了人们的广泛关注。很明显，这代表了一个具有深远潜力的突破。2015 年，这两位研究人员各自获得了 300 万美元的生命科学突破奖，该奖由 Facebook 的马克·扎克伯格（Mark Zuckerberg）、谷歌的谢尔盖·布林（Sergey Brin）和其他科技巨头资助，并在一场名人云集的硅谷盛会上颁发。

回到 2012 年，立陶宛维尔纽斯卡普苏斯大学的维尔吉尼尤斯·希克什尼斯（Virginijus Šikšny）领导的另一个研究小组于 4 月 6 日提交了一篇论文，该

① 两位科学家因“开发出一种基因组编辑方法”获得 2020 年诺贝尔化学奖。——编者注

论文也描述了在试管中借助 CRISPR/Cas9 对 RNA 引导的 DNA 进行切割，同样使用了一般版本的 tracrRNA/crRNA 模板，不过他们使用了两个 RNA 片段，而不是一个单链向导 RNA。他们同样指出这些发现“为通用可编程 RNA 引导 DNA 的工程化”操作铺平了道路。但遗憾的是，他们的手稿被粗暴地拒绝了。于是作者们又把它寄给了另一家不同的杂志，并且在 9 月底，也就是道德纳和沙尔庞捷的论文发表 3 个月后，这篇文章终于在那里得到了发表。在科学界，赞誉往往归于第一个冲过终点线的人，希克什尼斯也因此被称为“被遗忘的 CRISPR 发现者”。然而，在 2018 年，他与道德纳和沙尔庞捷共同获得了价值 100 万美元的科维理（Kavli）纳米科学奖。他们当中肯定会有人凭借 CRISPR 获得诺贝尔奖，最热门的问题是“什么时候？”“谁？”这些问题在 2020 年得到了回答，诺贝尔化学奖颁给了道德纳和沙尔庞捷。

在 2012 年的开创性论文之后，许多研究小组发表了更多的论文。例如，在 2013 年，麻省理工学院和哈佛大学博德研究所的张锋（Feng Zhang）及哈佛医学院的乔治·丘奇（George Church）的实验室在小鼠来源和人源细胞中展示了 CRISPR/Cas9。与此同时，热门报告也如雨后春笋般涌现。到 2019 年，仅《纽约时报》就有 100 多篇文章提到了 CRISPR。关于 CRISPR/Cas9 的研究史还有很多，它涉及了现代科学企业如何运作等更广泛的问题，其中还不乏专利战和一些戏剧性事件。不过我的目标是把重点放在科学及其用途上，因此，让我们回归到科学本身。

到目前为止，CRISPR/Cas9 在我们的描述中完全是具有破坏性的，它的工作就是在所需的位置切割 DNA。这种破坏可以使基因失活。细胞含有感知断裂 DNA 并修复它的机制，这是处理代谢产生的化学副产物或紫外线等物理危险造成的永久性损伤所必需的。修复是由连接 DNA 片段末端的蛋白质完成的。然而，连接很容易出错，可能会改变接缝处的序列，或添加、删除核苷酸。这些错误可能会形成一种无功能的蛋白质。

修复可以更具建设性地将新基因插入基因组。我们可以将任何想要的基因编码到 DNA 片段中，再加载到细胞里。修复蛋白并不挑剔，它们会将找到的任何末端粘在一起。因此在某些情况下，我们的其中一个片段会恰好插入断裂处，并且每一端都被连接到基因组上。你可能会认为“某些情况”掩盖了很多不确定性，你是对的：微观世界的概率性质会以多种方式表现出来。被 Cas9 切割后，DNA 的自由末端按布朗运动蜿蜒游动。感知和修复 DNA 损伤的蛋白质也在游荡。在找到基因组的两个自由末端之前，修复蛋白是否能找到细胞本身基因组的自由末端和引入 DNA 的自由末端取决于它们随机游走行为的变幻莫测，不过我们也可以通过添加大量新基因的拷贝来提高它们找到目的基因末端的可能性，从而使结果偏向我们想要的方向。这一切发生的时候，Cas9 仍然存在，它可能会再次找到其目标 DNA 序列并再次切割，且一遍又一遍地重复这个过程。我们有可能得到我们想要的最终结果，但这绝不是必然的。与以前的方法一样，我们需要筛选许多次失败才能获得成功。尽管如此，如果可行的话，该方法的确可以将新基因准确地放入我们想要的基因组中。

虽然可编程的 CRISPR/Cas9 系统问世仅仅 10 年，但研究人员已经发明了更好的基因插入方案。2019 年，麻省理工学院和哈佛大学博德研究所的刘如谦（David Liu）团队开发了一种被称为先导编辑（prime editing）的强大技术手段，该方法使用了多种细胞机器。在这里我就不再一一介绍了，但该方法的本质是融合 Cas9 和逆转录酶，也就是我们在第 13 章中遇到的那种蛋白质，它可以通过 RNA 来生成 DNA。之后再使所需的插入序列成为向导 RNA 的一部分。Cas9 和逆转录酶的嵌合体可以识别并切割 DNA，并在切割处生成新的 DNA。图 15-4 阐述了多步过程的特征：DNA 为黑色，RNA 为灰色，插入序列为标记为 A 的部分；不过图中省略了蛋白质。

刘如谦的研究小组在人类和小鼠来源的细胞中展示了先导编辑，并指出该技术可以靶向与人类疾病相关的 89% 的遗传变异类型。剩下的 11% 包括与多个基因拷贝相关的疾病，如单靠简单的重写无法修复的疾病。

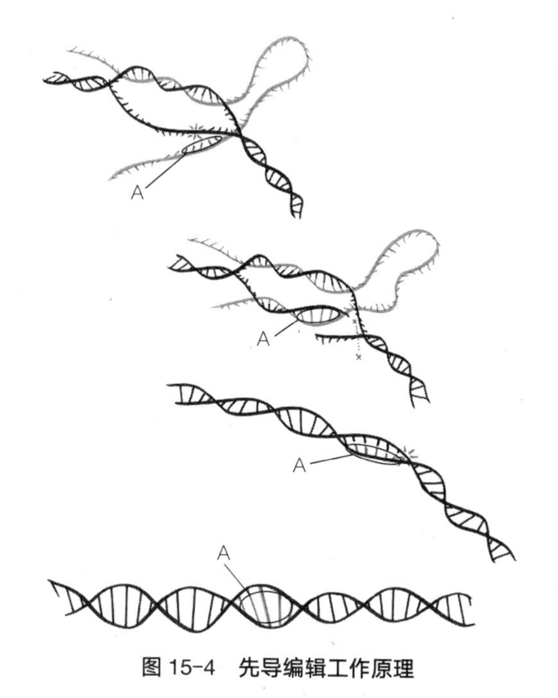

图 15-4 先导编辑工作原理

把蛋白质和核苷酸当作针和线，对 DNA 进行巧妙的裁剪，是生物分子物理性的惊人表现。DNA 是一种携带遗传信息的代码，为了改变这种代码，我们开发了一些可以本能地抓取、剪切、粘贴和黏合 DNA 的工具。即使从非生物的角度来看，其精确度也是惊人的。例如，计算机中最先进的集成电路芯片具有大约 10 纳米的精度特性。一个 DNA 核苷酸的长度约为 1/3 纳米，我们可以通过先导编辑和其他现代方法对其进行可控的改变。

正如我们所了解到的，拥有或没有某种基因并不是细胞活动的唯一决定因素。调控至关重要，最关键的是控制一个基因的核苷酸代码是否真的被读取以产生蛋白质。研究人员已经找到了使用 CRISPR/Cas9 来编程调节的方法。在这里，它的向导 RNA 也是基因组中特定位点的导航器。然而，与标准的 Cas9 不同，我们使用的是不能切割 DNA 的修饰后的变体。为了关闭基因，失活的 Cas9 仅需定位于 DNA 上，像正常的阻遏子一样阻止 RNA 聚合酶介导的转录。我在第 9 章中描述的一种阻止细菌游动的开关就使用了这种技术。我们也可以将失活的 Cas9 与招募 RNA 聚合酶的激活子连接起来去开启基因。多亏了 CRISPR，我们不仅可以精细地使用基因组，还可以精细地使用基因回路。

关于西红柿、T 细胞和治疗

植物是几千年来基因操作的目标，与早期的技术相比，基于 CRISPR 的方法可以更容易、更巧妙地转化植物。西红柿的祖先现在仍然存在于野外，会结出豌豆大小的小果实。对它的成功驯化生产出了我们熟悉的更大、更有营养的西红柿。选择性育种选择了我们喜欢的特定基因变体，但代价是失去了相对于其野生近亲的遗传多样性和对压力的耐受性。2018 年，研究人员利用 CRISPR/Cas9 将驯化的番茄中的 4 个基因插入野生植物的基因组中，所产生的果实重量是正常重量的 3 倍。CRISPR 的精确性不仅保留了目标基因组，而且避免了连锁诱导的潜在有害基因的拖拽，这是常规育种的副产品，就像我们在西瓜中看到的那样。

当然，我们最关心的生命体还是我们自己。基于基因编辑的疗法正在以惊人的速度被开发和部署。除了具有显著疗效之外，这些技术还突出了在实践中使用基因编辑的一些微妙之处。要真正实现 CRISPR/Cas9 的切割和粘贴，这些分子机器需要进入我们想要修改的细胞内。最有效的方法是使用被设计成携带编码 Cas9 的 DNA 和必需的 RNA 序列的病毒。病毒会无意识地识别、锁定并进入其目标细胞。

然而，使某些细胞暴露于病毒中可能非常具有挑战性。一种方法是将目标细胞从体内取出，编辑它们，然后再放回体内。众所周知，人类免疫缺陷病毒（HIV）会攻击 T 细胞。2015 年，宾夕法尼亚大学的研究人员从 HIV 患者体内将血细胞和循环免疫细胞提取出来，并将之重新输送到患者体内。几年前，科学家们还没有注意到，编码 T 细胞膜蛋白的 CCR5 基因在发生突变后可以保护人类免受 HIV 感染。因此宾夕法尼亚研究小组提取出 T 细胞，破坏其 CCR5 基因，并将修饰后的免疫细胞重新引入患者的血液中。这种操作对人体健康方面的改善微乎其微，但它本身是安全的，这促使几个研究小组继续开发这种治疗方法。

2015 年的另一项开创性应用也涉及免疫细胞，在本例中，研究人员从捐赠者身上取出免疫细胞，并对它进行编辑以使其耐受抗癌药物，之后再将其植入一名患有白血病，且对所有其他治疗均无反应的一岁女孩体内。在一般情况下，除非完全匹配，否则捐赠的免疫细胞会在受体体内引发强烈的潜在致命反应。在这个案例中，研究人员也通过基因编辑禁用了驱动这种免疫反应的基因。最终，孩子的身体接受了经过修饰的细胞，她的白血病也得到了缓解。

这些基因编辑的例子都没有使用 CRISPR/Cas9，而是使用了本章开头提到的两种稍早开发的工具，用于 HIV 的锌指核酸酶和用于白血病的 TALENs。现在，一系列基于 CRISPR/Cas9 的疗法正在开发中。与此同时，相关治疗正在进入人体本身，进入那些无法适应离体实验的组织和器官。

2020 年初，一位因罕见基因突变导致失明的人成为第一位通过向眼睛注射病毒而直接输送 CRISPR/Cas9 的人。这种突变发生在一个基因中，该基因会在视网膜的某些细胞中编码一种蛋白质，这种蛋白质是构建光敏蛋白信号塔所必需的。为了确保在合适的细胞中发生基因编辑，编码 Cas9 的 DNA 包括了一个启动子序列，该启动子序列特异于这些仅在视网膜细胞中表达的转录因子。如果这项尚未结束的临床试验能够取得成功，它将成为我们治疗失明的一个里程碑事件，这项试验不是通过复杂的手术或电植入物实现的，而是通过重新配置一个人的自组装指令来实现的。

CRISPR 和抗 CRISPR

了解自组装和调节等生物物理学原理所发挥的作用，让我们得以深入了解基因编辑的工作原理。我在提到 Cas9 寻找特定 DNA 片段的内容时，顺便提到了另一个主题，即随机性。然而，随机性发挥着更大的作用，如何解释或控制它是基因编辑应用的一个挑战。我说过，Cas9 通过它所承载的向导 RNA，与互补于向导序列的特定 DNA 序列相结合。这是真的，但过于简单化了。像所有分子结合一样，完美匹配的亲和力最高，但不完美匹配的亲和力也不完全为零。Cas9 总是有可能靶向错误的 DNA，这种可能性是否重要取决于它的概率大小和时间尺度。假设脱靶的 Cas9 结合的概率是千分之一，无论我们的目标是什么，千分之一的错误率都是可以接受的。这相当于修复细胞几乎充满了整个视网膜，而只有几个哑弹。然而，进一步假设由我们递送进去的 DNA 表达的 Cas9 持续存在于细胞中，也许超过一周时，错误率为千分之一，但超过 1 000 周，也就是 20 年时，几乎可以确定每个细胞中都会发生脱靶的基因编辑。实际的错误率数字取决于结合的细节和概率的数学计算。在某些情况下，好处会大于风险；但在某些情况下，并不是这样。如果我们能够在 Cas9 的预期任务完成后关闭它，而不是让它永远游荡、活跃，那么我们将大幅地提高胜算。

在生物体之间所进行的不断的竞争中，似乎每种策略都有其对抗性策略，每种武器都有其防御模式，而每种防御都有一种武器会进化出颠覆它的能力。因此，如果 CRISPR 存在，那么抗 CRISPR 也应该存在，这或许没什么好惊讶的。病毒已经开发出了使细菌免疫系统失效的工具。在 2012 年左右，多伦多大学艾伦·戴维森（Alan Davidson）教授的实验室的研究生乔·邦迪 - 德诺米（Joe Bondy-Denomy）发现了抗 CRISPR 病毒，他发现一些病毒成功入侵了拥有 CRISPR 序列的细菌。事实证明，早期的入侵者在细菌基因组中插入了阻止 Cas 蛋白质的基因。针对上述过程中每个可想到的组成部分，目前我们已经发现了超过 50 种不同的抗 CRISPR。有些抗 CRISPR 会阻止 Cas 蛋白装载向导

RNA；有些会切割向导 RNA；有些会阻断 Cas 蛋白和 DNA 的结合；有些则在以尚待破译的机制来发挥作用。然而，在每种情况下，生物物理相互作用都是核心。例如，在阻断 DNA 结合时，一些抗 CRISPR 蛋白模拟 DNA 的电荷分布，镜像出与 DNA 带负电表面相似的强度和空间排列以紧贴 Cas 结合槽，使其无法作用于目标 DNA。这不禁让人想起我们运用 DNA 电特性的知识使其通过凝胶的过程，病毒利用这些特性达到了自己的目的。

然而几乎就在研究人员发现抗 CRISPR 后不久，他们就意识到抗 CRISPR 可能是基因编辑工具包的重要补充。2017 年，珍妮弗・道德纳和包括邦迪 - 德诺米（此时他在加利福尼亚大学旧金山分校领导他自己的实验室）在内的一些人，在人源细胞中展示了在 Cas9 发挥作用后递送抗 CRISPR 可以有效地关闭后续的基因编辑，从而能够减少不必要的基因改变。

在上面的几章中，我们从比第一部分更广泛的物理角度研究了 DNA。了解这种分子的性质及其与其他材料的相互作用，无论是聚合酶和 Cas9 之类的蛋白质，还是第 13 章中介绍的晶体管等无机结构，都使我们能够用基因的语言进行读写。在第 16 章中，我将更多地介绍我们可以利用这一能力做些什么，特别关注于人类基因组的编辑和生态系统的重塑，这两个方面都将伦理问题摆在了首要位置。我还将评论生物物理学视角给我们带来的理解类型，以及它与某些实际且深刻的问题之间有哪些相关性。

第 16 章

设计生命，设计未来

我们自成为人类以来，就一直在寻找能够帮助我们理解生命复杂性的原则。例如，在中世纪的欧洲和伊斯兰世界，人们普遍认为陆地上的每一个物种在海洋中都有对应的物种，正如英国著名作家特伦斯・韩伯瑞・怀特（T. H. White）在一篇介绍 12 世纪动物的寓言中指出的那样，造物主提供了“马和海马、狗和狗鲨、蛇和鳗鱼”。这种信念目前已经消退了。它既不能提供准确的描述，也不提供预测能力，但我们可以与其中蕴含的某种理念产生共鸣，希望生物是由一种单纯的对称性所支配的。生物学似乎常常是一种杂音，美丽但令人眩晕。进化提供了一个统一的框架，但它主要阐明了在许多生命周期中塑造形式的过程，而不能解释形式和功能之间的联系。

然而，在过去的几十年里，我们已经逐渐了解了生命的基本原理，包括自组装、随机性、调节相互作用的网络，以及指导所有生物活动的尺度推绎关系的物理基础。这些框架将微观世界和宏观世界联系起来，将分子的结构和动力学与细胞、组织及整个有机体的运作联系起来。这种描述也适用于更大的范围：物种群落和整个生态系统也受到类似规则的约束。例如，人口增长的数学概念和老龄化的变幻莫测倾向于混沌动力学，其随机特征反映了与之相应的微观物质的随机性。竞争与合作引发了控制人口规模的自组装相互作用网络。正如我们在第 12 章中简要提到的，面积和丰度可能遵循通用的尺度推绎关系。

然而，我们的注意力主要集中在从分子到个体的尺度上，这些尺度为我们提供了足够多的神秘感，让我们忙得不可开交。

理解生物物理学原理不仅可以加深我们对生命的理解，还可以帮我们重塑生命。我们已经看到了对物理机制的洞察是如何贯穿健康和疾病之间的问题的，如从病原微生物的行为到器官的力学，再到基于读取 DNA 的风险预测。在接下来的几节中，我们将简要介绍对我们自己和所处环境进行修改的当代案例，这些案例更显著地突出了道德和社会问题。虽然这些问题不是我们描述生命运作的中心目标，但忽视这些问题显然是失职的。此外，我主张，我们所发展的生物物理学视角可以帮助我们解决科学与伦理交叉点上的难题，阐明技术的可能性和不可能性，而这些技术往往是被解释得很模糊或是用一些耸人听闻的术语堆砌起来的。

我们的生物技术工具套装及其应用范围在不断扩大。未来可能达成的成就是相当有吸引力的，比如，我们可以复活乳齿象和猛犸象、终结动物来源肉类、治愈各种疾病、将瘟疫工程化，等等。未来的可能是无限的，也很难预测。相反，我希望可以触及更广泛的主题，无论未来如何，这些主题都能发挥作用。最后，我们要更深入地探讨生物物理学究竟揭示了生命奇迹中的哪些内容，并在此过程中解决什么是对“生物物理学的理解”。

编辑胚胎意味着什么

最引人注目的新工具莫过于那些编辑基因组的工具。在第 15 章中，我们研究了与 CRISPR/Cas9 相关的疗法，这些疗法有望缓解常规治疗无法治愈的衰弱性疾病。我们在第 14 章中还看到，读取胚胎的 DNA 可以预测其未来的性状。这两部分内容很容易就让人联想到将两者结合并编辑胚胎的基因组。将 CRISPR/Cas9 传递到受精卵的单个细胞中可以转化目标基因，这种变化在每一轮细胞分裂时都会进行忠实的复制，因此目标基因不仅可以到达成熟生物体的每个细胞，还可以到达它的每个子细胞、每个子细胞的子细胞，等等。2013年，我们在小鼠和斑马鱼身上成功展示了胚胎编辑技术；2014 年又在猴子身上成功展示了胚胎编辑技术。由于与人类十分类似，因此猴子常会被用来当作能够生成人类疾病的模型，从而用以协助辅助治疗手段的发展。在经过前几章的介绍之后，这项技术将在人类胚胎中发挥作用，这一点应该不会让任何人感到惊讶。人类的基本生命机制与其他动物几乎完全相同，相同到了我们中世纪的祖先几乎无法理解的程度。

然而，是否应该进行人类胚胎编辑是一个非同寻常的问题。目前对此的共识是否定的，至少对于那些将被植入母体内以孕育存活的胚胎来说，答案是否定的。事实上，这种手术在包括美国在内的几十个国家中都是非法的。这一结论源于第 14 章中强调的同样类型的伦理问题。CRISPR/Cas9 能够对基因组进行真正意义上的创新，而不仅仅是重新排列现有的变异，这进一步加剧了伦理问题。此外，正如我们在第 15 章中看到的那样，诸如脱靶编辑等复杂问题的解决方案目前仍在开发当中。尽管这项技术具有非常大的潜力，但很少有人能把它完整描述出来。因此，绝大多数科学家、伦理学家和决策者认为，人类胚胎基因组编辑的时代尚未到来。然而，并非所有人都同意这个论断。

2018 年 11 月，中国研究人员贺建奎宣布，他的团队使用 CRISPR/Cas9 培育出了有史以来的第一个基因编辑婴儿，而且是一对双胞胎女孩，这一举措震惊了世界。贺建奎及其团队受到了来自全球各地的强烈而迅速的谴责。中国当局迅速关闭了他的实验室，并宣布他的工作性质极其恶劣。大家可以想象，如果存在迫在眉睫的危险，如致命的基因缺陷，匆忙进行人类胚胎编辑还有情可原，但这里的情况并非如此。这种编辑是对前文中提到的 CCR5 基因进行破坏，其缺失降低了婴儿感染 HIV 的可能性。这是一个令人费解的选择。女孩父亲的艾滋病毒检测呈阳性，但这种疾病从父亲传染给孩子的可能性极低。他们宣称实验的目的是降低儿童一生中对 HIV 的感染概率，但有很多标准方法可以有效预防艾滋病毒。更重要的是，CCR5 不是一个无用的基因。有很好的证据表明，它可以帮助人们抵抗其他病毒的侵袭，如流感和西尼罗河病毒。因此，删除 CCR5 是有代价的。即使我们的目标更加合理，潜在利益大于风险，但我们仍应在相关人员，如孩子家长被告知其意义和后果的情况下继续行动。后者知情并同意是这一重要伦理原则的基础，而在贺建奎这一灾难性事件中，他们违反了这个原则。他提供给父母的信息很少，而且具有误导性，道德审查程序的文件也被发现是伪造的。2019 年，他被判处了 3 年监禁。

我们可以想象另一种情况，如果人类胚胎基因组的第一次直接改变是经过透明的审议后发生的，目标是产生一种明显有害的基因突变，如导致肌营养不良、囊性纤维化或一系列其他严重疾病的基因突变。那么结果又会如何？然而遗憾的是，实际情况并非如此，尽管在技术上取得了成功，但 CCR5 这个插曲很可能会使基于 CRISPR 的生物技术陷入一个尴尬的境地。科学和人类行为之间的交叉点往往是混乱的。

这些活动与我们的目标更为相关，它们突出了教育的重要性。在基因组测序和基因编辑时代，“知情同意”意味着什么？至少对基因的性质、调节、概率和变异，以及它们如何共同协调健康和疾病有一些认识，这对于每一个前沿生物技术治疗的知情参与者来说都至关重要。在缺乏理解的情况下，人们很容易陷入自己的想象中去，期望值会被提升到不切实际的高度，在这种情况下，有的人会主动拒绝任何基因技术，或者干脆默许医生或国家的希冀。培养教育至少与在芯片上构建器官或重写免疫细胞基因组一样具有挑战性。然而，我们已经看到了成功的先例。例如，疾病的细菌理论已经渗透到了我们的意识中，几乎所有人都对微生物存在、可以复制、可以感染其他生物并导致疾病有着基本的机理上的理解；还有如第 14 章所述，现在几乎没有人会对体外受精感到恐惧；同样，人们对一些概念机制上的理解已经司空见惯。我认为同样的意识可以也应该出现在最近对生命运作的洞察中。

非自然的世界

改变植物是有争议的，因为这是非自然的。我们已经看过了非自然的大米和西红柿，现在让我们思考一下胡萝卜，特别是那种可能在超市里看到的“小胡萝卜”。它们又小又光滑，甚是可爱，它们的销售额占美国胡萝卜总销售额的 70% 左右。顾名思义，有人可能会认为它们就是还未长大的胡萝卜，但事实并非如此；有人可能会认为它们是一种微型品种，就像小矮马之于马一样，但事实也并非如此。相反，它们是全尺寸、歪曲、丑陋的胡萝卜经由机器削成小锥体而得到的。削掉的大块是要丢弃的废物。再说一次，小胡萝卜是非自然的。如果有人要利用生物工程制造一个真正的微型胡萝卜，控制其形状和形式，将可爱的性状设计到它的基因组中，那也是非自然的。人们可能会想知道哪种形式的非自然产物会更美味，以及为什么会是这样。

小胡萝卜的存在引出了一个更普遍的说法：我们的世界远没有许多人想象的那么原始。以氮为例，氮是包括 DNA 和蛋白质在内的许多生命核心分子的必要组成部分。氮是一种储量丰富的元素，作为一种气体，它约占大气组分的 78%。动物和植物无法使用这种气体形式的氮，也没有哪种动物或者植物能从空气中直接提取氮气。然而，有些细菌可以，尤其是与某些植物共生的细菌，它们会产生含氮的化学物质，这些化学物质是植物用来构建自身分子的前提，并在植物死亡后使土壤更加肥沃，为其他植物和以它们为食的动物提供氮。该过程进行得很慢，而氮不足通常是农业土地生产力的限制因素。20 世纪初，德国化学家弗里茨·哈伯（Fritz Haber）和卡尔·博施（Carl Bosch）开发了一种从空气中提取氮的人工工艺，从而实现了工业化生产含氮肥料。这个发现对粮食生产和文明的影响是巨大的。哈伯－博施法是导致全球人口爆炸式增长的最大单一因素。据估计，如果没有哈伯－博施法，地球上一半的人口将不复存在。世界人口目前略低于 80 亿，而在 1900 年仅为 16 亿。令人震惊的是，你体内整合到 DNA 链、氨基酸链和其他材料中的氮原子，有 50% 都来自哈伯－博施法，而不是来源于细菌活动的自然途径。

非自然过程的印记一直延伸到了我们体内原子以外的范围。地球上大约有 40% 的土地用于农业，如果我们将撒哈拉沙漠和南极等贫瘠地区排除在分母之外，这个百分比会更高。大气也在被重塑：在过去 10 000 年中，大气中的二氧化碳浓度处在百万分之二百五十到二百八十之间。现在，这个数值已经超过了百万分之四百，这是化石燃料燃烧的结果。通过人们熟知的热辐射物理学可知，二氧化碳水平的上升导致了地球温度的总体上升。

因此，在我们所生活的地球上，人类活动不是一个微小的扰动，而是全球系统中的一个主要因素。我们中的许多人认为，自然是值得被保护的，除了其应有的效用之外，拥有令人敬畏的物种和景观多样性也有其内在价值。我认为，通过减少人类的非自然活动来保护自然是自相矛盾的。坦率地说，那艘船已经启航了。例如，如果不引进新技术来替代化肥和农药，只是单纯地消除化肥和农药将导致农业所需土地面积增加大约 4 倍。然而，我们并没有那么多额外的土地。人口的持续增长对荒野和野生动物造成的压力也在随之增长。然而，为实现更高的效率，生物工程农作物可以减少我们的农业足迹，很难想象这能通过任何其他方式来实现。

生态系统工程

如果说加速人类对生命世界的操纵似乎是有风险的，那是因为风险确实存在。历史清晰地为我们提供了生态系统修补差错的实例。甘蔗蟾蜍的故事就是一个例子。一个世纪前，澳大利亚的甘蔗作物受到了甲虫的袭击。在世界其他地区，甘蔗蟾蜍会捕食甲虫和其他害虫。那为什么不把这些原产于中美洲和南美洲的贪婪两栖动物带到澳大利亚来呢？因此，在 20 世纪 30 年代，甘蔗蟾蜍被特意引入澳大利亚，以保护甘蔗作物。但这项计划惨遭失败。蟾蜍兴高采烈地在澳大利亚繁殖起来，目前数量约为 2 亿只，覆盖范围约为 50 万平方千米。它们不再对甘蔗甲虫感兴趣，反而开始大口吞食当地的昆虫、青蛙、鸟蛋等。

由于带有毒性，蟾蜍杀死了许多可能控制它们的潜在捕食者，以及家养宠物。甘蔗蟾蜍非但没有为澳大利亚带来任何好处，反而成了一种主要的害虫，在澳大利亚的栖息地激起了涟漪。目前人们仍不清楚应该如何应对这些问题。

并不是所有的计划都会成功，但人们都希望可以从过去的经验中学习，以设计更好的测试和实验，并考虑不同的工具。在第 15 章中，我们研究了 CRISPR/Cas9 在细胞和生物个体中的应用。这里，作为我们最后的生物技术例证，我们将会看到 CRISPR/Cas9 如何通过一种被称为基因驱动（gene drive）的结构来修改甚至消除整个物种。是否应该使用这项技术是一个难题，我们很快就会看到。

想象一个由单一基因赋予的特性，例如，该基因的常见变异会产生灰色昆虫，而一个特殊突变会产生黑色昆虫。或者预示一下下文中所述的例子，如果在基因组的两个拷贝中都存在该突变，则会导致蚊子不育。现在先让我们关注一下控制颜色的基因，假设只有一只蚊子有灰色突变。当它与非突变蚊子交配时，重组的随机性使突变有 50% 的概率在下一代的精子或卵子中传递，除非变成黑色从而具有某些优势，否则这种特殊突变不太可能在整个群体中传播（见图 16-1）。我在图 16-1 中忽略了遗传特征的随机性，而是以有两个后代的一对蚊子为例进行说明。

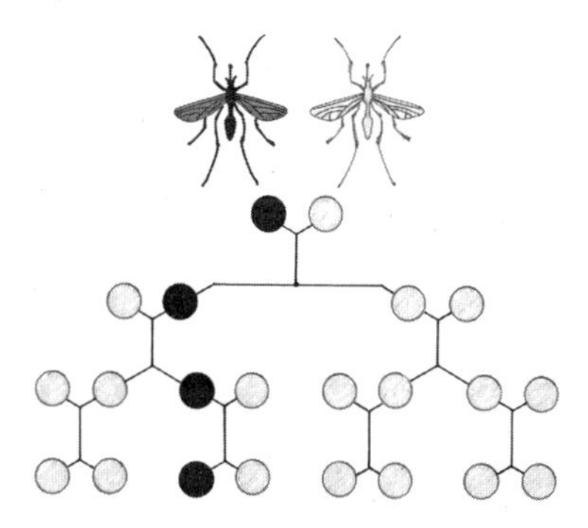

图 16-1　黑色蚊子和灰色蚊子交配后产生黑色蚊子后代的概率分布

现在假设，这只蚊子的基因组与黑色突变一起被设计成包含 CRISPR/Cas9，其目的基因由 CRISPR 序列编码，是基因的“正常”形式，也就是灰色。如果修改后的 DNA 遇到由未经编辑的配偶提供的未经修改的基因组，Cas9 则会破坏灰色色素基因。正如我们所见，细胞会修复断裂的 DNA，它们经常使用染色体对的另一半提供的对应物作为模板。包含黑色突变和 CRISPR/Cas9 序列的模板现在存在于两条链中。这意味着所有未来的后代都将是黑色的，并将携带 CRISPR/Cas9 体系，以确保在与未修改的个体交配时继续进行编辑。因此，黑色蚊子将在种群中传播（见图 16-2）。

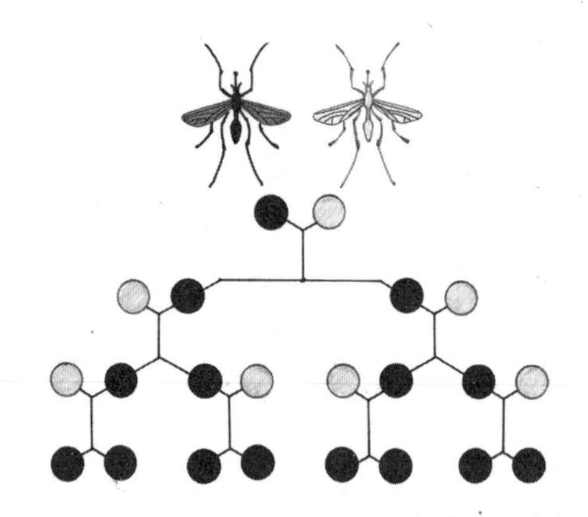

图 16-2　CRISPR/Cas9 系统如何使黑色蚊子在种群中传播

为什么会有人想要这样做？一个显著的原因是为了消除疟疾。每年有 40 多万人会死于疟疾，超过 2 亿人会感染疟疾，即使最终痊愈，感染者也会发烧、疲劳和头痛。这种疾病是由雌性按蚊（*Anopheles*）传播的一种寄生虫引起的，在蚊子吸食人类的血液时会把这种寄生虫传递给人类宿主，也能把它从宿主体内传递出去。蚊子还会传播其他严重疾病，如登革热、西尼罗河热和寨卡热。各种政府机构、非营利组织和公共卫生组织正在激烈讨论是否应该针对传播疟疾的按蚊的基因驱动靶向，或者将寄生虫抗性工程化到这些蚊子中，或者完全消除这些蚊子。最后一种方法可以通过传播诱导雄性突变的方式来完成，如产生大量无法繁殖的雄性群体，或者通过破坏与产卵相关的基因并由此传播不育性来实现。

尽管蚊子基因驱动的实验室研究如预期的那样展开了，但这种经过修饰的昆虫尚未在野外得到释放。然而，另一批经过基因改造的蚊子已经被释放了。这批蚊子的基因改造并没有依赖种群繁殖，而是沿用了旧方法。自 2009 年以来，巴西、马来西亚和开曼群岛释放了 10 亿多只带有基因变异、后代致死的雄性蚊子。开发这种昆虫的生物技术公司奥西泰克（Oxitec）指出，这些蚊子的部署已经取得了成功，例如，在其大开曼试验场，蚊子数量下降了 80%；在巴西的雅科比纳，蚊子数量下降了 90%。在 2021 年，这些昆虫在登革热和寨卡病毒病例激增的佛罗里达群岛被释放。2020 年 8 月，当地蚊虫控制区委员会以 4 比 1 的投票结果批准了佛罗里达计划，并且随后就是否采用新方法进行了一场颇具争议的听证会。标准的控制方法是在空中喷洒杀虫剂，专家认为这可以杀死 30% ～ 50% 的蚊子。

有趣的是，奥西泰克被修饰的蚊子彰显了我们遇到的一种生物物理机制：致命的变异不在编码某些生化特异性活性的基因中，而是在转录因子中，它改变了生物的调节回路。变异蚊子似乎会产生一种过度刺激自身生产的激活子，产生一个不断增加但毫无意义的蛋白质生产反馈回路，从而堵塞昆虫的细胞机器。在实验室中，雄性、雌性及其后代可以通过抑制调节回路的药物而维持生命，但这在野外是不存在的。年轻、快速生长的蚊子对调节失衡高度敏感，并很快就会死亡。这种方法与基因驱动方法既有相似之处，也有不同之处。例如，两者都涉及基因组的变化：前者需要不断引入经过基因修饰的个体；而后者则通过世代传递基因变化。理解其中的差异才能让我们在面对诸如昆虫传播疾病等紧迫的公共卫生问题时做出明智的决策。

回到基因驱动：它们在野外的潜在部署也给人类带来了恐惧。一个物种的灭绝不仅会减少地球上动物生命的多样性，还会损害其捕食者或其所属的更广泛的食物网。对于与疟疾有关的蚊子来说，情况比大多数应用更为严重：昆虫不是其他生物的主要食物来源，即使我们消灭了一些蚊子物种，但仍有 3 000 多种其他蚊子存在。当然，道德硬币的另一面是巨大的人类苦难。然而，还有更多的问题需要考虑。例如，由谁来决定部署基因驱动？对于蚊子和疟疾，人们普遍认为，在非洲的行动应该由非洲自己决定，因为非洲有 90% 以上的病例。但谁在非洲？蚊子可不会区分国界，基因驱动会传播到目标分散的任何地方。

这些决定也涉及保护问题。许多脆弱的生态系统会受到入侵物种的威胁。例如，加拉帕戈斯群岛上的大鼠会折磨当地的野生动物，吞食鸟类和海龟的卵。与目前使用的灭鼠毒药相比，大鼠的基因驱动会是保护本地物种更好的方法吗？类似的问题也适用于其他地区和其他物种，包括农作物及害虫。

使用基因驱动和类似技术会让我们想起过去生态系统工程的所有失败经验，这是应该的，我们不能忘记过去。有人担心我们会看到甘蔗蟾蜍故事的新版本。然而，我们可以从错误中吸取教训，并重新振作起来，当前的技术要比过去更加精确和专注，提供保障的其他增强功能也已经在开发中，例如，DNA 编码机制可阻止甚至逆转群体中的基因驱动。过去的外科手术很粗糙，患者常常会死于感染；现在，由于有了更好的理论和方法，外科手术通常会取得成功。我认为，用更大规模的干预达到同等效果也并非不合理。这可能看起来过于乐观了，但如上所述，采用现代方法来替代可能更不容易被接受。

关于生物技术与社会的交叉还有很多值得探讨的内容。无论是令人兴奋的还是充满风险的，新的开发和实施举措都将继续到来，这不仅是因为我们对生命世界的深入了解，还因为我们正在创建的工具既经济又方便。前些天我看到一则广告，说花上 300 美元就可以对我的整个基因组进行测序，这与 30 年前的 30 亿美元，甚至 10 年前的 1 万美元都相去甚远。运行 PCR、纯化蛋白质和培养细胞的机器比以往任何时候都更容易使用。事实上，业余爱好者社区也会分享生物化学配方和 3D 打印设备的设计方法，以便他们在车库中探索生物技术工艺。例如，开放式胰岛素项目的成员旨在创造一种可以“免费提供、开放的胰岛素生产生物体”，以将糖尿病患者从商业胰岛素供应商的手中解放出来。

人们可能从没想过生物技术工具会如此唾手可得，或者对这种民主化感到高兴，但不管我们作何感想，这些工具早已经无处不在了。构成未来应用基础的技术现在已经存在，它们的应用如此广泛，而且做到了无争议，如用来诊断疾病和监测微生物污染物等，很难想象我们会停止使用这些技术或停止思考指导它们的下一个新目标。我在写作时经常使用“我们”这个词，但没有说明“我们”到底指的是谁。在生物技术的背景下，无论好坏，“我们”都可以是任何人。任何一个发达国家甚至机构，都能够使用我们在本书中介绍的工具。我们将看到这些仪器在未来几年如何得到使用。我再次声明，只有教育才能确保我们做出最好的决定，因为我们必须了解自己所掌握的技术是如何工作的，以及它们能做什么和不能做什么。当然，教育的益处会远远超出其实际价值。最后，让我们不要忘了从生命的运作中汲取的那些更深刻、更鼓舞人心的教训。

理解“理解”

这本书最重要的主题就是这些主题实实在在地存在。**生命世界不仅仅是解剖结构和生化反应的集合，更是存在一些原则、主题和机制将其所有组成部分及其活动统一起来**。在看了前面的 15 章内容之后，相信这句话不应该让人感到意外。然而，到目前为止，我一直回避这样一个问题，即这种统一在实践上或美学上是否重要。这个问题是当代科学存在矛盾的基础，在我们回到生命世界之前，请允许我用一个非生物的例子来对此进行说明。

我学习物理学并没有什么特殊的契机，但我清楚地记得发生在我高中物理课上的一件事，当时我们把一个球从斜坡扔到一张桌子上，球沿着桌子滚动，直到从桌子边缘掉下来，掉进地板上的一个塑料杯里。我们的任务是：事先预测把杯子放在哪里接球。从字面上看起来这可能很枯燥，但看到球确实落在了普遍运动定律所指定的位置后，我感到很惊讶。我们不需要记住关于球、坡道或杯子的事情，甚至完全不需要关注它们；相反，有一些通用的主题指导着我们。寻找和应用广泛的原理是物理学的核心，也是我在本书中一直倡导的生物物理学方法的基础。

然而，还有另一种方法可以帮助我们做出预测。根据之前的实验，我们可以将大量结果制成表格。我们可以设置一系列坡道高度、倾角、球质量、球材料、台面高度、空气温度，以及其他可能相关的参数，然后释放小球并记录它们降落的位置。最后再针对新的滚动条件从庞大的数据库中查找结果。用目前的行话来说，这就是"大数据"的方法。它没有什么问题，而且往往非常成功。我们已经在基因组特征与人类身高等性状之间的相关性中看到了这一点。这些相关性可以进行预测，只是我们并不理解为什么会存在这样的相关性。

随着生成和处理数据的工具变得越来越强大，理解基本原理和编目信息之间的差异在整个科学领域中表现得越来越突出。正如在布朗运动的应用中，有时基本原理是如此深刻和易于理解，让人难以忽视；有时又像上面提到的基因组学例子一样，寻找相关性是唯一可能的方法，至少目前是这样。所以我们搞不清楚到底该怎么办。在第 4 章中，我们研究了调节基因的生物回路，这些基因由调控基因活动的阻遏蛋白和启动蛋白组成。对一些研究人员来说，他们必须识别基本的回路基序，如反馈回路、振荡器、时钟，等等。因为这是取得进展的途径。而对其他人来说，这是无关紧要的。对这些人来说，把组件之间所有交互的详细信息都插入调控网络才是更有用的策略，即使它们的数量成百上千。目前还不清楚是前者更贴近生物物理学的方法更好，还是后者更贴近现象学的方法更好。它们并不是相互排斥的，同时追求两者可能是最好的计划，因为详细的模型可能有助于揭示尚不清楚的核心概念。尽管如此，这些哲学之间的矛盾仍真实存在，它为关于基金和研究方向的辩论增添了色彩。

我个人倾向于阐明基本的、最小的原则集。虽然一个庞大的落球轨迹数据库可以预测未来的落球实验，但正是对牛顿运动定律的深入理解让我们知道了宇航员登上月球的轨迹。因此，哪种方法更实用可能取决于时间尺度：这个问题是迫在眉睫的，还是遥不可及的。除了实用性的目标外，理解还有深刻的人性诉求。理解很难被定义。尽管如此，**自我们成为人类以来，从复杂性中提取简单而有力的解释就一直在推动我们向前发展，也为神话和科学提供了动力。**

我们的故事有两个结局

看到这里，大家可能已经猜到了这本书的结局。我们从生命的成分、产生细胞内部动力学的分子和机制开始；然后研究了器官和胚胎中的细胞群落，以及指导大规模形状和形式的一些原则；最后又重新连接了亚细胞世界，学习如何读写基因组的分子代码。因此，有人可能会认为，这个循环是闭合的，我们可以任选一种被设计的生物体程序来为本书画上句号。它可以是一种营养丰富、耐旱的植物，也可以是复活一种因人类活动而灭绝的动物。通过精心设计和执行代码，赋予生物我们想要的任何身体和行为。例如，将一只小羚羊转变成一只巨大的牛羚，我们需要仔细研究其 DNA 中的线索，微调适当基因中的核苷酸字母以旋转新的氨基酸链，使其折叠成新的环和薄片，从而引导其他基因的表达，并形成骨骼、肌肉、眼睛和肺部的物质，所有这些设计都是为了适应地球的引力、空气的吸入和环境的需求。

然而，我们并不知道该如何设计这样的转化，这也不是本书结尾的方式（见图 16-3）。我们的无知不是失败的标志；相反，它告诉我们，我们一直在探索的故事还远远没有结束。我们知道构成生命的基本要素和原则。然而，我们对它们所表现出来的详细背景知之甚少，不过正在不断增长。就好像人类刚刚学会了阅读，整个图书馆都在等着我们一样。我们是否能够理解这一切还尚不确定。尽管普遍的主题很明确，但它的内容可能非常复杂。竹子之所以不是山毛榉，可能是基因相互作用、化学反应和微观作用力等细节的共同产物，这跟区分马和河马，以及确定股骨宽度与长度的精确比例完全是两码事。这个过程可能很难被完全理解或者说并不值得我们去理解，具体情况还有待观察。但即便如此，它也不会削弱我们对生命结构的理解，更不会抑制我们进一步探索的热情。

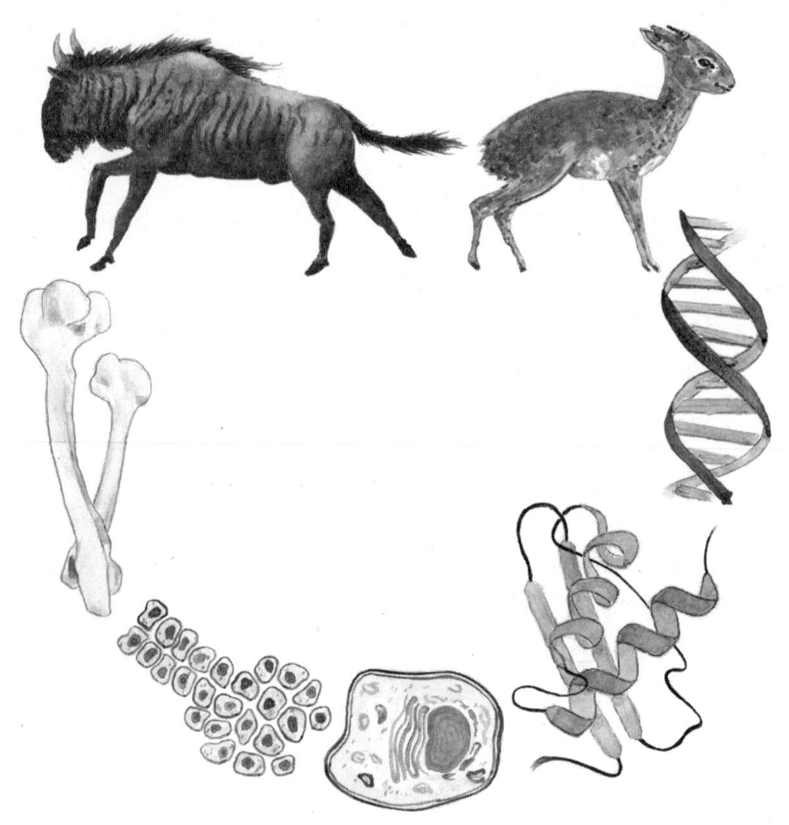

图 16-3　我们无法将一只小羚羊转变成一只巨大的牛羚

人类最基本的求知欲，是寻求现象之间的联系，并在找到这种联系时感到快乐，这为研究自然提供了最强大的动力。特别是在之前的几章中，我们已经了解了很多关于理解现代生命体的技术应用。技术及其与健康、疾病和社会的交叉点很重要，对许多人来说，它们是科学最重要的方面。然而，即使这些应用不存在，我也会学习生物物理学，并写下这本书。生命世界充满了令人敬畏的各种形式和活动。在我们自己的后院和城市的公园里，松鼠在树枝间跳跃，阳光在蜻蜓透明的翅膀上闪烁，树木从空气中吸收碳来筑起数米高的塔。在更具异国情调的地方，狮子在大草原上奔跑，海豚在海浪中嬉戏，数千米深的海沟里也有鱼在发出自己的光。我们可以看到这一切，并被它们的美丽所震撼。不仅如此，我们现在还可以欣赏狮子体内包装好的、数千米长的 DNA，还有当它决定突袭时其神经递质的舞蹈，再加上它的运动蛋白沿着细胞纤维的行进，这些现象与那些表露在外的现象一样显著。更重要的是，我们可以超越祖先的梦想，思考包括人类在内的所有生物之间的统一性。无论是在陆地上还是在海洋里；无论是新生的还是长大的；无论是微小的还是巨大的，每一个生物体都是由相同的分子构建模块组成的，这些分子编码信息并将自己构建成三维形状。每个生物体都是由宇宙的物理力量塑造的。狮子和羚羊的骨骼都受到重力的制约；海豚只能生活在大型液态环境中。每个生物体不仅能容忍分子相互碰撞产生的微观混乱，还能将混乱转化为计算及调节基因、蛋白质、细胞和器官对内外刺激的反应。与这些一样美妙的是，超越外表之下，我们看到的是一个深刻而优雅的框架，是它使生命生生不息地运转起来，现在让我们开始欣赏它吧。

- 生物每天都会处理 DNA 中的信息，在细胞复制时进行复制，并将其序列转录和翻译成 RNA 和蛋白质。这些过程的输出取决于 A、C、G 和 T 的序列，因此从某种意义上说，这些过程本身就是在读取 DNA 分子。大约 40 亿年来，这些读取 DNA 的方法一直存在。现在我们已经发明了全新的工具，以快速、廉价、几乎神奇的功效将每个生命体中编码的信息都呈现在我们的视野中。

- 我们经常重塑生命体。我们复位骨折；把树苗绑在柱子上；给牲畜喂食抗生素，让它们长得更大。这些作用会影响蛋白质、细胞和组织，影响基因的开启或关闭，但不会改变组成生物体基因组的 A、C、G 和 T 的序列。然而，现在我们有了改变和重写 DNA 的工具——一种被称为 CRISPR/Cas9 的革命性技术，可以直接修改生命组成部分的指令集。

- 我们已经逐渐了解了生命的基本原理，包括自组装、随机性、调节相互作用的网络，以及指导所有生物活动的尺度推绎关系的物理基础。这些框架将微观世界和宏观世界联系起来，将分子的结构和动力学与细胞、组织及整个有机体的运作联系起来。这种描述也适用于更大的范围：物种群落和整个生态系统也受到类似规则的约束。

致 谢

So Simple a Beginning

写这本书的想法可以追溯到十年前。大约在同一时间，我开设了一门名为“生命物理学”的课程，旨在向非科学专业的本科生传授生物物理学的奇迹，并将生物物理学作为培养科学素养的工具。这本书比这门课的内容要宽泛得多，结构也很不同。尽管如此，我还是要感谢学习这门课的许多学生，不仅感谢他们的热情，也要感谢他们在某些时刻表现出的礼貌和冷漠。作为一名科学家，我们往往会觉得几乎所有东西都很迷人，甚至觉得一切都与自己的领域有着千丝万缕的联系。所以当我们发现一些话题对大多数人来说相当枯燥时会感到震惊。这个事实激励我不断尝试采用不同的策略来活跃某些主题，或完全放弃这些主题，这种激励是无价的。我还要感谢俄勒冈州立大学的科学素养项目，特别是艾莉・范德格里夫特（Elly Vandegrift）、迈克尔・雷默（Michael Raymer）和朱迪丝・艾森（Judith Eisen），他们创建了一个鼓励人们深入思考科学交流的项目。

非常感谢塞尔吉奥（Sergio）、米格尔（Miguel）、巴勃罗（Pablo）、杰西（Jesse）、奇洛（Chilo），以及在罗马浓咖啡馆工作的所有人，还有咖啡馆的老板米格尔·科尔特斯（Miguel Cortez）和玛丽亚·科尔特斯（Maria Cortez），感谢他们提供了很棒的咖啡和一个美妙的思考与写作环境。大卫·拉布卡和菲尔·纳尔逊（Phil Nelson）阅读了本书每一章的草稿，并提供了广泛、热情和富有洞察力的评论。我很高兴能够以书面形式感谢他们。菲尔还帮助我启动了这个项目，不仅通过言语鼓励我，还为我联系编辑、普林斯顿大学出版社的杰西卡·姚（Jessica Yao）牵线搭桥。感谢杰西卡，不仅感谢她支持这本书，还感谢她提出了许多富有洞察力的建议。衷心感谢本项目热情的第二编辑英格丽德·格尼里奇（Ingrid Gnerlich）。

最后，深深地感谢我的妻子朱莉（Julie）和孩子们，基兰（Kiran）和苏瑞安（Suryan），他们总是很棒，能够忍受我在修改句子和绘制 DNA 上花费很多时间。

生命如此纷繁多样

生命是如此纷繁多样。从肉眼不可见的细菌到体型庞大的蓝鲸；从枝繁叶茂的树木到疾驰的猎豹。自然界展现出令人惊异的复杂性和多样性。物理，带给大家的第一印象，是简洁，是规律，是统一。生物学与物理学，这两门学科在平常很难被我们联系到一起。一个纷繁复杂，一个简洁概括，它们的碰撞会产生什么样的结果呢？

我们通常给大家的解释是，生物物理学是运用物理学的概念和方法来研究生命活动的一门新兴交叉学科。而本书给大家带来了一个不一样的视角。

来自俄勒冈大学的拉古维尔·帕塔萨拉蒂教授，以《塑造生命的 4 大物理原理》一书，介绍了物理学的 4 项基本原则，即自组装、调节回路、可预测的随机性和尺度推绎是如何在生物中发挥作用的。通过本书，你会看到生物物理学如何揭示了大量自然界现象的奥秘，例如，错误折叠的蛋白质是如何通过同类相食传染并引发疾病的；昼夜节律如何影响你的细胞；细菌为什么不能像鲸鱼一样游泳；蚂蚁为什么没有肺，等等。此外，本书中还附有诸多作者亲手绘制的水彩插图，配合深入浅出的语言、巧妙精辟的比喻，以直白浅显、引人入胜的方式带我们畅游生物物理学的奇妙世界。

对于自组装，本书讲述了地球上每个生物细胞中的蛋白质都在几分之一秒内塑造了自身的结构，这是一个非常有冲击力的数字，让人敬畏于自组装的迅速和强大。对于调节回路，书中令人印象深刻的例子是变色的小鼠，在水中加入某种物质能够改变小鼠的毛发和眼睛的颜色，这种几乎超现实的能力的背后，是生物物理学的基本规律在操纵。对于布朗运动，众所周知的是花粉颗粒在空气中的无规则运动，本书则展示了更加广泛和普遍的一般规律，也就是随机性，而且是统计意义上可预测的随机性，这并不自相矛盾。你是否曾好奇，为什么科幻电影中的“小人国”“金刚”不会出现在真实的生命世界？为什么同种属动物，如猫和老虎，看起来非常相似但行为方式却大相径庭？对于这种尺度推绎，或者称为更为人熟知的“标度律”，本书对这些内容都进行了更加详细、更加精当的阐述。

很容易想到，我们对生物物理学的进一步理解催生了划时代新技术的诞生，使我们不仅可以解读、揭秘基因组，还可以设计、改造、工程化生命体。在本书中，作者介绍了一些可以挽救生命却又充满伦理争议的前沿生物技术。例如，胚胎选择技术、基因编辑技术及基因驱动，等等。人类是地球生态系统中最大的扰动因素，长久来看，我们对基因所做的改造对生态系统造成的影响尚未可知。

需要注意的是，尽管书中提到我们已经通过生物物理学的 4 大主题对生命体有了一定的见解，但自然界中仍有许多尚未解开的谜团。例如，克莱伯定律尚无法找到确切的新陈代谢和体重之间的幂次指数关系；我们无法改造小羚羊的基因组使其定向转变为牛羚。当然，无知绝不意味着失败，这代表我们的探索之路远未结束。受时代所限，本书中的部分观点可能会随着科技发展和认识的不断进步而被完善。就像体外受精技术在诞生之初不被大众接受一样，思想观念是随着社会进步而不断发展的。即便如此，本书仍然非常值得一读，其中化繁为简的精练思想、生动有趣的事例及缜密细致的逻辑，相信能给读者带来不一样的思考和见解。

正如本书一开始就提出的问题："生命是如何运作的？"《塑造生命的 4 大物理原理》解释了微观的分子如何塑造了巨大的生命机器；描述了生物物理学如何帮助解开一系列自然现象的秘密，同时又扮演了怎样的角色；揭示了自然界令人惊叹的复杂性背后隐藏的统一性。阅读本书是认识微观与宏观、生物与物理的过程；是对认识自然、利用自然、改造自然的工具的学习。未来的尖端生物技术必将以既微妙又深刻的方式改变生命体，而我们能做的，首先就是了解它。

张紫霞、洪超仪和吴雪彤为本书的翻译工作提供了帮助。由于翻译时间较为短促，加之我们的英语能力和专业水平的限制，本书难免存在一些错误和不当之处，恳请读者予以指正。

未来，属于终身学习者

我们正在亲历前所未有的变革——互联网改变了信息传递的方式，指数级技术快速发展并颠覆商业世界，人工智能正在侵占越来越多的人类领地。

面对这些变化，我们需要问自己：未来需要什么样的人才？

答案是，成为终身学习者。终身学习意味着永不停歇地追求全面的知识结构、强大的逻辑思考能力和敏锐的感知力。这是一种能够在不断变化中随时重建、更新认知体系的能力。阅读，无疑是帮助我们提高这种能力的最佳途径。

在充满不确定性的时代，答案并不总是简单地出现在书本之中。“读万卷书”不仅要亲自阅读、广泛阅读，也需要我们深入探索好书的内部世界，让知识不再局限于书本之中。

湛庐阅读 App：与最聪明的人共同进化

我们现在推出全新的湛庐阅读 App，它将成为您在书本之外，践行终身学习的场所。

- 不用考虑“读什么”。这里汇集了湛庐所有纸质书、电子书、有声书和各种阅读服务。
- 可以学习“怎么读”。我们提供包括课程、精读班和讲书在内的全方位阅读解决方案。
- 谁来领读？您能最先了解到作者、译者、专家等大咖的前沿洞见，他们是高质量思想的源泉。
- 与谁共读？您将加入优秀的读者和终身学习者的行列，他们对阅读和学习具有持久的热情和源源不断的动力。

在湛庐阅读 App 首页，编辑为您精选了经典书目和优质音视频内容，每天早、中、晚更新，满足您不间断的阅读需求。

【特别专题】【主题书单】【人物特写】等原创专栏，提供专业、深度的解读和选书参考，回应社会议题，是您了解湛庐近千位重要作者思想的独家渠道。

在每本图书的详情页，您将通过深度导读栏目【专家视点】【深度访谈】和【书评】读懂、读透一本好书。

通过这个不设限的学习平台，您在任何时间、任何地点都能获得有价值的思想，并通过阅读实现终身学习。我们邀您共建一个与最聪明的人共同进化的社区，使其成为先进思想交汇的聚集地，这正是我们的使命和价值所在。

浙江省版权局图字：11-2024-013

图书在版编目（CIP）数据

塑造生命的 4 大物理原理 /（美）拉古维尔·帕塔萨拉蒂著；范克龙译 . — 杭州：浙江科学技术出版社，2024.4
ISBN 978-7-5739-1114-8

Ⅰ. ①塑… Ⅱ. ①拉… ②范… Ⅲ. ①生物物理学—普及读物 Ⅳ. ① Q6-49

中国国家版本馆 CIP 数据核字（2024）第 021471 号

书　名	**塑造生命的4大物理原理**
著　者	[美] 拉古维尔·帕塔萨拉蒂
译　者	范克龙

出版发行	**浙江科学技术出版社**
	地址：杭州市体育场路 347 号　邮政编码：310006
	办公室电话：0571－85176593
	销售部电话：0571－85062597
	E-mail:zkpress@zkpress.com
印　刷	唐山富达印务有限公司

开　本	710mm×965mm　1/16	**印　张**	19.25
字　数	315 千字	**插　页**	1
版　次	2024 年 4 月第 1 版	**印　次**	2024 年 4 月第 1 次印刷
书　号	ISBN 978-7-5739-1114-8	**定　价**	109.90 元

责任编辑	陈　岚	**责任美编**	金　晖
责任校对	张　宁	**责任印务**	田　文